신 · 재생에너지

RD&D 전략 2030 시리즈 8

지 열

에너지관리공단 신 · 재생에너지센터

북스힐

알려두기

본 저서에 수록되어 있는 연차별 전망, 실행계획 및 중장기 소요예산 등은 전문가들의 의견과 예상을 반영한 것으로 정부의 공식 입장이나 계획이 아님을 알려드립니다.

1 — 바이오(수송용)
2 — 바이오(목질계)
3 — 바이오(유기성폐자원)
4 — 석탄이용
5 — 소수력
6 — 수소 · 연료전지 I
7 — 수소 · 연료전지 II
8 — 지열
9 — 태양광
10 — 태양열
11 — 폐기물
12 — 풍력
13 — 해양
14 — 통합본

발 간 사

안녕하십니까.

잘 아시는 바와 같이 지금 세계 각국은 지속적인 고유가 상황 속에서 에너지 자원의 안정적인 확보를 위해 치열한 경쟁을 벌이고 있습니다. 특히, 지난 제13차 유엔기후변화협약 당사국 총회에서 채택된 '발리로드맵'을 계기로 인하여, 온실가스 감축 문제는 선진국이나 개도국을 막론하고 더 이상 미룰 수 없는 온 인류의 생존과제가 되었습니다.

저탄소형 사회구조로의 전환을 위해 가장 중요한 것은 에너지의 효율적인 사용과 함께 신·재생에너지의 이용과 보급을 확대하는 것이라 하겠습니다. 이를 위해서는 적극적인 기술개발을 통해 분야별 핵심기술을 확보하고, 주요 부품 및 설비기술의 국산화가 선행되어야 할 것입니다.

신·재생에너지기술개발에 대한 관심과 참여가 대폭적으로 늘어나고 있는 이 시점에서 저희 에너지관리공단 신·재생에너지센터에서는 체계적이고 전략적인 신·재생에너지기술개발을 유도하기 위해 각 분야별 국내 최고의 전문가와 함께 「신·재생에너지 RD&D 전략 2030」을 완성하였습니다.

「신·재생에너지 RD&D 전략 2030」은 중장기 신·재생에너지기술개발에 대한 명확한 비전을 제시하고 있으며, 미래의 큰 그림 뿐만아니라 세부 추진방법 및 구체적인 개발목표도 수록하고 있습니다. 새롭고 참신한 정보로 구성된 「신·재생에너지 RD&D 전략 2030」은 관련분야 종사자 여러분에게 든든한 길잡이가 되어줄 수 있을 것으로 기대가 됩니다.

전문가들은 앞으로 석유로 대표되는 화석연료의 시대는 이삼십년이 피크라고 예상하며, 그 이후의 세계 경제는 청정에너지인 신·재생에너지 핵심기술을 가진 나라가 주도하게 될 것이라고 합니다. 아무쪼록 「신·재생에너지 RD&D 전략 2030」이 우리나라 신·재생에너지기술 발전의 밑거름이 되어 우리나라가 선진국을 능가하는 신·재생에너지 기술선도국으로 도약할 수 있기를 기원합니다.

감사합니다.

에너지관리공단 이사장

요 약 문

I. 기술의 개요

친환경 지열 냉난방 시스템 보급을 통한 국가 에너지 절약

- 기후변화협약 시행과 고유가 시대를 대비하기 위해 신·재생에너지에 대한 관심이 고조되면서 이의 보급이 확대되고 있는 추세임.
- 무궁무진한 땅속 에너지를 활용하는 지열 냉난방 시스템은 짧은 역사에도 불구하고 경제성이 우수하여, 공공부문 시장에서 활발하게 보급되고 있음.
- 지열 냉난방 시스템은 크게 지중열교환기(ground heat exchanger)와 열펌프로 구성된 냉난방 겸용 시스템.
- 냉방 시에는 건물 내의 열을 지중으로 방출하고, 난방과 급탕 시에는 지중의 열을 실내와 온수에 공급하는 하나의 시스템으로 공간 냉난방과 온수·급탕을 동시에 구현.
- 냉방과 난방 모드에서 각각 냉열원(heat sink)과 온열원(heat source)의 역할을 하는 지중 온도는 연중 안정적이기 때문에 지열 냉난방 시스템은 효율과 성능이 우수함.
- 기존 냉난방 설비보다 효율이 높기 때문에 경제적이며, 화석연료를 사용하지 않기때문에 온실가스를 거의 배출하지 않음.

지열발전은 연중 전기를 생산할 수 있는 친환경 시스템

- 지열발전(地熱發電, geothermal power generation)이란 심층 땅속에 저장된 고온의 지열유체를 추출하거나 또는 물을 인위적으로 주입하여 고온의 물이나 수증기를 생산한 후, 그 열에너지를 전기에너지로 변환시키는 발전 방식.
- 전 세계 지열발전 용량은 2000년 7,972MW에서 2005년 8,933MW로 증가. 이는 전 세계 총 발전시설 용량의 0.2%에 해당하며, 이 기간 연평균 2.3%의 성장세를 보임.
- 미국·필리핀·멕시코·이탈리아·인도네시아·일본 등 6개국이 전 세계 지열발전의 86%를 차지.
- 미국의 경우, 2050년에 이르면 지열발전이 미국 내 전체 기저부하의 10%를 담당할 것으로 예상하고 있음(미국 MIT 보고서).

지열 냉난방 시스템 관련 핵심기술 개발 필요성 부각

- 국가의 연구개발 투자와 시장은 지속적으로 확대되고 있지만, 선진국과의 기술수준 격차를 줄이기 위한 미래지향적인 연구개발은 미흡한 수준임.
- 현존하는 가장 효율이 높은 냉난방 시스템인 지열 시스템을 다양한 분야에 보급하고,

기술의 해외 의존도를 낮추기 위해 핵심기술을 개발할 필요가 있음.

- 지열 냉난방 시스템과 관련하여 핵심기술, 관련 요소기술, 미래형 응용기술을 개발함으로써 국내 지열에너지 이용을 더욱 확대할 필요가 있음.

지열발전 기술개발을 통한 지열에너지 활용 영역 확대

- 국내에서 지열에너지의 활용이라고 하면 중·저온의 천부지열을 이용하여 건물을 냉난방하거나 온수를 공급하는 지열 열펌프 시스템으로 한정하는 경향이 있음.
- 심부지열을 활용한 지열발전은 지열에너지 이용 영역을 확장함은 물론, 국내 에너지 수급문제 해결과 국가 신·재생에너지 보급목표 달성에 기여.

II. 국내 기술수준 및 기술동향 분석

지열 냉난방 분야에 대한 국내 기술수준 설문조사 실시

- 2003년의 '제2차 신·재생에너지 기술개발 및 이용보급 기본계획(2003~2012)'이 수립된 지 4년이 경과한 지금 현재 국내 기술의 성숙도와 보급 여건, 국내외 시장 환경 등에서 많은 변화가 있었으며 앞으로도 다양한 변화가 있을 것으로 예상됨.
- 지열 분야에 대해 실현 가능한 중장기 R&D 계획을 수립하기 위해서는 현재 우리의 기술수준을 정확하게 진단할 필요가 있음.
- 지열 냉난방 분야의 국내 기술수준을 파악하기 위해, 관련 기술을 **열공급 시스템·지중열교환기·표준화 및 인증·응용기술**의 4개 핵심기술과 각 핵심기술에 대한 총 40개의 세부기술을 분류하고 기술수준을 조사.

지열 냉난방 분야의 국내 기술수준 조사 결과

- 4개의 핵심기술 중 지중열교환기(61.6%)와 열공급 시스템(58.5%) 부문의 기술수준은 상대적으로 높은 반면, 응용기술(54.0%)이나 표준화 및 인증기술(52.3%) 부문은 상대적으로 낮은 것으로 나타남.
- 이는 지열 냉난방 시스템의 도입 초기부터 지금까지 정부주도의 보급 사업을 수행하면서 당장 현장에서 필요한 설계와 시공기술에 집중적인 투자를 한 것이 원인.
- 전체 시스템을 포함하여 설계와 시공기술의 신뢰성을 구축하는 데 필요한 표준화 및 인증 부문에서는 기술개발 투자가 다소 부족했음을 보여줌.
- 향후 시장을 안정시키고 신뢰성을 제고하기 위해서는 핵심기술과 각 세부기술에 대한 인증기술이나 표준화 기술 개발에 더욱 많은 연구개발 투자가 필요함.

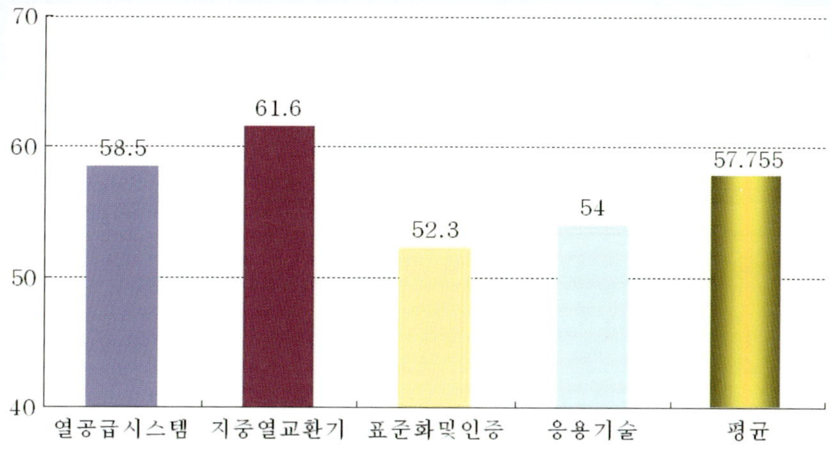

〈 국내 기술수준 분석 결과('07) 〉

국내 기술수준과 선진국의 기술수준 비교

○ 전체 지열 냉난방 시스템에 대한 설계기술의 국산화율은 61.3%, 제작 및 생산기술의 국산화율은 59.2%로 설계기술이 제작 및 생산 기술에 비해 다소 높은 것으로 분석됨.

○ 지열 분야 기술의 국산화율을 높이는 방향으로 향후 연구개발이 추진되어야 할 것임.

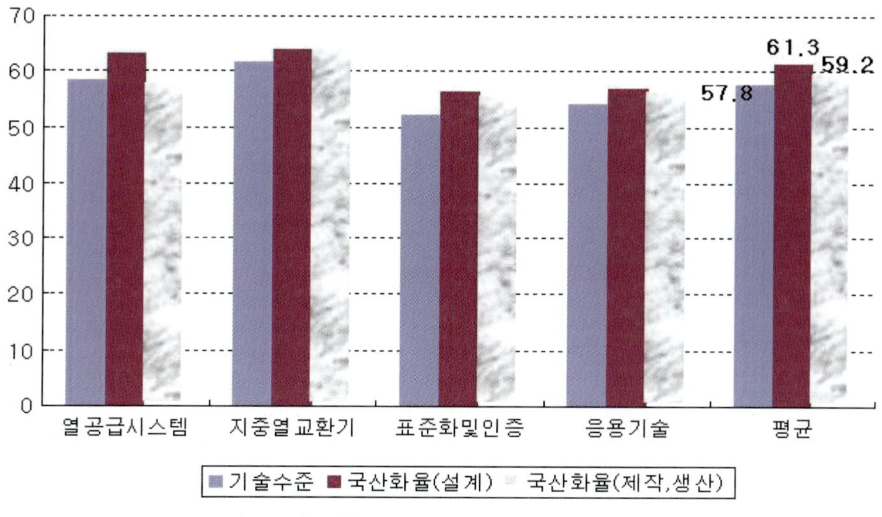

〈 국내 기술수준 및 국산화율('07) 〉

III. 그간 R&D 추진성과 및 보급시장 분석

그간 연구개발 추진성과

○ 1988년부터 2006년까지 전체 23개 과제에 142억 원을 지원하였으며, 이중 정부가 약 102억 원(72%)을 그리고 기술개발 과제에 참여한 민간 기업이 약 40억 원을 부담.

○ 2000년대 전에는 기초 자료 확보를 위한 지열자원 탐사에 주로 투자하였으며, 2000년 이후에는 열펌프를 활용한 건물 냉난방 시스템의 실증과 지중열교환기 성능 확보를 위한 연구에 많은 투자가 있었음.

〈 주요 기술개발 종료 과제와 사업성과 〉

과제명	주관 기관	사업성과
마산·창원지역의 대규모 지역난방을 위한 지열에너지 탐사 및 개발	자원연구소	• 기초 자료로 활용 • 경상남부 전역의 지하구조 자료 활용
제주도 지역자원탐사 및 최적 활용방안 연구	자원연구소	• 기초 자료로 활용 • 제주지역 지중 자료 획득
중·저온성 지열에너지 개발	자원연구소	• 기초 자료로 활용
현지용 지중 열전도도 예측 기술 개발	한국에너지 기술연구소	• 기초 자료로 활용 • 실용화를 위해 계속 연구개발 중
지열냉난방 시스템 성능 평가 및 엔지니어링 기술 확보	한국에너지 기술연구소	• 지열냉난방시스템 성능평가방법 개발 • 시뮬레이션 툴 검증 확보
지열냉난방시스템 실증연구	코오롱건설	• 51RT급 시스템 가동 중 • 냉난방에너지 40% 이상 절감 시스템
부하 추종형 고효율 지열 히트펌프 시스템 개발	한국기계 연구원	• 시스템 요소별 설계 및 제작 기술 확보 • 기술이전 검토
고성능 저가형 지중열교환기 개발	코오롱건설	• 코오롱건설에서 사업성과 활용 • 30% 이상 저렴한 지중열교환기 개발
지중열교환기 전열성능 향상을 위한 뒤채움재 조성에 관한 연구	한국건설기술 연구원	• 지중 DB 구축 및 후속 연구의 기반 자료로 활용
스탠딩컬럼웰(SCW)을 적용한 지열히트펌프 실증연구	시립 인천전문대학	• 청주대 SCW 시스템 설치에 활용
복수정을 이용한 지열히트펌프 시스템 실증연구	지오테크	• 국내 최초 복수정 시스템 실증 연구 • 증평 현장에 50RT급 시스템 가동 중
지열이용 하이브리드 히트펌프 시스템 개발	뉴그린테크	• 지열 공기열원을 병용하는 하이브리드 냉난방 기술 확보
유출지하수를 이용한 건물 냉난방 기술개발	삼양에코너지	• 국내 최초 유출지하수 이용 지열냉난방 기술 확보

국내 보급시장 분석

○ 국내에 지열 냉난방 시스템이 처음 도입되었을 당시에는 많은 시행착오를 겪었으나, 전문 시공기술과 관련 기준, 기술 인력 등이 확보되면서 경쟁력을 바탕으로 한 시장 확보가 가능해 짐.

○ 정부의 보급정책(공공기관 설치의무화제도 · 일반보급보조사업 · 지방보급사업 · 융자사업)에 힘입어, 2006년까지 총 15,071RT가 설치됨.

○ 연도별로 2002년 207RT, 2003년 670RT, 2004년 1,768RT, 2005년 2,331RT, 2006년 10,007RT에 이를 정도로 시장이 매년 100% 이상 급격히 성장하고 있음. 민간 시장의 보급 용량은 제외된 결과이기 때문에 수치는 다소 증가할 수 있음.

〈 연도별 지열 냉난방 시스템 보급 용량(2001~2006) 〉

구분	2001	2002	2003	2004	2005	2006	합계
보급 용량(RT)	88	207	670	1,768	2,331	10,007	15,071

○ 향후 국내 지열 시장은 지속적으로 성장할 것으로 전망됨.

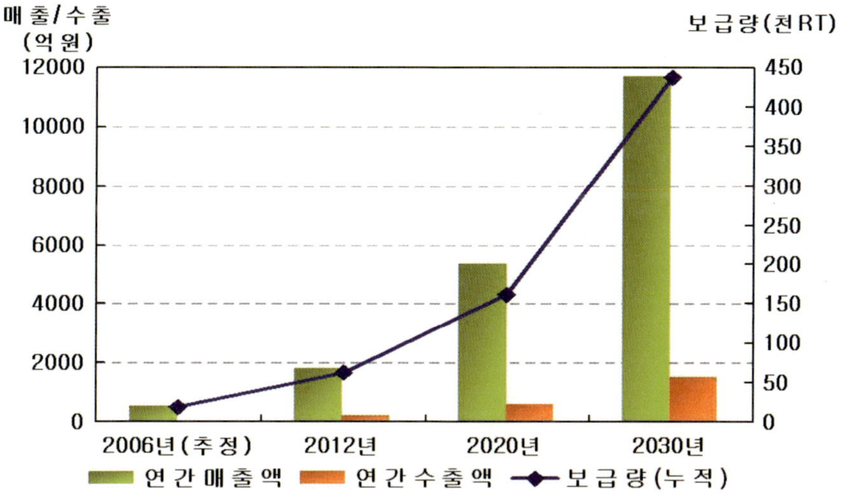

〈 국내 지열 시장에 대한 장기 전망 : 연간 매출 및 수출, 보급량 〉

IV. 해외 주요 국가의 기술 및 시장 동향 분석

지열 냉난방 분야에 대한 해외 주요 국가의 동향 분석

○ 전 세계적으로 1995년부터 2005년까지 5년 단위로 적용 분야별 전 세계 지열 에너지 누적 이용현황(시설용량, 이용량 및 가동률 등)을 조사한 결과, 2005년도의 지열 에너지 시설용량은 28,269MWt로 2000년도와 비교하였을 때 거의 두 배 증가. 매년 약 12% 이상의 증가율을 보임.

○ 이용량 면에서 보면 2005년에 273,372TJ/year로서 2000년 대비 약 43%(연간 7.5%)의 증가율을 보임. 지열 열펌프 시스템의 증가는 주로 미국과 서유럽 국가들이 주도하고 있음.

〈 활용 방식별 전 세계 지열 에너지 직접 이용 현황(1995~2005) 〉

	시설용량(capacity), MWt			이용량(utilization), TJ/year			가동률 (capacity factor)		
	2005	2000	1995	2005	2000	1995	2005	2000	1995
지열 열펌프 Geothermal heat pumps	15,384	5,275	1,854	87,503	23,275	14,617	0.18	0.14	0.25
지역난방 Space heating	4,366	3,263	2,579	55,256	42,926	38,230	0.40	0.42	0.47
온실난방 Greenhouse heating	1,404	1,246	1,085	20,661	17,864	15,742	0.47	0.45	0.46
양식업 Aquaculture	616	605	1,097	10,976	11,733	13,493	0.57	0.61	0.39
농산물 건조 Agricultural drying	157	74	67	2,013	1,038	1,124	0.41	0.44	0.53
산업 이용 Industrial uses	484	474	544	10,868	10,220	10,120	0.71	0.68	0.59
온천 및 수영 Bathing and swimming	5,401	3,957	1,085	83,018	79,546	15,742	0.49	0.64	0.46
제설 Snow melting	371	114	115	2,032	1,063	1,124	0.18	0.30	0.31
기타 Others	86	137	238	1,045	3,034	2,249	0.39	0.70	0.30
합계	**28,269**	**15,145**	**8,664**	**273,372**	**190,699**	**112,441**	**0.31 (평균)**	**0.40 (평균)**	**0.41 (평균)**

- 지난 5년간 지열 에너지의 이용 증가를 주도적으로 이끈 분야는 지열 열펌프 시스템으로 설치 건수는 2000년과 비교했을 때 세배 이상 증가. 전체 지열 에너지 직접 이용 시설용량 중 54.4%(15,384MWt)를 그리고 이용량 중 32%(87,503TJ/year)를 지열 열펌프 시스템이 담당.
- 2005년도 기준 전 세계 지열 열펌프 시스템 보급대수는 12kW급 열펌프 유닛으로 환산하였을 때 약 130만 대로 추정되며, 지난 5년간 매년 10% 이상의 증가율을 보인 것으로 조사됨. 특히 미국, 서유럽(오스트리아, 스위스, 스웨덴 등), 터키, 중국 등이 전 세계 지열 열펌프 시스템의 보급을 주도하고 있음.
- 용량 면에서는 역시 지하 열자원이 풍부한 미국이 단연 1위이며, 스웨덴이 2위, 다음으로 중국, 아이슬란드, 터키 순으로 나타남.

〈 항목별 지열 에너지 직접 이용 순위(2005년 기준) 〉

순위	이용량 (TJ/year)	시설용량 (MWt)	면적대비 이용량	인구대비 이용량	면적대비 시설용량	인구대비 시설용량	지난 5년간 이용량 증가율	지난 5년간 시설용량 증가율
1	중국 (45,373)	미국 (7,817)	아이슬란드	아이슬란드	아이슬란드	아이슬란드	노르웨이	노르웨이
2	스웨덴 (36,000)	스웨덴 (3,840)	이스라엘	스웨덴	스위스	스웨덴	덴마크	덴마크
3	미국 (31,239)	중국 (3,687)	스위스	뉴질랜드	스웨덴	노르웨이	칠레	네덜란드
4	터키 (24,840)	아이슬란드 (1,844)	덴마크	그루지야	덴마크	스위스	네덜란드	칠레
5	아이슬란드 (24,500)	터키 (1,495)	그루지야	덴마크	헝가리	헝가리	포르투갈	벨기에/ 체코

○ 미국은 지열 열펌프 시스템을 포함하여 전 세계 지열 에너지 직접 이용을 주도하고 있는 나라.

- 2005년 기준, 전체 직접이용 용량은 7,817MWt, 이용량은 31,239TJ/year(8,678GWh)임. 이중에서 지열 열펌프 시스템이 용량 면에서는 92%(7,200MWt), 이용량 면에서는 71%(22,214TJ/year)를 차지하고 있어 단연 지열 열펌프 시스템을 적극적으로 보급하고 있음.
- 12kW급 열펌프 유닛으로 환산했을 때, 약 60만 대 이상이 설치되어 지난 5년간 매년 11%의 증가율을 보임(2005년 기준).
- 지역별로 북서부 지방에 13%, 중서부 45%, 남부 36%, 서부 8%로 난방보다는 주로 냉방(연간 1,000시간 정도)에 활용.
- 미국 전체 냉난방 에너지 중 지열 열펌프시스템이 약 1.8%를 점유.

○ 이용량 면에서 제일 앞서고 있는 중국은 텐진 · 샨시 · 헤베이 및 베이징 부근 지역에서의 지역난방(6,391TJ/year), 온천(25,095TJ/year), 지열 열펌프 시스템(6,569TJ/year)에 지하 열자원을 적극적으로 활용하고 있음.

○ 유럽에서는 아이슬란드, 스웨덴, 스위스, 노르웨이, 덴마크, 독일 등이 지열 에너지 직접 이용(지열 열펌프, 지역난방, 온실난방 등)을 주도하고 있음.

〈 유럽 주요 국가에서 지열 직접이용과 지열 열펌프 시스템 현황(2005년 기준) 〉

	지열 에너지 직접 이용 총 시설용량 (MWt)	지열 열펌프 시스템 시설용량 (MWt)	총 용량 중 지열 열펌프 시스템의 비율(%)	총 지열 에너지 직접 이용량 (TJ/year)	지열 열펌프 시스템 이용량 (TJ/year)	총 이용량 중 지열 열펌프 시스템의 비율	설치 대수 (12kW급 열펌프로 환산)
오스트리아	352.0	300	85.2	2,229.9	1,450	65.0	25,000
핀란드	260.6	260	99.8	1,950.0	1,950	100.0	40,000
독일	504.6	400	79.3	2,909.8	2,200	75.6	30,000
노르웨이	600.0	600	100.0	3,085.0	3,085	100.0	14,000
스웨덴	3,840.0	3,300	85.9	36,000.0	28,440	79.0	275,000
스위스	584.7	525.4	89.9	4,229.3	2,854	67.5	35,000

- 2005년 기준, 약 43만 대의 지열 열펌프 시스템이 유럽 전 지역에 보급되었으며, 스웨덴, 스위스, 오스트리아, 독일, 핀란드 등에서는 지열 에너지 직접 이용 방식 중 지열 열펌프 시스템이 독점하고 있음.
- 스위스는 면적대비 지열 열펌프 설치건수로는 세계 1위로 $2km^2$당 1대 이상의 지열 열펌프 시스템이 설치되어 있음.
- 면적대비 이용량에서 1위인 아이슬란드는 국토 자체가 대서양 판이 갈라지는 곳에 있기 때문에 지하 열자원이 풍부하며, 아울러 국가 전체 난방의 87%를 지열로 공급하고 있음.
- 이스라엘이나 스웨덴 등은 주로 심부 시추공을 이용한 지역난방, 온천 및 농업, 양식업 등에 지열 에너지를 활용하고 있음.

지열발전 분야에 대한 해외 주요 국가의 동향 분석

○ 현재 전 세계에서 약 24개국이 지열발전을 통해 전기를 공급하고 있으며, 미국 · 필리핀 · 멕시코 · 이탈리아 · 인도네시아 · 일본 등이 이 분야를 주도하고 있음. 지열발전 플랜트의 시설용량 면에서 이 여섯 나라가 전 세계 지열발전의 86%를 차지.

○ 최근 들어 멕시코와 인도네시아의 성장세가 두드러진 것을 확인할 수 있으며, 여기에 새롭게 지열발전을 시작한 나라로 에티오피아 · 과테말라 · 호주 · 니카라과 등이 있음.

○ 전체 지열발전 용량은 2000년 7,972MWe에서 2005년 8,933MWe로 증가하였으며, 이 기간 동안 연평균 2.3%의 성장세를 보임.

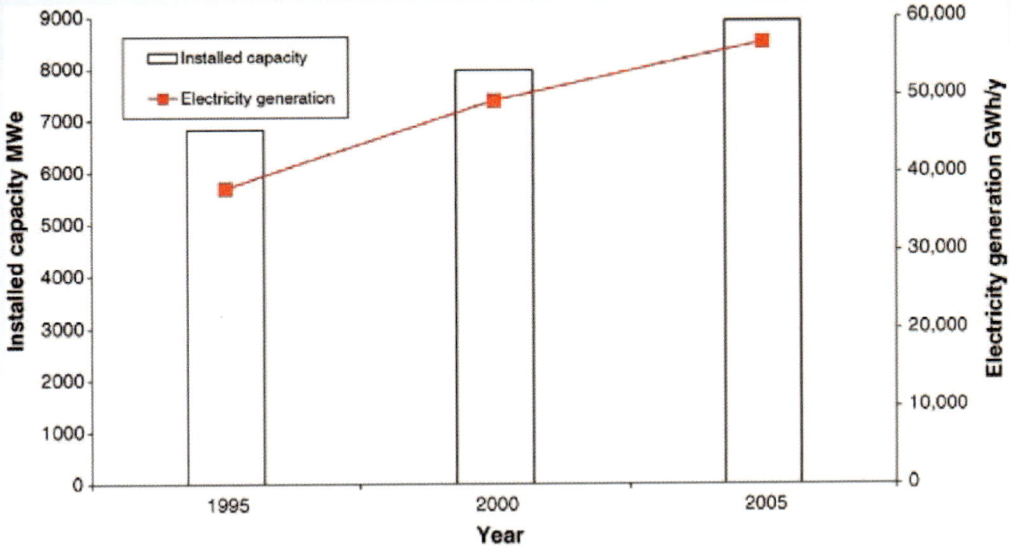

〈 지열발전 플랜트의 용량과 연간 전기 생산량 변화(1995~2005) 〉

○ 전 세계적으로 2005년 초까지 490기의 지열발전 플랜트가 건설되었으며, 총 설비용량(installed capacity)은 8,933MWe.

○ 용량 면에서 보면, 1단 플래시증기(single flash steam) 방식[3,294MWe(37%)]과 2단 플래시증기(double flash steam) 방식[2,2936MWe (26%)]이 단연 지열발전의 대세임. 뒤를 이어 건조증기 28%(2,545MWe), 바이너리 8%(682MWe), 역압(back pressure)방식이 1%(119MWe)의 점유율을 보이고 있음.

○ 바이너리 방식은 용량 면에서는 비율이 낮았지만, 전체 490기의 플랜트 중 208기(42%)를 차지하고 있어 플랜트의 수만 보면 타 방식[1단 플래시증기 128기(26%), 2단 플래시증기 67기(14%), 건조증기 58기(12%), 역압방식 29기(6%)]보다 우세.

○ 향후 2010년까지 전 세계의 지열발전 플랜트의 용량은 지속적으로 증가할 것으로 전망됨.

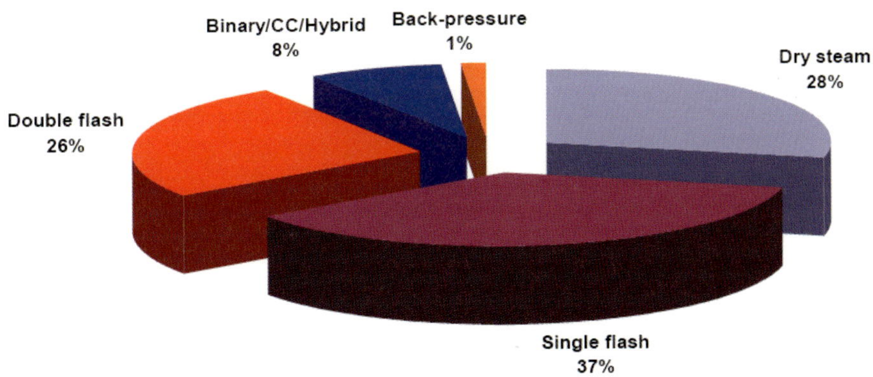

〈 전 세계 지열발전 방식별 점유율 〉

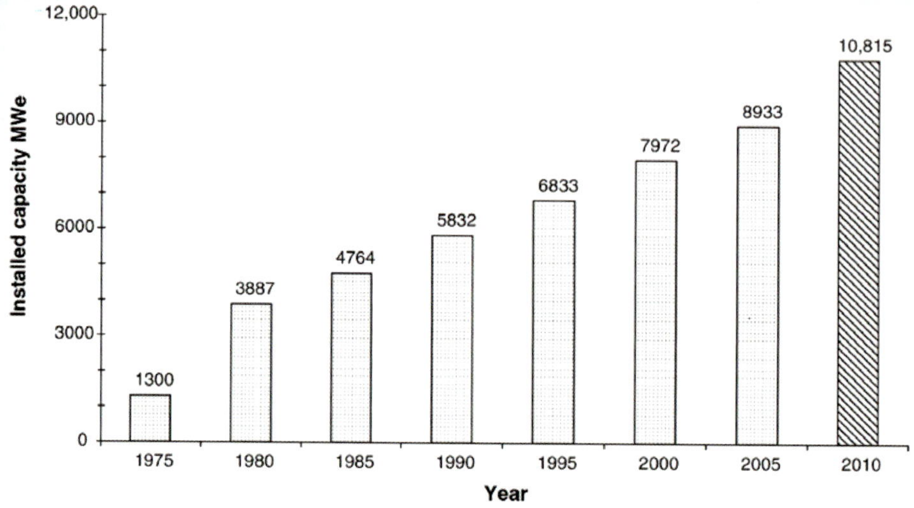

〈 2010년까지 전 세계 지열발전 플랜트 용량 예측 〉

V. 기술개발 추진전략 및 목표 설정

○ 지열 냉난방 분야의 기술개발 단계를 단기·중기·장기로 구분하고 각각에 대한 전략을 수립하여 기술개발 추진

단기(2008~2012) 추진 전략

- 현재까지 연구 개발된 기술 중에서 단기간에 상업화가 가능한 기술을 실증 사업으로 우선 개발.
- 민간시장 활성화를 위한 저비용 천공 및 시공기술을 우선 발굴.
- 시스템 신뢰성 확보를 위한 인증 시스템 구축 사업을 추진.
- 소규모 주거용 지열 열펌프 시스템 보급 활성화를 위한 시스템 고성능화 및 표준화 시공기술 개발에 역점을 둠.

중기(2013~2020) 추진 전략

- 선진 외국기술에 대한 기술 의존도를 낮추기 위한 방안으로, 핵심 요소기기의 설계와 제작, 저비용 시공기술 개발을 중점적으로 추진.
- 시스템 고성능화와 신뢰성 확보에 역점을 두고 연구개발 추진. 이를 통해 세계 시장에 진출할 수 있는 기반 구축.
- 차세대 친환경·고효율 시스템 기술을 개발할 수 있는 산·학·연 네트워크를 구축하고, 지중열자원 DB 구축기술 개발을 지속적으로 추진.
- 고부하 설비의 응용기술을 실용화하는 데 중점을 두고 추진.

장기(2021~2030) 추진 전략

- 저온구동 흡수식 냉동기 연계기술, 스마트 열환경 제어 시스템 등 미래형·지능화 시스템 개발에 역점을 두고 추진.
- 지중열교환기 고성능화를 위한 심부지열 이용기술, 천공 및 시공의 경제성 확보 기술 개발에 중점을 두고 추진.
- 대용량 열펌프 기술, 지열에너지 장거리 수송 기술 등 지열융복합 대형 냉난방 연계 기술 개발을 체계적으로 추진.

- 시스템과 요소기술의 성능 및 신뢰성 향상을 통한 지열 냉난방 시스템 보급 활성화.
- 기초기술 및 원천 핵심기술 개발을 통한 세계 지열 냉난방 시장 선도.
- 지열에너지 이용 활성화를 통한 국가 신·재생에너지 보급목표 달성에 일조.

○ 지열발전은 플랜트 개념이기 때문에 소형(1MW 이하급)·중형(10MW 이하급)·대형 플랜트(10MW 이상급)로 구분하고, 단기·중기·장기의 관점에서 각각에 대한 기술개발 추진전략을 수립하여 추진.

단기(2008~2012) 추진 전략

- 지열발전을 위한 기초연구가 부족하여 핵심 부분은 기초연구의 일부를 수행함.
- 민간시장의 참여를 유도하기 위해 타산업과의 연계성이 큰 장비와 플랜트의 개발을 추진하며, 핵심 개발 부분을 도출하여 연구개발의 효율을 극대화 함.
- 단기 연구개발의 결과를 현장에 적용토록 하여 개발된 성과물을 검증함으로서 실용화 플랜트 건설의 요소기술을 정립함.

중기(2013~2020) 추진 전략

- 선진 외국기술에 의존하는 것을 탈피할 수 있는 핵심 요소기기의 설계 및 제작 시공기술 개발을 중점적으로 추진.
- 세계시장에 진출할 수 있는 기반을 조성할 수 있도록 고성능화 및 신뢰성 확보에 역점을 두고 추진.
- 개발된 성과물의 실용성 확보를 위해 실제 현장에서 적용될 수 있도록 추진.
- 예상되는 각종 사회문제와 환경문제에 대처할 수 있는 연구 추진.

장기(2021~2030) 추진 전략

- 한국형 지열발전 시스템 기술이 성숙되어 상용화될 수 있도록 추진.
- 지열발전소 건설과 운용 시 발생할 수 있는 문제에 유연하게 대처하기 위한 기술개발 및 실증 플랜트 건설연구 추진.
- 신개념 굴착 기법 등 건설 경비를 획기적으로 절약할 수 있는 연구 추진.
- 연구결과를 바탕으로 세계시장을 선도할 수 있는 차세대 기술 발굴과 함께 신개념 지열발전 플랜트 건설과 시스템 개발 추진.

- 국내 지질조건 등에 적합한 한국형 지열발전 플랜트 건설.
- 기초기술 및 원천 핵심기술을 개발을 통한 세계 지열발전산업 선도.
- 지열에너지 이용 활성화를 통한 국가 신·재생에너지 보급목표 달성에 일조.

기술개발 목표 설정

단기(2008~2012)

- 지열 열펌프 시스템 설치 가격 목표 : 340만 원/RT
- 지열 열펌프 단품 가격 목표 : 55만 원/RT
- 지열 열펌프 효율(냉방) 목표 : 4.5
- 시스템 보급 목표 : 120,000RT
- 1MW급 이하 소형 지열발전 플랜트 구축

중기(2013~2020)

- 지열 시스템 설치 가격 목표 : 290만 원/RT
- 지열 열펌프 단품 가격 목표 : 45만 원/RT
- 지열 열펌프 효율(냉방) 목표 : 5.0
- 시스템 보급 목표 : 500,000RT
- 10MW급 이하 중형 지열발전 플랜트 구축

장기(2021~2030)

- 지열 시스템 설치 가격 목표 : 250만 원/RT
- 지열 열펌프 단품 가격 목표 : 40만 원/RT
- 지열 열펌프 효율(냉방) 목표 : 5.5
- 시스템 보급 목표 : 2,200,000RT
- 10MW급 이상 대형 지열발전 플랜트 구축

○ 지열 냉난방 분야의 4대 핵심기술인 열공급 시스템 개발 기술 · 지중 열자원 개발 기술 · 인증 및 표준화 기술 · 응용 기술에 대한 연차별 추진계획(Road Map)을 다음과 같이 작성.

■ 지열냉난방분야 중장기 기술개발 로드맵

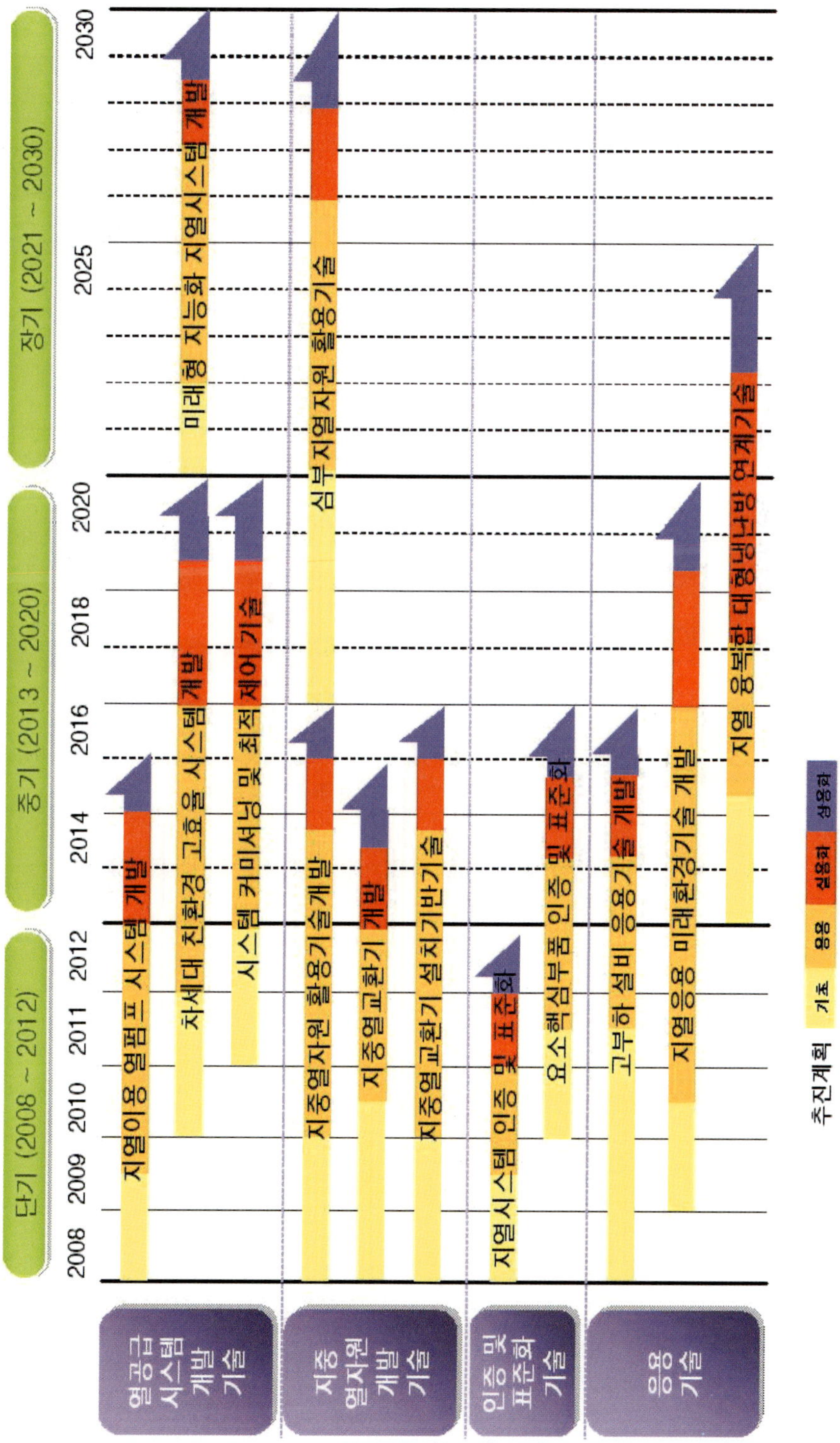

○ 지열발전 분야 중 소형 플랜트 개발 기술(1MW급 이하)·중형 플랜트 개발 기술(10MW급 이하)·대형 플랜트 개발 기술(10MW급 이상)에 대한 연차별 추진계획(Road Map)을 다음과 같이 작성.

■ 지열발전분야 중장기 기술개발 로드맵

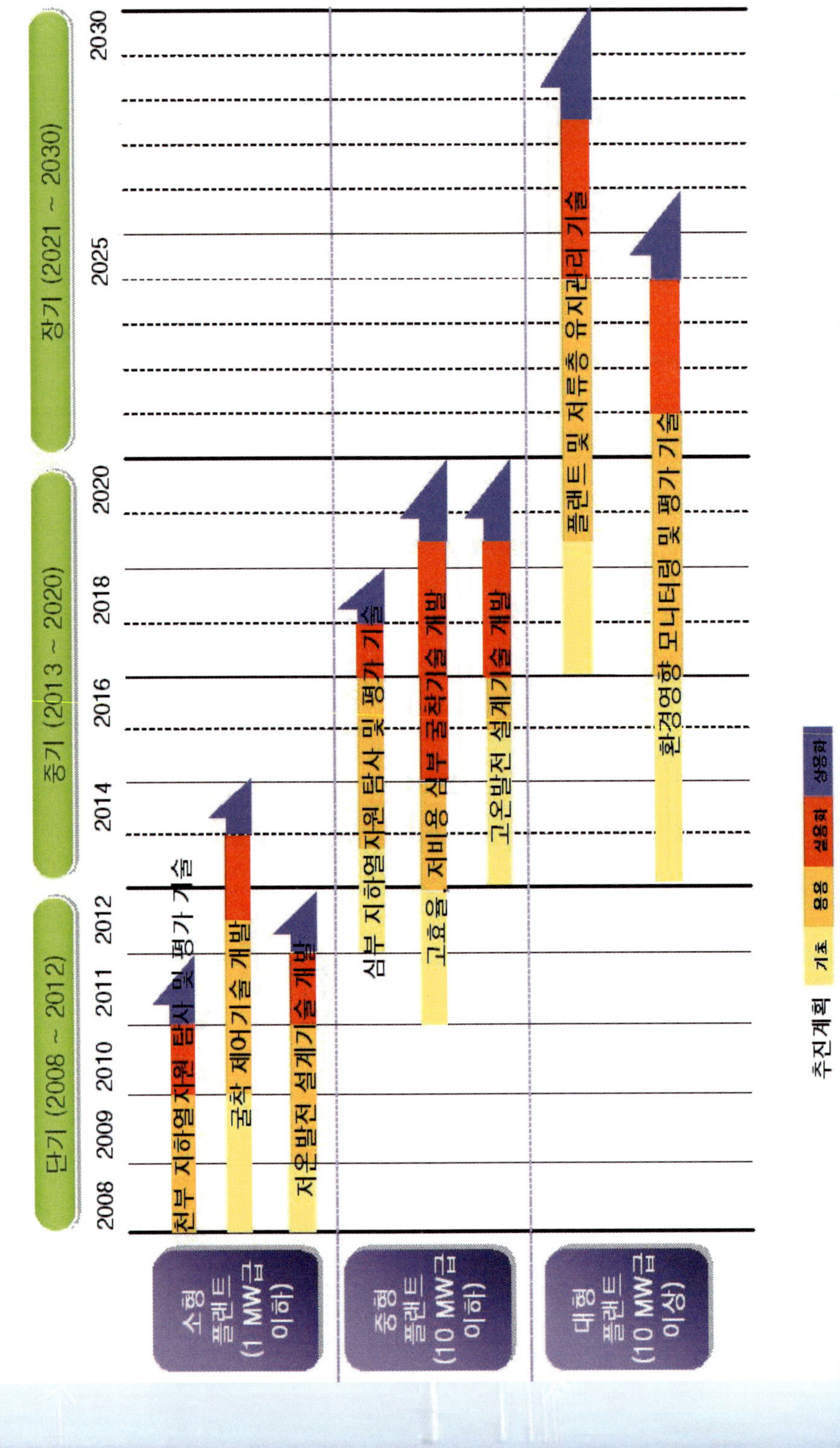

차례 Contents

차례

Contents

차례

V 기술개발 추진전략 및 목표 설정

참고문헌 및 부록

표차례

표차례

Fig. Contents

그림차례

Fig. Contents

그림차례

그림차례 Fig. Contents

I

기술의 개요

1. 기술의 개요

가. 기술의 정의

▶ 지열 냉난방

일반적으로 지열 에너지(지열)란 지중(토양, 지하수, 지표수 등)이 태양 복사 에너지나 지구 내부의 마그마 열에 의해 보유하고 있는 에너지를 의미한다. 태양 복사열은 지구에 도달하는 전체 복사에너지 중 약 47%를 차지하며, 대체로 특정 깊이의 지중 열은 연중 일정한 온도를 유지하고 있다. 이러한 지열 에너지는 지표면으로부터의 깊이에 따라 천부지열(shallow geothermal)과 심부지열(deep geothermal)로 구분된다. 천부지열의 온도는 지형과 지역에 따라 다소 차이가 있지만 대략 10~20℃ 정도이며, 심부지열은 40~150℃ 이상의 온도를 보인다.

지열 에너지를 활용하는 측면에서 보면, 직접이용(direct use)과 간접이용(indirect use) 기술로 분류할 수 있다. 지열 에너지의 직접이용은 말 그대로 땅 속의 중·저온 에너지(10~20℃)를 열펌프(heat pump)나 냉동기와 같은 에너지 변환기기의 열원으로 공급하여 건물 냉난방, 각종 건조 산업, 도로 융설(snow melting), 온천, 양식업 및 시설영농, 지역난방 등에 활용하는 기술을 의미한다. 반면, 간접이용 기술은 앞서 언급한 심부지열 중 대략 80℃ 이상의 고온수나 증기를 끌어올려 전기를 생산하기 위한 지열발전(geothermal power plant)에 활용하는 기술을 일컫는다.

그림 1-1은 잘 알려진 Lindal 선도(Lindal diagram)로서 지중 온도대별 지열 에너지의 활용 범위를 도시한 것이다. 그림에서 온도는 개략적인 값이며, 따라서 지열 에너지를 활용하는데 지역이나 지중조건에 따라 다소 편차가 있을 수 있음을 미리 밝혀둔다. 그림에서 보듯이 지열 에너지를 활용하는 기술은 그 온도 범위 만큼이나 다양하다.

현재 국내에서 지열 기술이라고 하면, 주로 천부지열을 이용하여 건물을 냉난방하거나 온수를 공급하는 지열 열펌프 시스템(geothermal heat pump systems) 기술로 한정하는 경향이 있다. 이는 국내에서 지열 에너지의 활용에 있어서 다양한 분야에 당장 적용할 수 있는 기술력의 부재와 함께 상대적으로 인프라가 잘 구축된 공조·냉동 산업에 지열 에너지를 연계하는 것이 비교적 쉬웠기 때문이다.

물론 지열 에너지의 직접이용 방식에서 가장 큰 부분을 차지하는 분야는 지열 열펌프 시스템이다. 이는 지열 에너지의 국가별 이용 통계나 세계의 이용 현황[Lund(2005)] 등에서도 확인할 수 있다. 따라서 본 보고서에서는 간접이용 방식(지열발전)을 제외한 나머지 분야, 즉 직접이용 방식을 모두 지열 냉난방 시스템이라고 정의하였으며, 그 핵심기술과 세부기술은 뒤에서 분류하였다. 아울러 관련 기술에 대한 개략적인 설명은 지열 열펌프 시스템에

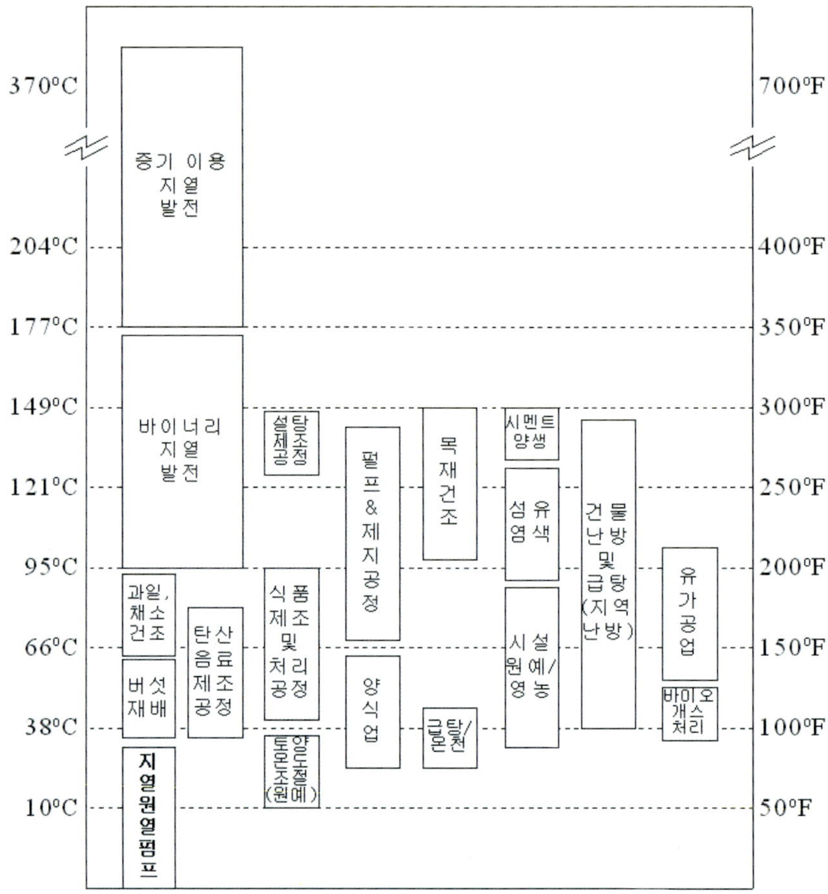

그림 1-1 지열 에너지의 활용

초점을 맞추어 '나. 기술의 개요'에 정리하였다.

지열 열펌프 시스템은 크게 지중열교환기(ground heat exchanger 또는 borehole heat exchanger)와 열펌프로 구성된 냉난방 겸용 시스템이다. 즉, 냉방 시에는 건물 내의 열을 지중으로 방출하고, 난방과 급탕 시에는 지중의 열을 실내와 온수에 공급함으로써 하나의 시스템으로 공간 냉난방과 온수·급탕을 동시에 구현할 수 있다. 냉방과 난방 모드에서 각각 냉열원(heat sink)과 온열원(heat source)의 역할을 하는 지중 온도는 연중 안정적이기 때문에 지열 열펌프 시스템은 높은 효율과 우수한 성능을 갖는다. 따라서 기존 냉난방 설비나 공기열원 열펌프 시스템과 비교했을 때, 효율이 높고 성능이 우수한 시스템으로 알려져 있다[DOE(2001)].
일반적으로 신·재생 에너지를 이용하는 시스템은 기존 설비에 비해 초기 투자비가 많이 소요되는 단점이 있다. 이러한 특성은 지열 냉난방 시스템에서도 유사하게 나타난다. 이는 지열 시스템의 초기 가격 경쟁력을 약화시켜 보급 활성화에 걸림돌로 작용한다. 하지만 에너지 이용 효율과 시스템 성능 면에서 기존 설비보다 우수하기 때문에 전체 생애주기(life cycle) 동안 발생하는 경제적 이익은 기존 냉난방 설비보다 지열 시스템에서 더욱 크게 나타난다.

외국에서는 1970년대 1차 석유파동 이후, 지열 에너지가 건물 냉난방 에너지원으로서 매우 뛰어난 활용가치가 있다는 점을 인식하고, 일반 주거용 건물과 상업용 건물, 학교, 공공시설, 군부대 등에 다양한 종류의 시스템을 설치하고 있다. 우리보다 에너지 사정이 좋은 미국이나 유럽 각 국에서 지열 에너지를 적극적으로 활용하기 위한 요소기술과 초기 투자비 절감을 위한 기술 개발에 많은 투자를 하고 있다는 점은 시사하는 바가 크다.

이에 반해, 국내에서는 대체 열원에 대한 관심 부족, 기존 냉난방 설비에 비해 상대적으로 큰 초기 투자비 등 다양한 원인 때문에 지열 시스템이 적극적으로 보급되는 데 어려움을 겪었다. 하지만 정부에서 설치자금 지원제도 등을 정비하고, '공공기관 설치의무화제도'나 '일반보급보조사업' 그리고 '지방보급사업' 등을 지속적으로 추진함으로써 시스템 설치 사례가 해마다 증가하고 있다. 더불어 정부와 산 · 학 · 연이 연계하여 보급 활성화와 기술개발에 많은 노력을 기울이면서 관련 업체와 기술 인력도 꾸준히 증가하고 있는 추세다.

굳이 최근의 고유가 정세가 아니더라도 대표적 화석 에너지인 원유의 수입가격은 앞으로도 지속적으로 상승할 것으로 예상된다. 또한 기후변화협약 시행에 따라 화석 에너지의 사용 양상은 과거와는 크게 다를 것이다. 이러한 상황을 볼 때, 지열 열펌프 시스템을 비롯하여 각종 지열 에너지 활용 기술을 적극적으로 보급하고 아울러 보급 활성화에 필요한 기술개발에 많은 투자가 있어야 할 것이다.

▶ 지열발전

지열발전(地熱發電, geothermal power generation)이란 시추공을 통하여 지하에 저류되어 있는 지열 유체를 분출시키거나 물을 주입시켜 고온의 물이나 수증기를 뽑아낸 후, 그 열 에너지를 전기에너지로 변환하는 발전방식이다.

나. 기술의 개요

▶ 지열 냉난방

① 지열 열펌프 시스템의 특징

지열 열펌프 시스템은 효율과 성능 면에서 상용 공기열원 열펌프 시스템보다 우수한 것으로 알려져 있다.

이는 냉난방 사이클에서 각각 냉열원과 온열원의 역할을 하는 지중의 연중 온도 변화가 외기의 변화보다 상대적으로 안정적이기 때문이다(그림 1-2 참조). 아울러 대기 중에 노출되는 기기가 없고 냉매를 적게 사용하며, 공간 활용 측면에서도 탁월하기 때문에 최근 들어 많은 관심을 받고 있다. 하지만, 시스템의 초기 투자비가 기존 설비보다 다소 큰 것이 단점이기도 하다[DOE (2001)].

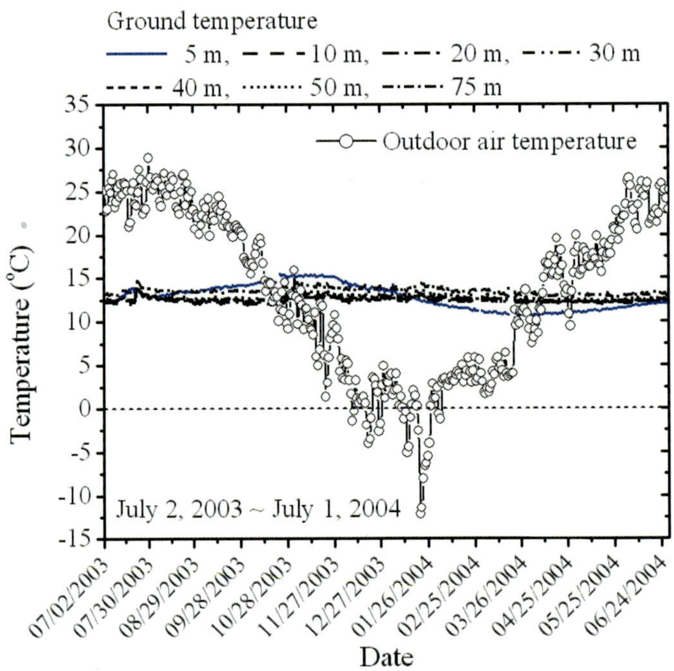

그림 1-2 연중 외기 온도 및 지중온도 변화(2003~2004년)

지열 시스템은 냉난방 겸용 시스템이기 때문에 기존 설비나 다른 신·재생 에너지 이용 시설에 비해 우수한 경제성을 갖는다. 다양한 종류의 지열 열펌프 시스템 중, 현재 국내외에서 주를 이루고 있는 지열 시스템은 지중 토양(ground)의 에너지를 활용하는 토양열원 열펌프 시스템(ground-coupled heat pump systems)이다.

이 시스템은 보어홀 천공(borehole drilling), 보어홀 그라우팅(grouting), 열펌프 설치, 팬 코일 유닛(FCU)이나 바닥난방 코일 등의 부하 측 공기조화 설비 시공 등 여러 단계를 거쳐 시공된다. 열펌프 작동유체인 냉매의 증발과 응축에 필요한 에너지를 공급하기 위해, 보어홀에 매설된 지중열교환기를 이용한다는 점이 이 시스템의 가장 큰 특징이다.

미국 환경보호청(Environment Protection Agency: EPA)은 현존하는 냉난방 기술 중에서 가장 에너지 효율적이고 환경 친화적이며, 비용 효과가 우수한 공기조화 시스템으로 지열 열펌프 시스템을 예로 들고 있다.

또한, 이 시스템은 공기 열원 열펌프에 비해 44%까지 그리고 에어컨과 전열기에 비해 72%까지 에너지 소비를 절감할 수 있다고 EPA(1993)는 밝혔다. 그림 1-3은 미국 에너지부(DOE)에서 2001년에 발표한 내용[DOE(2001)]으로, 지열 열펌프 시스템과 기존 냉난방 설비의 효율을 비교한 것이다. 그림에서 보듯이, 전체 시스템 중에서 지열 열펌프 시스템의 냉난방 성능이 가장 우수한 것을 볼 수 있다.

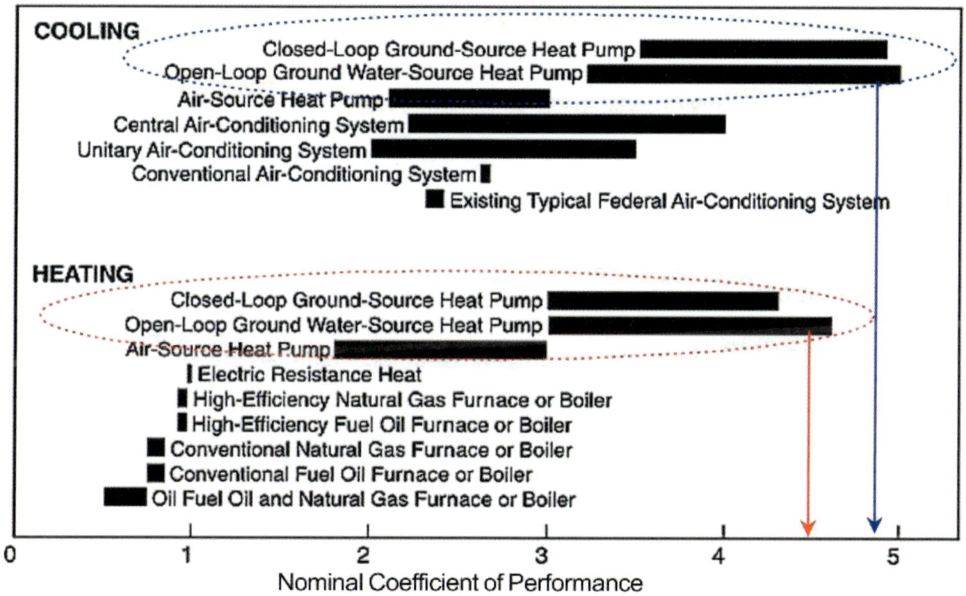

그림 1-3 지열 열펌프 시스템과 기존 냉난방 설비의 효율 비교[DOE(2001)]

② 지열 열펌프 시스템의 종류

지열 열펌프 시스템은 분류 방식에 따라 개방형 시스템(open-loop system)과 밀폐형 시스템(closed-loop system)으로 분류된다. 개방형 시스템은 지하수나 지표수를 직접 순환시키기 때문에 효율은 높지만, 지하수나 토양 오염문제 등을 야기할 수 있다. 반면 밀폐형 시스템은 다양한 용량으로 시공할 수 있지만 초기 투자비와 효율 면에서 개방형 시스템보다 다소 떨어지는 단점이 있다.

지열 열펌프 시스템은 일반적으로 토양열원 열펌프, 지하수열원 열펌프(ground water heat pump), 지표수열원 열펌프(surface water heat pump) 그리고 하이브리드 지열 열펌프(hybrid ground source heat pump) 시스템 등으로 구분된다. 현재 국내외에서 주를 이루고 있는 시스템이 토양열원 시스템과 지하수열원 시스템이기 때문에 기타 시스템에 대한 상세한 설명은 문헌[Kavanaugh와 Rafferty(1997)]을 참고하기 바란다.

㉠ 토양 열원 열펌프 시스템(Ground-Coupled Heat Pump Systems)

토양 열원 열펌프 시스템은 그림 1-4에서 보는 바와 같이 지중열교환기의 매설 형태에 따라 수직형과 수평형 시스템으로 분류된다. 수직형 지중열교환기는 지중(토양)에 수직으로 매설되며 시공부지의 제약이 상대적으로 적다. 또한 건물 냉난방부하와 부지조건에 따라 다양한 깊이로 시공할 수 있다. 일반적인 수직형 지중열교환기는 직경 100~150mm, 깊이 75~180m의 보어홀을 지면에서 천공한 후, 외경 3/4~1½ in.의 폴리에틸렌 U자 관을 삽입하고, 이 U자 관과 보어홀 사이의 빈 공간을 그라우팅 재료로 채워 완성된다[Kavanaugh와 Rafferty(1997)].

그림 1-4의 (b)는 수평형 지중열교환기를 채택한 지열 열펌프 시스템으로 시공비용은 수직형에 비해 상대적으로 저렴하다. 대상 건물 주변에 수평형 지중열교환기 파이프를 매설할 수 있는 부지가 충분할 경우에 고려할 수 있는 시스템이다. 수평형 시스템의 지중열교환기 파이프는 지면에서 1.5~3m 깊이로 굴착된 골(trench)에 매설된다. 이때 지중온도와 지중열물성치 등은 계절이나 연간 강우량 등에 의해 영향을 받기 때문에 시스템 효율은 수직형 시스템보다 다소 낮다.

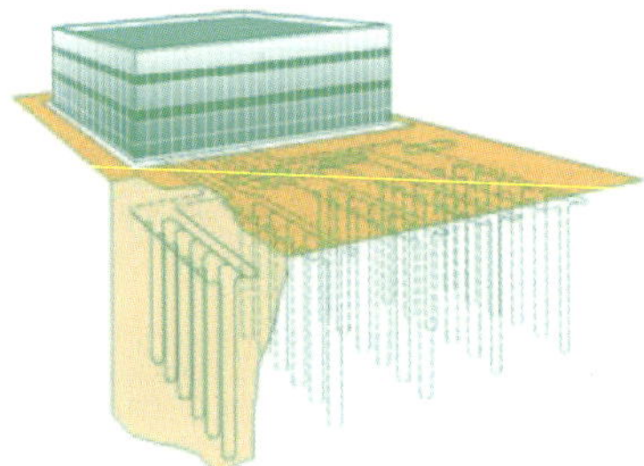

(a) 수직형 시스템

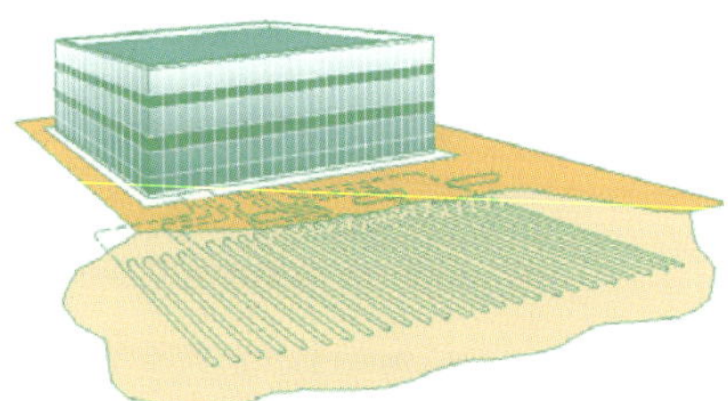

(b) 수평형 시스템

그림 1-4 상업용 또는 중대형 건물에 적용된 토양열원 열펌프 시스템

㉡ 지하수열원 열펌프 시스템(Ground Water Heat Pump Systems)

그림 1-5는 지하수열원 열펌프 시스템을 개략적으로 보여주고 있다. 이 시스템은 양질의 지하수가 풍부할 때, 이를 열원이나 히트싱크로 활용하는 시스템이다. 개방형 시스템은 전체 지열 시스템 중에서 효율이 높지만, 지하수에 포함된 오염물질은 배관이나 열교환기에 파울링(fouling) 또는 스케일(scale)을 야기할 수 있다. 이때 스케일은 주기적인 세정에 의해 줄일 수 있으나, 세척제에 함유된 산(acid) 성분으로 인한 금속 부식작용은 열교환기의 수명을 단축시킬 수 있다. 따라서 지하수 수질이 우수한 것으로 판명되었을 경우에만 이 시스템을 적용해야 한다. 아울러 시스템 설계가 적절하지 못하거나 지하 대수층 깊이가 깊을 경우, 지하수 순환펌프의 소비동력이 증가하여 시스템 효율은 감소하게 된다.

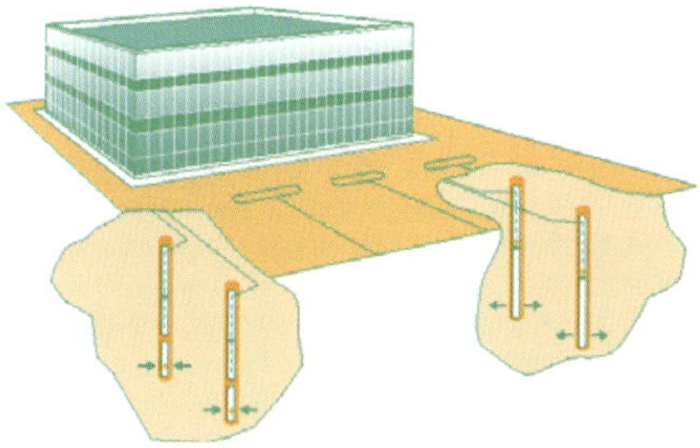

그림 1-5 지하수열원 열펌프 시스템

㉢ **지표수열원 열펌프 시스템(Surface Water Heat Pump Systems)**

그림 1-6 지표수열원 열펌프 시스템

그림 1-6은 소형 건물에 적용된 지표수열원 열펌프 시스템을 보여주고 있다. 지표수열원 열펌프 시스템은 자연연못, 인공연못, 호수, 저수지, 원수 등을 냉열원과 온열원으로 활용한다. 일반적으로 밀폐형 지표수 시스템은 나선(spiral) 형상의 지중 열교환기를 사용한다. 이때 물속의 지중열교환기 파이프가 부력에 의해 뜰 수 있기 때문에 설치에 주의를 기울여야 한다. 연못이나 호수의 크기가 작을 경우, 외기온도 변화에 영향을 받아 시스템 효율이 감소할 수도 있다.

㉣ **하이브리드 지열 시스템(Hybrid Geothermal Heat Pump Systems)**

토양열원 열펌프 시스템은 지중열교환기 설치를 위한 부지와 설치비용 면에서 제약을 받으며, 건물이 커질수록 지중열교환기 설치비용은 더욱 상승하게 된다. 이러한 점을 보완하기 위해 제안된 방식이 하이브리드 지열 시스템이다. 이 시스템은 보조 냉열원(냉각탑 등)이나 보조 온열원(보일러, 태양열 집열판 등)을 병행함으로써 지중열교환기 개수나 길이 등을 줄일 수 있다.

그림 1-7은 보조열원을 병용하는 하이브리드 시스템의 개략도를 보여주고 있다. 상용 난방설비에 사용되는 보일러나 태양열 집열판 등을 보조열원으로 사용할 수 있다. 냉방 시에는 냉각탑(cooling tower)과 판형 열교환기를 수직형 토양열원 열펌프 시스템에 연결하여 사용할 수 있다(그림 1-8). 정해진 수준의 부하까지는 지중열교환기를 이용하고, 설정 수준을 넘어서는 부하에 대해서는 냉각탑이나 보조 열원을 동시에 가동하게 된다.

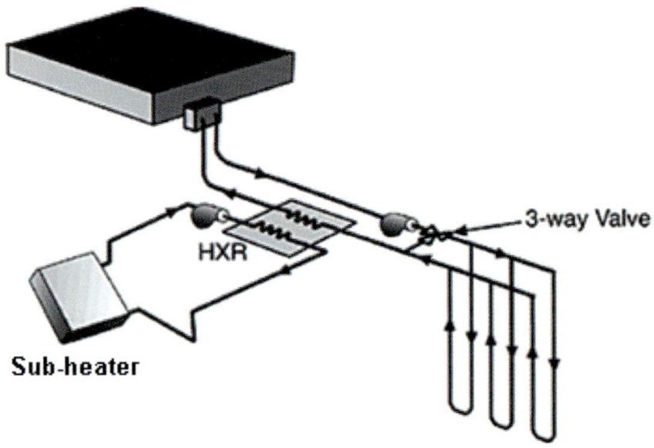

그림 1-7 보조 열원을 병용하는 하이브리드 지열 열펌프 시스템

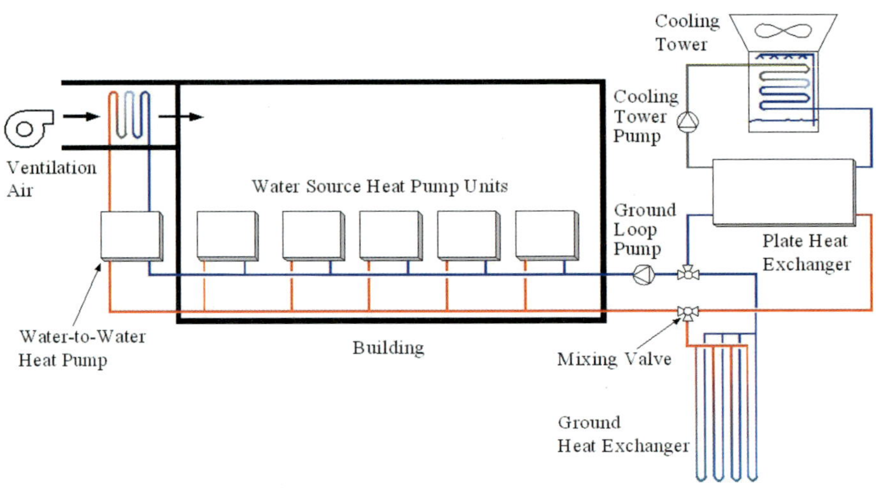

그림 1-8 냉각탑을 병용하는 하이브리드 지열 시스템

③ 지중열교환기

그림 1-9는 수직형 지중열교환기의 설치 개략도를 보여주고 있다. 지중열교환기 파이프로 사용되는 U자 관을 보어홀에 삽입한 다음 파이프와 보어홀 사이의 빈 공간을 그라우팅 재료(grouting materials, 뒤채움재)로 다시 채움으로써 완성된다.

지중열교환기 파이프의 사양은 지열 열펌프 시스템의 수명, 시스템 유지비용, 펌프 소비동력, 초기 투자비, 시스템의 전체 성능 등에 영향을 미치기 때문에 선택 시 신중을 기해야 한다. 현재 고밀도 폴리에틸렌(HDPE) 또는 폴리부틸렌(PB) 파이프가 주로 사용된다.
이들 재료는 유연한 성질을 갖고 있으며, 열융착법(thermal fusion method)으로 연결된다.
지중열교환기 파이프의 크기를 결정할 때, 지중열교환기 순환유체와 토양 사이의 열전달뿐만 아니라, 유체를 순환시키는 데 필요한 동력(순환펌프가 소비하는 전기 에너지)을 동시에 고려해야 한다. 즉, 파이프의 직경을 크게 하면 순환펌프 구동에 필요한 에너지는 감소하지만, 열전달이 원활하게 이루어지지 않는다. 반대로 지중열교환기 파이프 내의 유체 흐름을 난류유동(turbulent flow)으로 만들면, 열전달은 향상되지만 펌프의 소비동력이 증가한다. 여기에 파이프의 직경이 커질수록 가격은 상승하며, 작업자가 다루기도 힘들다.

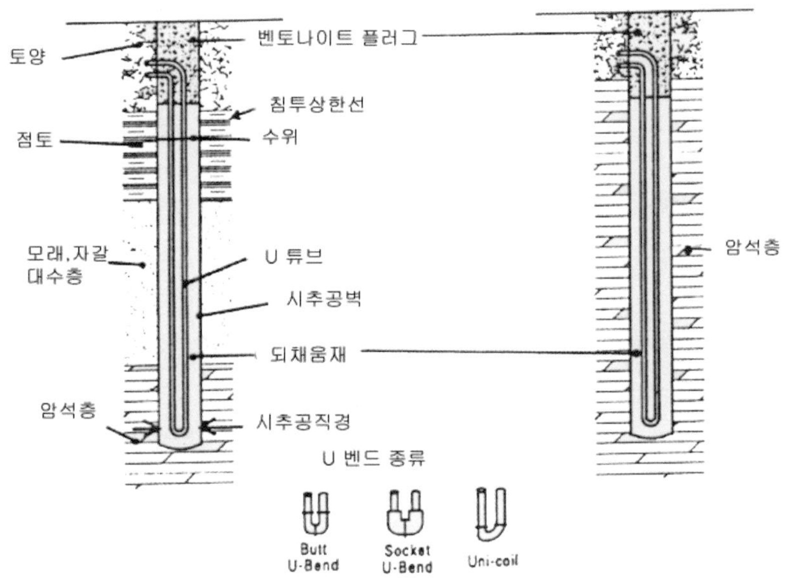

그림 1-9 수직 U자 관 지중열교환기 파이프의 설치 개략도[IGSHPA(2000)]

지중열교환기 순환유체로 부동액을 주로 사용한다. 이상적인 순환유체는 열전달 능력이 우수하고 점도가 낮아야 하며, 지중 환경에 대한 영향이 없어야 한다. 또한 값이 저렴하면서 장기간 사용할 수 있어야 한다. 현재 주로 사용되고 있는 부동액은 염화칼슘(calcium chloride, $CaCl_2$)-물, 염화나트륨(sodium chloride, NaCl)-물, 탄산칼륨(potassium carbonate, K_2CO_3)-물, 에틸렌글리콜(ethylene glycol, $HOCH_2C\ H_2OH$)-물, 프로필렌글리콜(propylene glycol, $CH_3CHOHCH_2OH$)-물, 메탄올(methanol, CH_3OH)-물, 에탄올(ethanol, C_2H_5OH)-물 그리고 아세트산칼륨(potassium acetate, CH_3CHOOK)-물 등이 있다[ASHRAE(1995), Kavanaugh와 Rafferty(1997)].

유럽은 질량비율로 20~30%를 물과 혼합하여 사용하는 글리콜 계열의 부동액을 주로 사용한다. 그러나 -10℃ 이하의 낮은 온도에서 글리콜 계열의 부동액은 점도가 증가하기 때문에 부동액 순환펌프의 소비동력이 증가한다. 따라서 전체 지열 시스템의 효율이 감소하는 단점이 있다. 미국은 알콜 계열(메탄올 또는 에탄올)의 부동액을 주로 사용한다.

지중열교환기 순환유체는 각종 금속에 대한 내부식성이 있어야 한다. 따라서 실제 지열 시스템에 사용되는 부동액은 소량의 부식억제제가 첨가된 것이다. 일반적으로 글루코스(glucose)를 부식억제제로 사용하지만 아세트산칼륨과는 함께 사용하지 않는다. 또한 일부 부식억제제에는 독성이 있기 때문에, 무독성의 부동액이 부식억제제 첨가로 인해 독성을 띄는 것에 주의를 기울여야 한다.

그라우팅 재료는 지중열교환기 순환유체와 보어홀 주변의 토양 또는 암석 등과 열전달을 촉진하고, 지표면에 고인 물이 보어홀 내로 유입되는 것을 방지하며 보어홀 주변의 지하 수맥에서 보어홀 안으로 지하수가 유입되는 것을 방지하는 역할을 한다. 현재 투수도(permeability)가 낮은 벤토나이트 계열이나 시멘트 계열 재료가 주로 사용된다.

현재 주로 사용되는 순수 벤토나이트 그라우팅 재료(벤토나이트+물)와 순수 시멘트 재료(시멘트+물)는 보어홀 주변의 토양이나 암석과 비교했을 때 상대적으로 낮은 열전도도를 갖는다. Allan과 Kavanaugh(1999)는 시멘트 계열 재료와 벤토나이트 계열 재료는 각각 0.80~0.87W/mK과 0.75~0.80W/mK의 열전도도 값을 갖는다고 보고하였다. 또한 벤토나이트 계열 재료를 이용할 경우 투수도, 접착력, 재료가 함유하고 있던 수분의 유출로 인한 열전도도 감소 등에 주의를 기울여야 한다. 순수 재료의 열전도도를 향상시키기 위해, 규사(silica sand)와 같은 고체재료를 첨가하여 사용한다[Remund와 Lund(1993), Remund 등(1993)].

지열 열펌프 시스템을 설계할 때 지중열교환기의 장기간 운전에 따른 지중온도 변화와 지중열교환기 순환수(부동액) 누설이 지중 환경에 미치는 영향 등을 고려해야 한다. 아울러 그라우팅 재료 사용에 대한 법적 기준을 검토하여 시스템 설치 예정 지역에 적합한 지중열교환기를 시공해야 한다. 그러나 지열 산업이 초기 단계인 국내에는 이렇다할 법적 기준이 없다. 현재 미국은 60% 이상의 주에서 지중열교환기 시공에 필요한 그라우팅 기술에 대해 법적 기준을 두고 있다. 대부분의 기준은 지하수질 보존에 근거를 두고 있으나, 그라우팅 재료와 그라우팅 기술에 대한 상세 내용은 주마다 서로 다른 것으로 조사되었다[Den Braven (2000)].

지중(토양 또는 암반)과 지중열교환기 사이의 열전달에 영향을 미치는 요인으로는 지중열교환기의 표면적(열전달 면적)과 지중 열물성치(thermal properties) 등이 있다. 이러한 지중 열물성치는 계절, 연간 강우량 그리고 시스템 운전에 따른 열교환기 주위 토양의 수분함량 변화 등과 같이 다양한 요인에 의해 영향을 받는다. 따라서 지중 열물성치에 대한 정량적인 데이터 확보는 시스템을 최적 설계하는 데 매우 중요하다.

표 1-1 수직형 지중열교환기 시공 절차 및 주의 사항

시공 절차	시공 내용	주의 사항
1. 보어홀 천공 	천공 장비 이용, 설계 깊이까지 보어홀 천공	• 천공 시, 보어홀 휨 또는 붕괴 방지에 주의를 기울여야 한다. • 천공용 슬러리(니수)가 주변 지중환경에 영향을 미치는 일이 없도록 주의를 기울여야 한다. • 설계 깊이까지 완벽하게 시공되어야 하며, 안전사고 예방에 만전을 기하여야 한다.
2. U자 관 삽입 	고밀도 폴리에틸렌 U자 관과 트레미 파이프 삽입	• U자 관을 보어홀에 삽입하기 전에 연결부위 검사 및 압력 테스트 등을 충분히 시행하여야 한다. • U자 관과 트레미 파이프를 함께 묶어 보어홀 안으로 삽입하여야 한다. • 아울러, U자 관 길이 또는 시공 깊이를 확인하여 보어홀이 설계대로 천공되었는지 확인한다.
3. 보어홀 그라우팅 	전용 이송펌프와 트레미 파이프를 이용하여 그라우팅 재료로 뒤채움	• 이송펌프와 트레미 파이프를 이용하여 수직 보어홀 최하단부터 그라우팅 재료가 채우면서 올라오도록 한다. • 그라우팅 재료로 국내외에서 인증된 제품을 사용하여야 한다. • 시공자는 재료 자체의 열전도도 값을 확보하고 있어야 하며, 발주자 또는 감리자가 요구 시 제시해야 한다.
4. 파이프 연결 	지중 루프 열교환기 파이프를 기계실 내 열펌프로 연결	• 설계에 맞추어 수평 트렌치를 굴토하여야 한다. • 트렌치 내부에 날카로운 돌 또는 이물질이 없도록 깨끗한 상태를 유지하여 수평 트렌치 파이프를 기계실로 인입한다. • 주의를 기울이면서 U자 관 끝단-상부 헤더-기계실 내 열펌프를 연결한다.
5. 트렌치 되메움/다짐 	수평 트렌치 부분 되메움 및 다짐	• 트렌치 내부에 날카로운 돌 또는 이물질이 없도록 깨끗한 상태를 유지하여 트렌치를 되메운다. • 시공기준에 의거하여 트렌치를 흙으로 채우고 다진다. • 트렌치 되메움에 앞서, 수평 트렌치 파이프가 매설되어 있다는 표식을 해두어야 한다.

지열 시스템의 지중열교환기 설계나 성능에 영향을 미치는 지중 열물성치는 열전도도와 열확산계수라고 할 수 있다. 일반적으로 암석의 열전도도나 열확산계수는 토양(흙)보다는 크며, 암석이나 흙은 모두 건조한 상태보다 습한 상태일 때 큰 값을 갖는 것으로 알려져 있다.

표 1-1은 수직형 지중열교환기의 시공 절차와 이에 따른 주의 사항을 정리한 것이다. 수직형 지중열교환기를 포함하여 각종 지중열교환기는 지열 열펌프 시스템의 성능을 좌우하는 핵심기기다. 따라서 지중열교환기의 성능을 확보할 수 있는 요소기술 개발과 더불어 저가형 시공장비 및 재료 개발 등은 국내 보급 활성화에 앞서 선결해야 하는 문제들이다.

④ 지열 열펌프 시스템의 냉난방 사이클

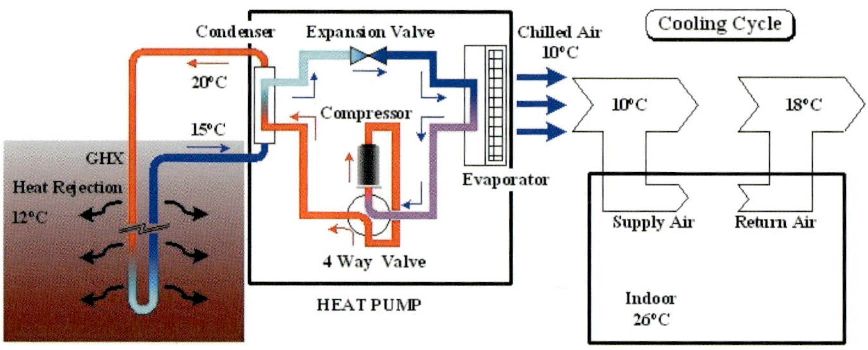

(a) Cooling cycle

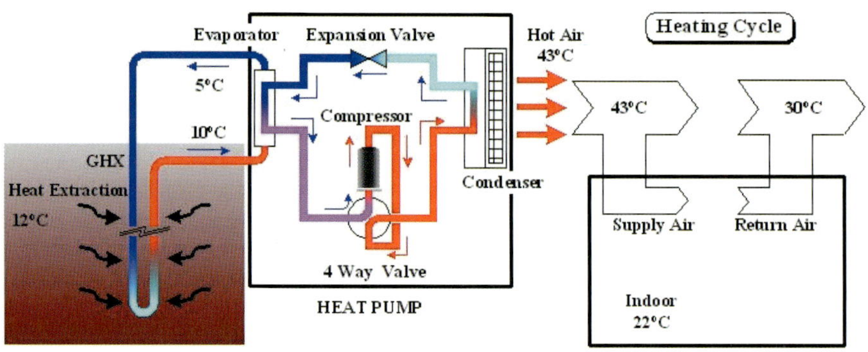

(b) Heating cycle

그림 1-10 지열 열펌프 시스템의 냉난방 사이클

지열 열펌프 시스템의 냉방 사이클을 그림 1-10의 (a)에 도시하였다. 고온·고압의 냉매는 과열증기 상태로 압축기를 나와 4방 밸브를 거쳐 응축기로 들어간다. 응축기에서 고온의 증기냉매는 상대적으로 온도가 낮은 지중열교환기 순환수와 열을 교환한다.

이 과정에서 지중열교환기 순환수의 온도는 상승하고, 냉매의 상은 기상(vapor phase)에서 액상(liquid phase)으로 변한다. 전형적인 시스템에서 지중열교환기 순환수의 응축기 입구온도(EWT)는 약 15~20℃이고, 출구온도(LWT)는 약 5~6℃ 정도 상승한다.

온도가 상승한 지중열교환기 순환수는 다시 토양과 열을 교환하면서 설정 입구온도까지 떨어지게 된다. 응축기를 나온 고온의 액상 냉매는 팽창밸브를 지나면서 저온·저압의 상태가 된다. 저온·저압 상태의 액상 냉매는 다시 증발기로 들어가 실내공기와 열을 교환하며, 이 과정에서 액상 냉매는 증발기로 유입되는 실내공기를 차갑게 만들면서 증기로 상변화를 한다. 증발기를 나온 저온·저압의 기상 냉매는 4방 밸브를 지나 압축기로 들어가며, 압축과정에서 고온·고압의 증기 냉매가 된다.

그림 1-10의 (b)는 지열 시스템의 난방 사이클을 개략적으로 도시한 것이다. 압축기를 나온 고온·고압의 증기냉매는 4방 밸브를 거쳐 응축기로 들어간다. 응축기에서 고온의 증기냉매는 상대적으로 온도가 낮은 실내순환공기(물 대 공기 방식) 또는 건물 순환수(물 대 물 방식)와 열을 교환한다. 이 과정에서 냉매의 상은 증기에서 액상으로 변하며, 실내 순환공기나 건물 순환수는 냉매가 갖고 있던 에너지를 받아 온도가 상승한다.

온도가 상승한 공기나 건물 순환수를 분배장치를 통해 난방을 하거나 온수를 공급하게 된다. 응축기를 나온 액상 냉매는 팽창밸브를 지나면서 온도와 압력이 감소하여 증발기로 들어간다. 증발기로 유입된 액상 냉매는 지중 열교환기 순환수로부터 에너지를 받아 다시 증발하고, 4방 밸브를 지나 압축기로 들어간다. 이때 지중열교환기 순환수의 증발기 입구온도는 대략 10℃이며, 매를 증발시키는 과정에서 지중열교환기 순환수의 온도는 약 5~6℃ 정도 감소한다.

온도가 강하된 지중열교환기 순환수는 토양과 열을 교환함으로써 설정 입구온도까지 상승한다. 압축기는 저온·저압의 기상냉매를 압축하여 처음 상태로 되돌린다.

⑤ 열펌프 유닛

지열 열펌프 시스템의 중요 구성요소인 열펌프 유닛(heat pump unit)은 물 대 물(water-to-water) 방식과 물 대 공기(water-to-water) 방식으로 분류된다. 구조만 본다면, 기존 공기열원 열펌프나 수열원 열펌프와 큰 차이가 없다. 다만, 기존 수열원 열펌프와는 사용 온도조건이 다르기 때문에, 동절기에 폭넓게 적용하기 위해 열펌프 입구온도(EWT: entering water temperature)는 적어도 -5℃의 범위까지 감당할 수 있어야 한다. 따라서 시스템 설계 시, 즉 열펌프를 선정할 때 EWT를 정확하게 예측하는 것이 필요하다. 미국 지열 열펌프협회(IGSHPA)도 EWT를 확인한 후, 열펌프를 결정할 것을 권장하고 있다. 그림 1-11은 지열 시스템에 적용되는 열펌프를 나타낸 것이다.

(a) 수평형 물 대 공기 열펌프

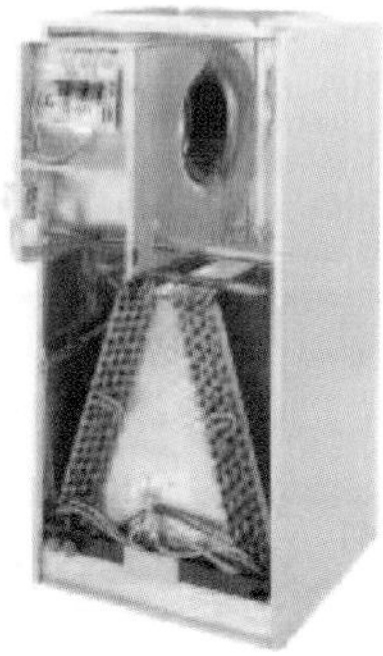

(b) 수직형 물 대 공기 열펌프

(c) 물 대 물 열펌프

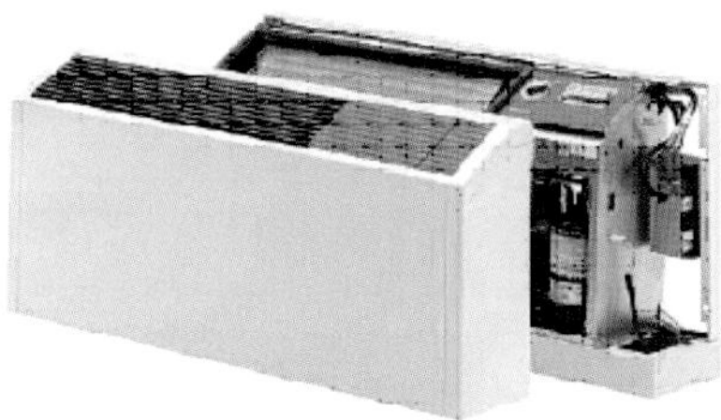

(d) 물 대 공기 열펌프(콘솔형)

그림 1-11 지열 열펌프 시스템에 적용되는 열펌프 유닛

일반적으로 전기구동 압축식 열펌프의 성능은 성능계수(COP)나 에너지 효율비(EER: Energy Efficiency Ratio)로 표현된다. 성능계수와 에너지 효율비는 단위의 차이를 제외하고는 그 근본적인 의미는 동일하다. 물 대 공기 열펌프의 국제 표준 시험규격은 ISO 13256-1이며, 물 대 물 열펌프인 경우 ISO 13256-2가 적용되고 있다[ISO(1998)].

⑥ 지열 열펌프 시스템의 설계

지열 열펌프 시스템을 최적 설계하기 위해서는 적용 건물의 냉난방 부하를 정확하게 계산해야 되는 것은 물론, 지중열교환기 매설 지역의 토양의 성질, 그라우팅 재료의 열물성치, 지중열교환기 보어홀 간격 등과 같은 다양한 변수를 고려해야 한다. 시스템 설치 장소의 토양이나 그라우팅 재료의 열물성치에 대한 정확한 자료 없이 지중열교환기를 설계할 경우, 실제 필요한 용량보다 과다하게 설계될 수 있으며, 이는 초기 투자비의 증가를 초래할 수 있다.

예를 들면, 미국 루이지애나주 포트포크시에 설치된 지열 열펌프 시스템의 지중열교환기는 실제 필요한 크기보다 20% 과다하게 설계되었으며, 만약 정확한 설계가 이루어졌다면 130만 달러의 초기 투자비 절감이 가능할 수 있었다고 Best(1998)는 밝혔다.

지중열교환기 설계에 해석적인 방법과 수치해석 방법을 이용할 수 있다. 수치해석 모델을 이용하여 지중열교환기를 설계하는 과정은 각 설계변수에 대한 반복계산이 필요하다. 이는 시간과 노력이 많이 요구되는 작업이기 때문에 사용하는 데 제약이 따른다. 요즘은 최적의 지열 시스템을 설계하기 위해 전용 소프트웨어를 이용한다. 대표적인 프로그램으로 GchpCalc, GLHEPRO, GS2000, GLD, EED 등이 있으며, Shonder(2000)는 1996년에 각 소프트웨어를 이용하여 계산한 결과의 편차는 약 30%였으나, 1999년에는 약 11%로 소프트웨어의 성능이 많이 개선되었다고 밝혔다.

건물 냉난방 부하 계산용 소프트웨어로는 DOE-2.1E · Energy Plus · TRNSYS · TRACE700 등이 있다. 이 중에서 TRNSYS나 Energy Plus와 같은 전용 소프트웨어를 이용할 경우 시스템 성능분석은 물론 생애주기비용(LCC) 분석에 의한 경제성 평가와 환경영향(CO_2, SOx, NOx 절감량 계산 등) 분석도 가능하다.

⑦ 지열 열펌프 시스템의 경제성

지열 열펌프 시스템의 초기 투자비는 크게 열펌프 구입비 · 지중열교환기 시공비(보어홀 천공, 그라우팅 재료 구입, 지중열교환기 파이프 구입 등) · 실내 공조설비 구입비와 시공비용 · 자동제어장치 시공비용 등으로 구성된다. 일반적으로 전체 초기 투자비 중, 보어홀 천공을 포함한 지중열교환기 시공비(40~50%)와 열펌프 구입비(15~25%)가 대부분을 차지한다. 따라서 핵심 기기와 자재를 전량 수입하고 있는 우리 실정을 감안하면, 열펌프를 포함한 각종 기기와 자재의 국산화는 지열 시스템의 보급 활성화를 위해 반드시 해결해야 한다.

지열 산업이 초기 단계인 국내에는 시공비에 대한 표준 데이터가 없는 것이 현 실정이다. 표 1-2는 일반 주택용 지열 열펌프 시스템에 대한 각 국의 시공비용을 비교한 결과다. 본 시스템이 널리 보급되고 있는 미국이 저렴한 비용으로 시공하고 있는 것을 확인할 수 있다. 미국의 경우 지중열교환기 파이프, 천공, 그라우팅(뒤채움) 등을 포함한 전체 지중 열교환기 시공비용은 미터당 45~70달러이며, 특히 수직형 지중열교환기인 경우 지역과 지중 조건에 따라 서로 다르지만, 대략 미터당 25~50달러인 것으로 조사되었다[Rafferty(1995), Cane 등(1996)]. 산업 기반과 경제 상황이 서로 다른 외국과 비교하는 것은 무리가 있지만, 이들 데이터를 참고하여 우리 현실에 적합한 시공비용을 확립하는 것은 무엇보다 중요하다.

일반적으로 지열 열펌프 시스템은 초기 투자비가 큰 대신 운전비용과 유지비용을 절감하여 경제성을 확보한다. 지역마다 에너지 단가(전기, 가스 비용 등)가 다르고 또한 다양한 시스템이 운전되고 있는 미국의 경우, 지속적인 현장 조사를 통해 표준 운전비용과 유지비용 데이터를 제시하고 있다. 일례로 GHPC(1997)는 중 · 대형 상업용 건물에 설치된 지열 시스템의 연간 유지비용은 제곱 미터당 1.08~2.36달러이며, 이는 기존 냉난방 설비의 평균 유지비용인 제곱 미터당 5.38달러보다 매우 낮은 비용이라고 밝혔다.

표 1-2 일반 주택용 지열 열펌프 시스템에 대한 각 국의 시공비용 비교
[IEA heat pump center(2002)] (단위: 미국 달러)

국가	시공비용[1] (USD)	단위 용량당 시공 비용(USD/kW)	비고
오스트리아	21,000(바닥난방설비 포함) 13,00(공조설비 제외)	1,500 930	수평형 DX[2]
캐나다	9,500~13,000 (실내 덕트설비 포함)	700~1,000	700 : 수평형 DX 1,000 : 수직형
노르웨이	7,500~10,000 (실내 공조설비 제외)	1,500~2,000	수직형, 바닥난방[3] 설계부하의 50%
스웨덴	6,300(실내 공조설비 제외) 7,100(실내 공조설비 포함)	1,250~1,420	수직형, 바닥난방 설계부하의 50%
스위스	20,000(실내 공조설비 제외) 27,000~36,500(실내 설비 포함)	1,900 2,800~3,800	수직형, 바닥난방
미국	7,500~10,000	700~1,000	수직형, 덕트설비

1) 가정 주택(single family house)에 3RT(10.5kW) 용량의 시스템 시공.
2) 수평형 DX : 냉매 직접 팽창형(direct expansion type) 코일을 지중에 수평으로 매설.
즉, 별도의 지중 열교환기가 없음.
3) 수직형, 바닥난방 : 지중 열교환기는 수직형이며, 실내 난방을 위해 바닥난방 코일을 설치.

⑧ 지열 열펌프 시스템의 장점

지열 열펌프 시스템의 가장 큰 장점은 기존 시스템에 비해 25~50%의 적은 전력을 소비한다는 점이다. 일례로 미국 루이지애나주 포트포크(Fort Polk)시는 기존 냉난방 설비를 지열원 시스템으로 교체하여 연간 2,580만 kWh의 전력을 절감할 수 있었다. 이는 사업 시행 전의 지역 전체 전력소비량 중 32.5%로, 가구당 6,445kWh에 해당한다[Hughs와 Shonder(1998)]. 그림 1-12는 미국에서 지열 시스템과 기존 냉난방 설비에 대해 지역별 연간 냉난방 비용을 비교한 그림이다[EPA(1993)]. 전체적으로 지열 열펌프 시스템을 사용했을 때, 연간 냉난방 비용이 가장 적은 것을 알 수 있다.

지열 열펌프 시스템은 설계와 시공에 있어서 유연한 장점을 갖고 있다. 즉 신축 건물은 물론 개보수 건물에도 시스템을 설치할 수 있으며, 건물의 냉난방 설비를 개보수 할 경우에는 기존 덕트나 냉각탑 등을 별도의 추가경비 없이 그대로 활용할 수 있다. 또한 장비설치에 필요한 공간이 적게 소요되기 때문에 기계실의 크기를 줄일 수 있으며, 기존 기계실의 여유 공간을 유용하게 활용할 수 있다.

지열 열펌프 시스템은 지중열교환기를 제외한 나머지 구성기기 등이 건물 내부에 설치되기

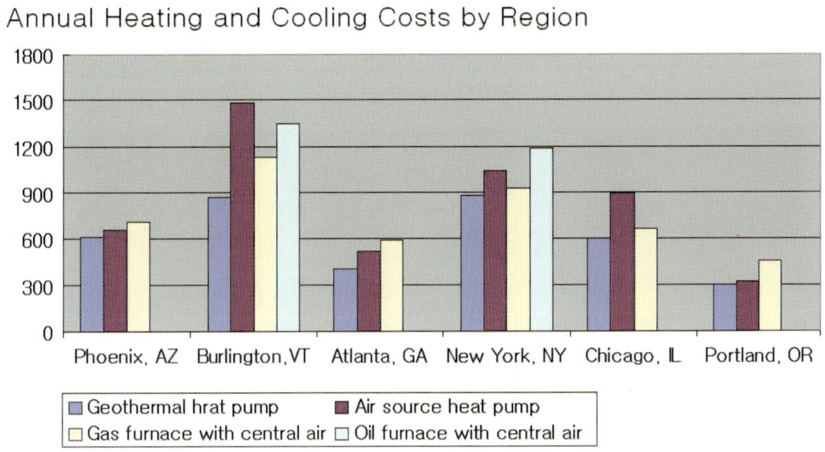

그림 1-12 연간 냉난방 비용 비교[EPA(1993)]

때문에, 외기에 영향을 받지 않고 또한 파손의 우려도 거의 없다. 따라서 내구성과 신뢰도가 높고, 20년 이상 교체 없이 사용할 수 있다. 이때 지중열교환기는 통상 50~70년의 수명이 보장된다.

지열 열펌프 시스템의 지중열교환기 파이프는 지중에 매설되어 있기 때문에 이에 대한 유지관리는 거의 필요 없다. 단지 시스템이 시공 당시의 성능을 유지하면서 운전될 수 있도록, 열펌프 내부의 열교환기 코일을 주기적으로 교환하는 것으로 충분하다.

현재 국내에서 운전되고 있는 시스템의 연간 운전비용이나 유지비용에 대한 정확한 데이터는 거의 찾아볼 수 없다. 이는 본 시스템이 도입된 것이 최근의 일이며, 따라서 이에 대한 신뢰할 만한 자료가 없는 것이 원인이다. 시스템 운전비와 유지관리비가 기존 냉난방 설비보다 적게 든다는 점과 소비자가 수용할 만한 기간 안에 투자비를 회수할 수 있다는 점을 연구개발을 통해 객관적으로 증명해야 하며, 이러한 노력을 통해 지열 열펌프 시스템의 보급을 더욱 활성화시킬 수 있을 것이다.

▶ 지열발전

지열발전은 지표에서 시추공을 파서 고온의 지하수와 수증기를 뽑아내고, 불순물을 제거하여 수증기는 발전소의 증기터빈으로 주입된다. 지열발전 방식은 현재 건조증기(dry steam), 플래시증기(flash steam), 바이너리 사이클(binary cycle) 방식 등이 상업화되어 있으며, 각 방식은 유체의 상태(물 또는 증기)와 온도에 따라 결정된다. 아울러 국내에 적용할 수 있는 방식 중의 하나인 EGS(enhanced geothermal systems) 기술이 현재 각 국에서 개발 중에 있다. 이 기술은 고온의 암반까지 천공한 후, 물을 주입하여 수증기를 만들고, 다시 이 수증기로 터빈을 돌려 전기를 생산하는 방식이다.

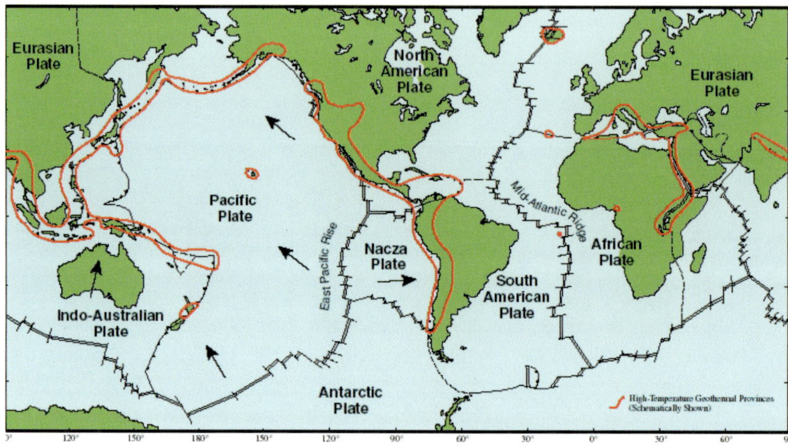

그림 1-13 고온의 지열자원 분포 지역

① 지열발전의 역사와 현황

지열발전은 1904년에 이탈리아 Larderello 발전소에서 최초로 시작되었으며, Larderello는 한때 350MWe 용량의 발전을 하였다. 1960년대에는 세계 최대 규모의 지열발전소인 The Geysers가 미국 캘리포니아에 건설되었다.

현재의 기술로 지열발전이 가능한 규모는 72,500eMW이고 EGS 기술을 포함하면 137,100MWe 규모로 추정된다[ABS Energy Research(2007)]. 현재 전 세계에서 약 24개국이 지열발전을 통해 전기를 공급하고 있으며, 미국·필리핀·멕시코·이탈리아·인도네시아·일본 등이 이 분야를 주도하고 있다. 최근 들어 멕시코와 인도네시아의 성장세가 두드러진 것을 확인할 수 있으며, 여기에 새롭게 지열발전을 시작한 나라로 에티오피아(1998)·과테말라(1998)·호주(2001), 니카라과 등을 꼽을 수 있다. 지열발전은 다른 대부분의 재생에너지원과 달리 24시간 내내 제공되는 장점이 있다. 따라서 지열발전이 우리의 기초 에너지 자원으로서 그 역할을 충분히 담당할 수 있을 것으로 판단된다.

그림 1-14 세계 최초의 지열발전(Larderello, Italy)

지열발전 플랜트의 크기는 국가별 또는 각 지역별 지하 열자원 분포 특성과 발전 요구량에 따라 100kW급에서 크게는 100MW급의 용량을 보인다. 지열발전 플랜트의 시설용량 면에서 위에서 언급한 여섯 나라가 전 세계 지열발전의 86%를 차지한다. 전체 지열발전 용량은 2000년 7,972MWe에서 2005년 8,933MWe로 증가하였으며, 이 기간 동안 연평균 2.3%의 성장세를 보였다. 이전 5년(1996~2000년) 동안의 연평균 성장세인 3.25%와 비교했을 때 다소 줄어든 수치지만, 해마다 꾸준한 성장세를 보이고 있다.

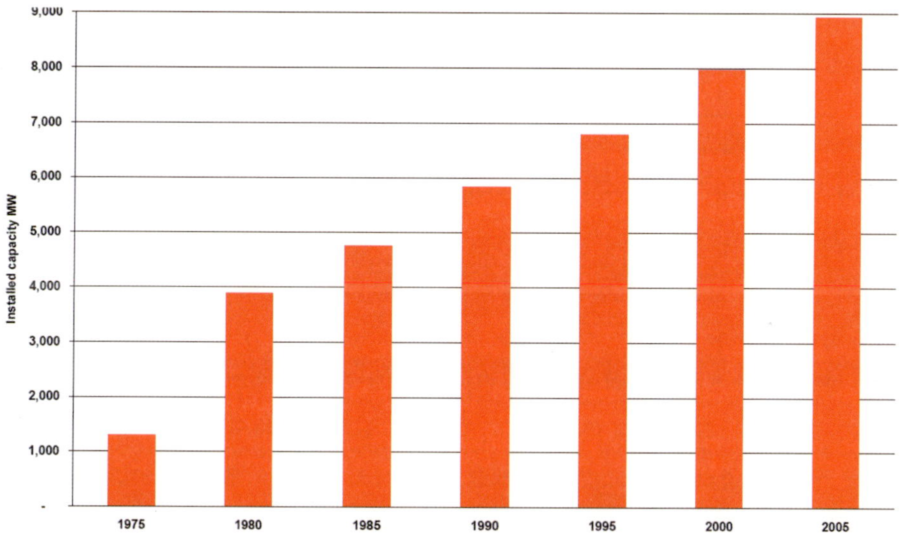

그림 1-15 전 세계 지열발전 플랜트의 용량 변화(1975~2005)

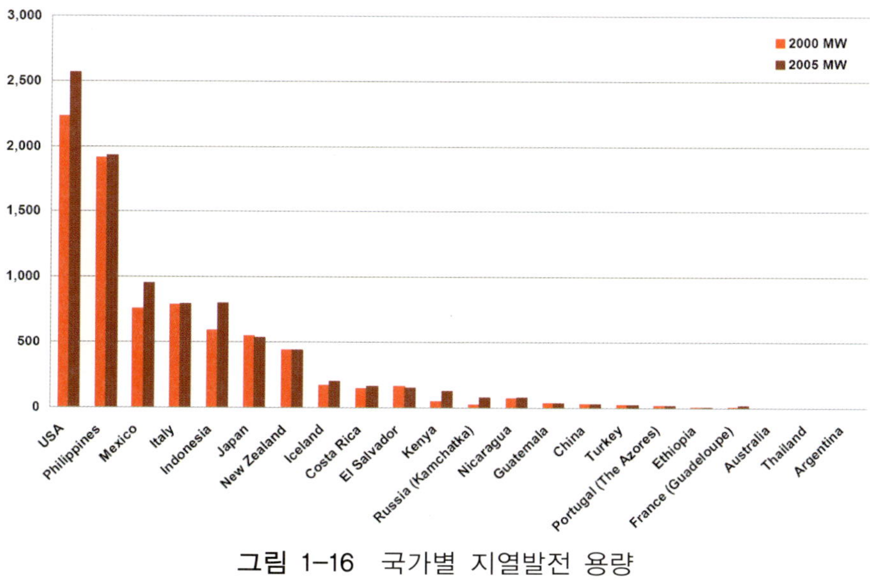

그림 1-16 국가별 지열발전 용량

아울러 2005년도의 시설용량은 전 세계 총 발전시설 용량의 0.2%를 차지하는 용량이다. 그림 1-15는 전 세계 지열발전 플랜트 설치 용량 변화를 나타낸 것이며, 그림 1-16은 각 국가별 지열발전 용량을 도시한 것이다.

② 지열발전 방식

현재 대부분의 지열발전은 건조증기(dry steam), 플래시증기(flash steam) 및 바이너리(binary cycle) 방식의 3가지 방법으로 이루어진다. 그림 1-17에서 그림 1-19는 각 방식에 대한 모식도를 나타낸 것이다.

건조증기 방식(그림 1-17)은 지중 심부에서 추출한 건조 증기를 이용하여 전기를 생산한다. 즉, 관정으로부터 나오는 증기를 발전설비의 터빈으로 직접 보내 발전하는 방식이다. 세계 최대 규모의 The Geyser도 이 방식을 채택하고 있다.

플래시증기 방식(그림 1-18)은 오늘날 가장 일반적인 지열발전의 형태다. 고온(182℃ 이상)의 물을 이용하며, 고압 상태에서 추출한 고온수를 양수하여 발전설비의 터빈을 돌린다. 이때 발전설비에 도달한 고온수의 압력을 급격히 낮추면 그 일부가 증기로 변하게 되는데, 이 증기를 이용하여 터빈을 돌리는 방식이다.

바이너리 방식(그림 1-19)은 위의 두 방법, 즉 지하에서 추출한 고온수나 증기를 직접 이용하여 터빈을 돌리는 방식과 비교했을 때 다소 차이가 있다. 지하에서 추출한 중온수(80~120℃)는 터빈과 직접 접촉하지 않고 2차 유체를 증발시키는 데 이용된다. 이때 열교환기를 이용하게 되고, 열교환이 이루어진 2차 유체가 증발하여 터빈을 돌리는 방식이다. 바이너리 사이클(binary cycle, 2유체 사이클)이라는 이름은 이러한 열교환 과정(process)에서 기인하며, 유기랜킨 사이클(organic Rankine cycle)로도 불린다. 이 방식의 장점은 낮은 온도의 지하 심층수

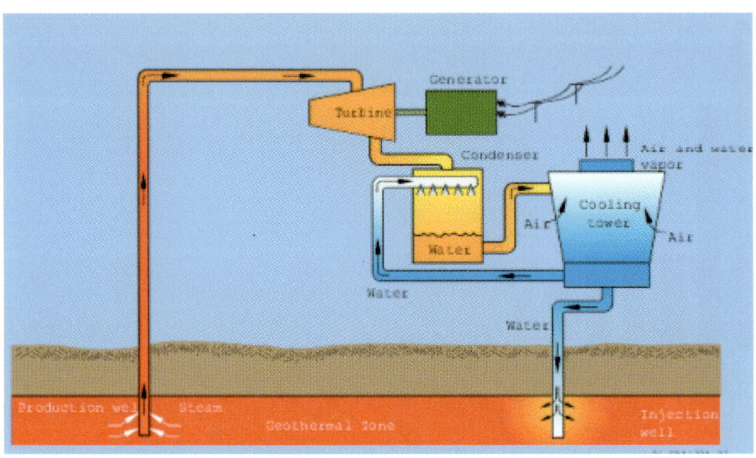

그림 1-17 건조증기(dry steam) 발전 모식도

를 열원으로 사용할 수 있다는 점이다. 세계에서 저온 발전이 이루어지는 곳은 미국 알래스카(Alaska)의 Chena Hot Spring 지역이다. 이 지역에서는 1998년 처음으로 시추가 이루어진 이래 2004년부터 약 75℃의 지하 심층수를 이용하여 바이너리 지열발전을 하고 있다.

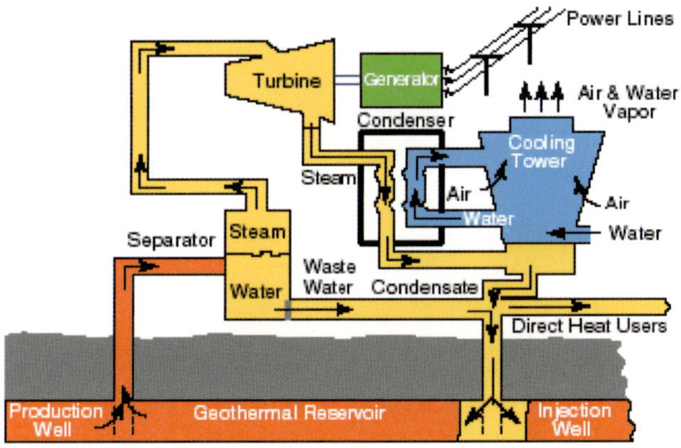

그림 1-18 플래시증기(flash steam) 발전 모식도

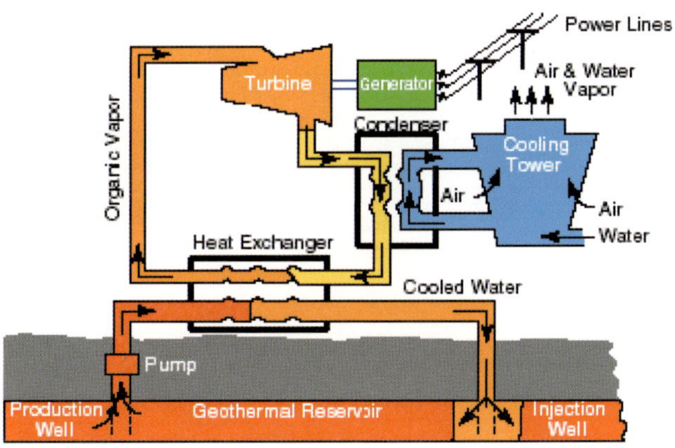

그림 1-19 바이너리(binary cycle) 발전 모식도

앞서 언급하였듯이, 2005년까지 세계에서 490기의 지열발전 플랜트가 건설되었으며, 총 용량은 8,933MWe다. 이 중에서 1단 플래시증기(single flash steam) 방식은 37%, 2단 플래시증기(double flash steam) 방식은 26%를 차지하고 있어, 단연 플래시증기 방식이 지열발전의 대세라고 할 수 있다. 뒤를 이어 건조증기 방식이 28%, 바이너리 방식이 8%, 역압(back pressure) 방식이 1%의 점유율을 보이고 있다(그림 1-20). 반면 바이너리 방식은 전체 490기의 플랜트 중 208기(42%)를 차지하고 있어, 플랜트의 수만 보면 타 방식[플래시증기 195기(40%), 건조증기 58기(12%)]보다 우세하였다.

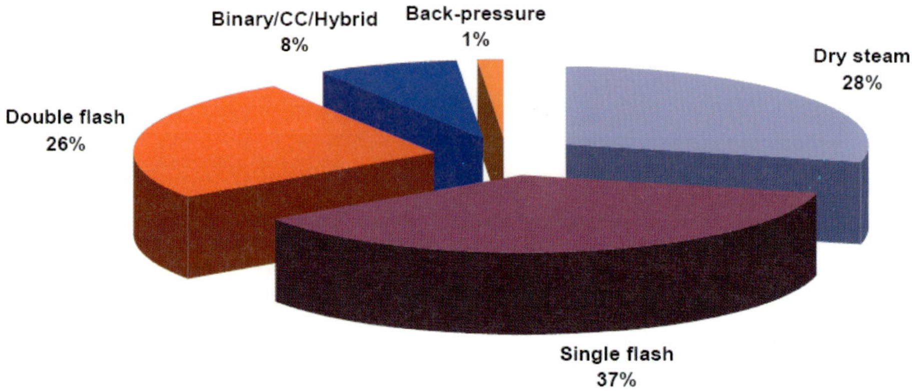

그림 1-20 전 세계 지열발전 방식별 점유율[출처 : GRC Bulletin(2005)]

③ 지열발전 업계

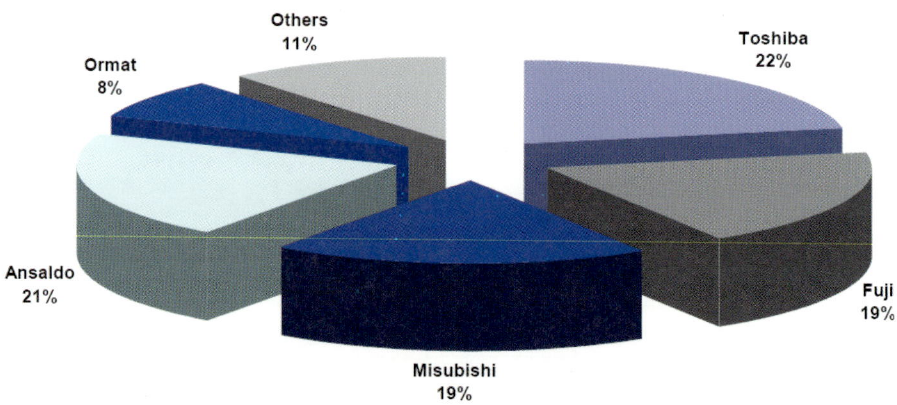

그림 1-21 지열 발전설비 관련 시장 점유율[출처 : EurObservER(2005)]

현재 미국의 기업들이 지열발전 분야를 주도하고 있다. 대표 기업으로 CalEnergy, Unocal, Ormat 등이 있다. 발전설비 분야에서는 Ormat(미국), Toshiba, Mitsubishi, Fuji(일본), Ansaldo (이탈리아) 등 5개 회사가 세계의 시장을 분할하고 있으며, 그림 1-21은 그 비율을 보여준다.

④ EGS 기술

지열발전이라고 하면 일부 한정된 지역, 즉 열 구배가 높은 지역에서만 가능한 것으로 인식하여 기초 에너지 공급원으로 생각하지 않았다. 하지만 EGS 기술을 적용할 경우, 지역적 한계를 극복하여 지열발전을 할 수 있는 것으로 입증되었다. EGS 기술은 HDR(Hot Dry Rock), HWR (Hot Wet Rock), HFR(Hot Fractured Rock) 등으로도 불린다. 이 기술의 기본 개념은 기반암의 자연 절리의 투수율을 증가시켜, 다수의 심부 보어홀을 시공하고 물을 순환시켜 발전하는 것

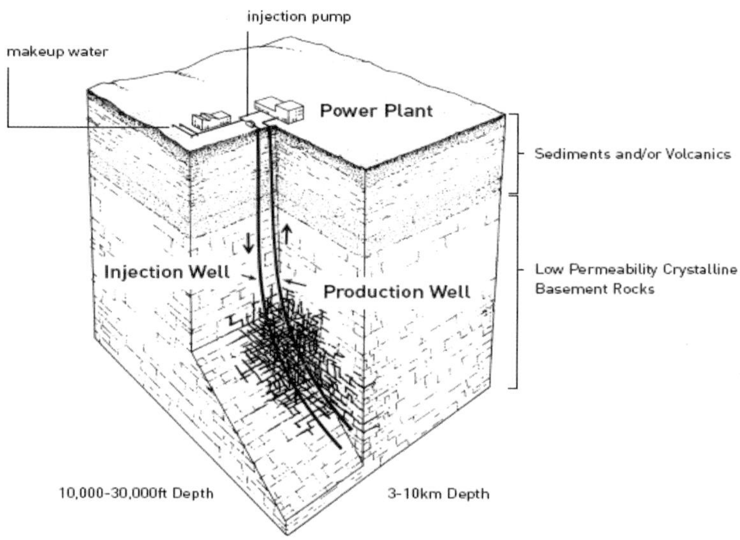

그림 1-22 복수 보어홀을 이용한 EGS 기술의 개략도

이다(그림 1-22 참조). 이 기술은 세계의 지열발전 분야 확대에 많은 공헌을 할 것으로 기대되고 있으며, 아울러 고온의 지열자원이 부족한 국내에서도 적용 가능한 기술로 간주된다. 유럽연합(EU)은 ENGINE(ENhanced Geothermal Innovative Network for Europe)을 조직하여 주요 유럽 프로젝트인 Soultz-sous-Forets(in France)를 지원하고 있다(www.soultz.net, http://engine.brgm.fr). 프랑스, 독일, 이탈리아, 스위스, 미국, 일본 등이 이 프로젝트에 참여하고 있으며, 산업 컨소시엄(EEIG Heat Mining)이 운영하고 있다. 자금은 EC, 프랑스, 독일이 거의 균등하게 제공하고 있으며, 이 사이트의 시스템은 1개의 주입정과 2개의 생산정으로 구성되어 있다.

EGS 기술은 1970년대부터 상업적인 지열발전이 어려운 지역에서 지열발전을 적용하기 위한 연구로 진행되었고, 아래의 국가에서 연구가 수행되었거나 진행 중에 있다.

- 미국 : Fenton Hill, Coso, Desert Peak, Glass Mountain, and The Geysers/Clear Lake
- 영국 : Rosemanowes
- 프랑스 : Soultz, Le Mayet de Montagne
- 일본 : Hijiori and Ogachi
- 호주 : Cooper Basin, Hunter Valley, and others
- 스웨덴 : Fjallbacka
- 독일 : Falkenberg, Horstberg, and Bad Urach
- 스위스 : Basel and Geneva

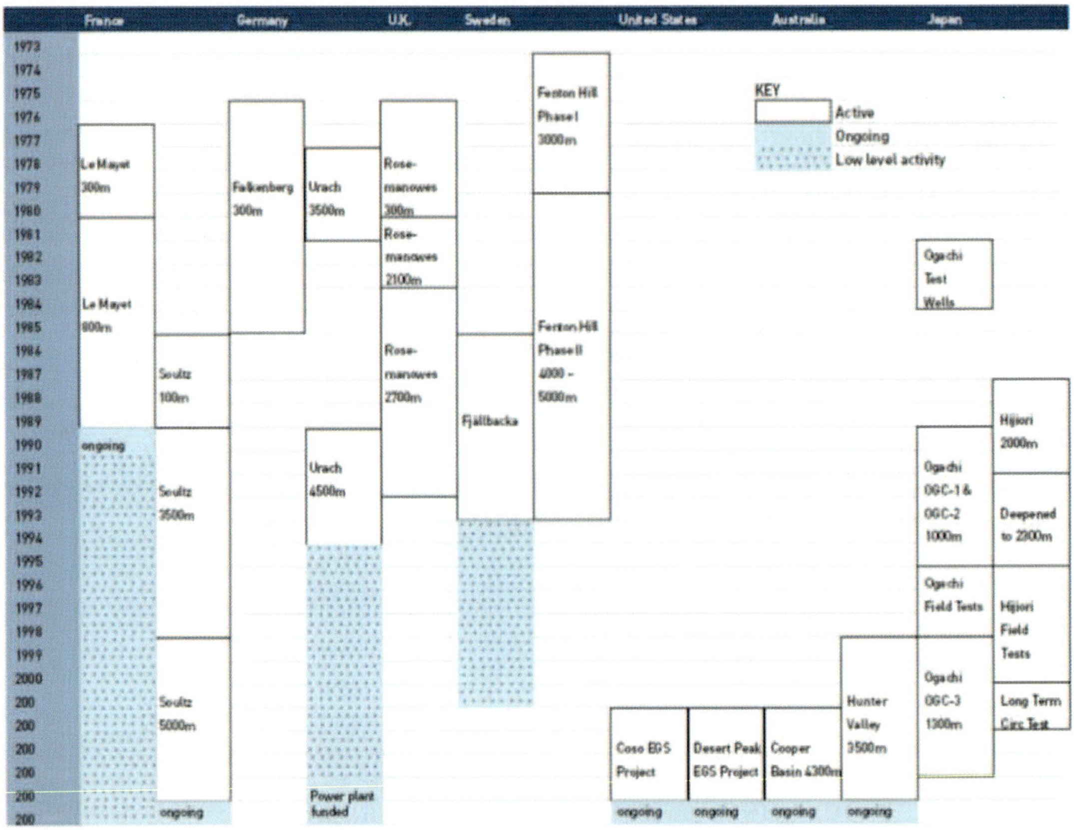

그림 1-23 EGS 관련 주요 연구개발 프로젝트

EGS 발전설비는 밀폐형 순환식으로 운영되므로 온실가스 발생을 줄일 수 있다. EGS 기술의 주요 문제로는 지하수 사용과 오염, 지진의 발생, 물 주입과 추출에 따라 발생할 수 있는 지반 침하문제 등이 있으나, 기술이 발달함에 따라 충분히 해결할 수 있는 문제들이다. 현재는 일부 EGS 시설만이 황, 암모니아, 기타 화학적 오염물질 저감시설을 갖추고 있다.

2. 세부 기술 분류 및 범위

가. 기술(산업)의 세 분류

▶ 지열 냉난방

그림 1-24에 지열냉난방 시스템의 4대 핵심기술과 각각의 핵심기술에 대한 세부기술을 도시하였다.

대분류	핵심 기술	세부 기술
지열 냉난방	열공급 시스템 개발 기술	• 시스템 성능해석 및 설계 프로그램 기술 • 부하대응형 열펌프 시스템 기술 • 가정용 소형 열펌프 시스템 기술 • 하이브리드 시스템 기술 • 친환경 냉매 적용 기술 • 대온도차 이용 기술 • 캐스케이드 열펌프 시스템 기술 • 고온수 출력 열펌프 시스템 기술 • 지중 온냉열 축열 기술 • 시스템 최적 운전제어 기술 • 시스템 내구성/신뢰성 향상 기술 • 저온구동 흡수식 냉동기 기술 • 스마트 열환경 제어 지열 시스템
	지중 열자원 개발 기술	• 열물성 측정 기술 • 지열자원 분포 DB 구축 기술 • 국내 토양 및 암반에 대한 열물성 DB 구축 • 지중 열거동 시뮬레이션 기술 • 지중 특성별 지중열교환기 설계 기술 • 내식성 열교환기 제작 기술 • 지하수 이용 열교환 기술 • 지표수 이용 열교환 기술 • 천공 및 굴착 기술 • 지열자원 개발 시공장비 기술 • 에너지 말뚝 이용 시공기술 • 그라우팅 및 혼합재 기술 • 지중 계측 및 모니터링 기술 • 심부열원 타당성 분석 및 심부 굴착 기술
	인증 및 표준화 기술	• 시스템 내구성 및 수명평가 도구 기술 개발 • 지열 시스템 성능평가 기술 • 지중열교환기 설치 표준화 및 성능평가 기술 • 요소부품 내구성 및 수명평가 도구 기술 개발 • 고성능 핵심 원천부품 인증 기술
	응용 기술	• 건물 냉난방 연계 기술 • 양어 및 건조, 시설영농 지원 기술 • 지하수/지중 환경영향 평가 기술 • 융설 및 도로 연계화 기술(snow melting) • 터널 열 이용 기술 • 폐광 및 폐정 활용 기술 • 지역난방 및 열병합 연계 기술 • 대용량 열펌프(1000RT 이상) 기술 • 지열 장거리 수송기술 개발

그림 1-24 지열 냉난방 시스템의 기술 분류

▶ 지열발전

본 보고서에서는 기술의 대분류인 지열발전 분야를 '소형 플랜트 개발 기술(1MW급 이하)', '중형 플랜트 개발 기술(10MW급 이하)', '대형 플랜트 개발 기술(10MW급 이상)'로 다시 분류한 후, 각 분야에 대한 세부기술을 다음과 같이 도출하였다.

대분류	핵심 기술	세부 기술
지열발전	소형 플랜트 (1MW급 이하) 개발 기술	• 천부 지열자원 탐사 및 평가 기술 • 굴착 중 정보를 반영한 굴착 제어 기술 • 저소음 저분진 굴착기술 개발 • 바이너리 발전에 대한 열수력 및 사이클 해석 기술 • 200kW급 소형 바이너리 발전 도입 및 시운전 • 소형 시스템의 성능평가 및 국산화
	중형 플랜트 (10MW급 이하) 개발 기술	• 천부 지하 열자원 탐사 기술의 확장 • 고정밀 탐사기술 및 해석기술 개발 • 친환경 저류층 평가기술 개발 • 저비용 굴착기술 및 장비 개발 • 인공파쇄대 형성 및 설계 기술 개발 • 고온 · 고압용 소재 개발 • 굴착 모델링 및 설계기법 개발 • 건조증기 발전 기술 개발 • 증발증기 발전 기술 개발 • 중형 플랜트 열수력 설계 기술 개발 • 플랜트 성능평가 기술 개발
	대형 플랜트 (10MW급 이상) 개발 기술	• 지열발전 보급화 연구 • 열손실 방지기술 개발 • 플랜트 유지 · 관리기술 개발 • 지하 구조 유지 · 관리기술 개발 • 신개념 지열발전 시스템 및 건설기술 연구개발 • 환경영향 평가 및 계획 기술 개발 • 환경영향 최소화 기법 및 기술 개발

그림 1-25 지열발전 시스템의 기술 분류

나. 기술의 범위

▶ 지열 냉난방

① 열공급 시스템 개발 기술

핵심기술 중, '열공급 시스템 개발 기술'을 지열이용 열펌프 시스템 개발, 차세대 친환경 고효율 시스템 개발, 시스템 커미셔닝 및 최적 제어기술, 미래형 지능화 지열 시스템 개발로 다시 분류(소분류)하고, 각각에 대한 세부기술의 범위를 다음과 같이 정리하였다.

㉠ 지열이용 열펌프 시스템 개발

- 시스템 성능해석 및 설계프로그램 기술의 상용화 구축
- 부하 대응형 열펌프 시스템 기술의 실증화 사업
- 하이브리드 지열이용 열펌프 시스템 기술의 실증화 사업
- 주거용 소형 열펌프 시스템의 기술 표준화
- 주거용 지열 열펌프시스템 상용화 기술 및 보급 확대 방안 제시

㉡ 차세대 친환경 고효율 열펌프 시스템 기초 연구

- 지열이용 고온출력 열펌프 사이클 기본 시스템 구축
- 캐스케이드 열펌프 시스템 기술
- 지중온냉열 축열 타당성 조사
- 친환경 냉매적용 열펌프 기술
- 대온도차 이용 열펌프 기술
- 고온수(70℃ 이상) 출력 열펌프 기술

㉢ 시스템 커미셔닝 및 최적제어기술

- 설치시스템 모니터링 기술 개발
- 시스템 최적 운전제어 기술 개발
- 시스템 내구성/신뢰성 향상기술
- 시스템 고장감지 및 진단 기술

㉣ 미래형 지능화 지열 시스템 개발

- 저온구동 흡수식 냉동기 기술
- 스마트 열환경 제어 지열 시스템 기술
- 연료전지와 지열 시스템을 연계할 수 있는 기술

② 지중 열자원 개발 기술

'지중 열자원 개발 기술'을 다시 지중 열자원 활용기술 개발, 지중열교환기 개발, 지중열교환기 설치 기반기술, 심부 지열자원 활용 기술로 다시 분류하고, 각각의 기술범위를 다음과 같이 정리하였다.

㉠ 지중 열자원 활용기술 개발

- 열물성 측정기술 개발
- 지열자원 분포 DB 조사
- 토양/암반 열물성 DB 구축
- 지중 열거동 시뮬레이션 기술

㉡ 지중열교환기 개발

- 지중특성별 지중열교환기 설계기술
- 내식성 열교환기 기술
- 지하수 이용 열교환 기술
- 지표수 이용 열교환 기술
- 지중열교환기 콤팩트화 기술

③ 지중열교환기 설치 기반기술

- 천공/굴착 저비용 시공기술 개발
- 에너지 말뚝 이용 시공기술
- 그라우팅 및 혼합재 기술
- 지중 계측 및 모니터링 기술
- 지열자원 개발 시공장비 기술

④ 심부 지열자원 활용 기술

- 심부 열원 타당성 평가
- 심부 굴착기술 개발
- 심부 지중열교환기 시공 기술

③ 인증 및 표준화 기술

'인증 및 표준화 기술'을 지열 시스템 인증 및 표준화 그리고 요소 핵심부품 인증 및 표준화로 다시 분류하였다.

㉠ **지열 시스템 인증 및 표준화**

- 시스템 내구성 및 수명평가 도구 기술 개발
- 지열 시스템 성능평가 기술 개발
- 지중열교환기 설치 표준화 및 성능평가 기술

㉡ **요소핵심부품 인증 및 표준화**

- 요소부품 내구성 및 수명 평가도구 기술 개발
- 고성능 핵심 원천부품 인증 기술

④ 응용 기술

핵심기술 중, '응용 기술'을 다시 고부하 설비 응용기술 개발, 지열 응용 미래환경기술 개발, 지열 융복합 대형 냉난방 연계기술로 다시 분류하고 각각에 대한 세부기술의 범위를 다음과 같이 정리하였다.

㉠ **고부하 설비 응용기술 개발**

- 건물 냉난방 연계기술
- 양어, 건조 및 시설영농 지원기술 및 상용화 기술
- 냉난방 연계 건물 시공 상용화 기술

㉡ **지열응용 미래환경기술 개발**

- 융설 및 도로 연계 기술(snow melting)
- 터널 열 이용 기술
- 폐광 및 폐정 활용 기술
- 지하수/지중 환경영향 평가 기술

㉢ **지열 융복합 대형 냉난방 연계 기술**

- 지열 장거리수송 기술 개발
- 지역냉난방/열병합 연계 기술 및 상용화 기술
- 대용량 열펌프 기술(1,000RT 이상) 및 상용화 기술

▶ 지열발전

지열발전과 관련된 설계, 조사, 시공, 환경, 경제성 분석 등에 대한 모든 기술을 포함한다. 특히 지열발전 분야는 지중을 탐사하고 굴착하는 분야와 지상에 플랜트를 설치하는 분야가 유기적으로 통합되어야 하는 기술로, 토목 분야와 플랜트의 설계와 시공 등을 아우르고 있다.

위에서 언급한 지열발전 분야의 세부기술에 대한 기술의 범위를 정리하면 다음과 같다.

① 지열발전 타당성 검토를 위한 지중 탐사 기술

지질, 온도, 지진, 주상도, 지화학, 수질, 양수, 지하수, 지표수 탐사 및 인공파쇄대 탐지 등.

② 시스템 모델링과 경제성 분석 기술

열, 수리, 역학, 화학적 해석 및 coupling 해석, LCC(Life Cycle Cost) 분석, 저류층 분석 및 평가 등.

③ 지하 열자원 추출을 위한 시공과 굴착 기술

심부굴착[자료수집과 분석기술(Logging)] 기술, 심부굴착용 장비, 고온고압용 소재(그라우팅재료, 열교환기재료, 순환유체재료, 수중열교환기재료), 인공파쇄대 형성 등.

④ 지열발전 플랜트(지열발전소) 건설, 시스템 성능분석 및 향상 기술

발전 계통 설계 기술, 열-수력 해석 기술, 건조증기(dry steam) 이용 발전설비 설계 기술, 증발증기 이용 발전설비 설계 기술, 바이너리 발전설비 설계 기술 등.

⑤ 지열발전 플랜트 유지 · 관리 기술

플랜트 유지 · 관리 기술, 인공파쇄대 유지 · 관리 기술, 환경영향 평가(모니터링) 기술, 최적 발전용량 산정 및 운영 기술 등.

Ⅱ

국내 기술수준 및 기술동향 분석

1. 기술수준

가. 기술수준 설문조사

각 국가별로 자국의 에너지 수급문제를 해결하고, 화석연료 사용에 따른 환경오염 문제를 줄이기 위해 신·재생에너지 분야에 대한 기술개발과 보급에 많은 투자를 하고 있다. 이에 우리 정부도 2003년에 '제2차 신·재생에너지 기술개발 및 이용보급 기본계획(2003~2012)'을 수립하여 기술개발과 보급 활성화에 많은 노력을 기울이고 있다. 하지만 이 기본계획이 수립된 지 4년이 경과한 지금, 현재 국내 기술의 성숙도와 보급 여건 그리고 국내외 시장 환경 등에서 많은 변화가 있었으며, 앞으로도 다양한 변화가 있을 것으로 예상된다. 이에 '제3차 신·재생에너지 기본계획(2008~2017)' 수립을 추진하고 있으며, 이와 함께 향후 11개 신·재생에너지원의 R&D 추진방향과 목표 등을 설정하기 위한 중장기(단기 : 2008~2012, 중기 : 2013~2020, 장기 : 2021~2030) 계획을 수립하고 있다.

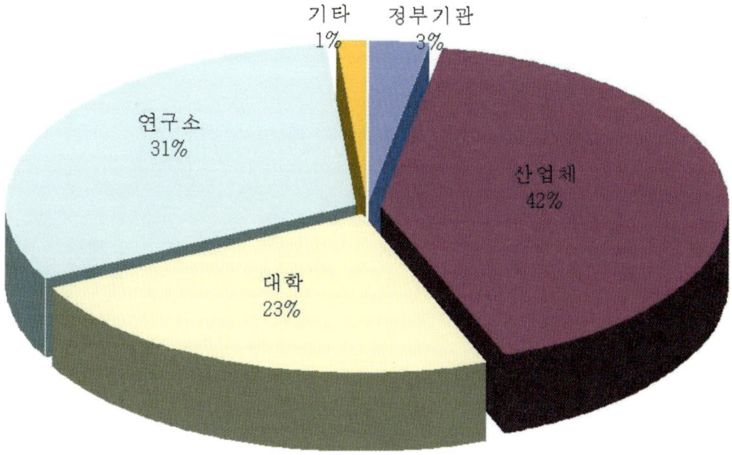

그림 2-1 설문 대상 분포

타 분야와 마찬가지로 지열분야(냉난방 분야)에 대해 실현 가능한 중장기 R&D 계획을 수립하기 위해서는, 현재 우리의 기술수준을 정확하게 진단할 필요가 있다. 따라서 국내 기술수준을 정확하게 파악하고 향후 개발이 필요한 핵심기술과 기술 개발 시 걸림돌이 될만한 장해요인 등을 조사하기 위해, 대학·연구소·산업계의 전문가들을 대상으로 설문조사를 실시하였다. 이때 건물 냉난방과 공조분야의 전문가들을 포함하여 현재 지열분야에 종사하고 있는 산·학·연 전문가들로 약 180명을 선정하였다.

설문조사를 위해 '공통문항'과 '지열분야에 대한 기술수준 조사'로 내용을 구분하였다. 이중

공통문항은 조사 대상자의 관심분야, 해당분야에 대한 근무 기간, 신・재생에너지 기술개발사업 참여 경험 등을 포함하여 9개 항목으로 구성되었다. 아울러 국내 지열분야의 기술수준을 실질적으로 파악하기 위해, 지열분야의 핵심기술과 세부기술에 대한 국내 수준, 이들 기술에 대한 국산화율, 개발이 시급한 기술, 향후 시장 전망, R&D 계획을 추진하는 데 있어 예상되는 장해요인과 극복 방법 등 총 6개 항목에 걸쳐 설문조사를 실시하였다.

나. 세부 요소 기술별 기술수준

지열 냉난방 분야의 현재 국내 기술수준을 파악하기 위해 지열 냉난방기술을 열공급 시스템・지중열교환기・표준화 및 인증・응용기술의 4개 핵심기술로 분류하였다. 또한 각 핵심기술을 총 40개의 세부기술로 분류하고 각각에 대한 기술수준을 조사하였다. 이때 각 기술이 해당 분야에서 차지하는 비중을 나타내기 위해, 전체 기술수준과 핵심기술의 기술수준을 '∑(비중/100×국내수준)'으로 계산하였다.

기술수준을 평가하기 위해 표 2-1에 나타낸 단계별 구분과 기술 특성을 적용하였다. 표에서 보듯이 기술수준을 단계별로 수치화하여 설문 대상자들에게 명확한 기준을 제시하고 설문에 대한 이해를 쉽게 하였다.

표 2-1 기술 수준의 단계별 평가기준

단계별 구분	특성	기술수준(%)
기술 완숙기 및 시장 확대기	해외시장에서 경쟁력이 입증되며, 새로운 기술개발 요구에 독자적이고 능동적으로 대처할 수 있다.	81~100
기술 실증 및 상업화	개발된 기술이 상업화되어 현장에 적용되어 성능의 실증 연구가 이루어진다.	61~80
기술의 응용 연구	개발된 기술의 실증을 위하여 Pilot Plant 규모의 연구가 이루어진다.	41~60
기술 도입 및 기초기술 습득	도입기술을 통하여 운영기술을 습득하고 독자적인 기술개발을 위하여 실험적 규모의 기술을 개발한다.	21~40
개념 정립기	기술개발의 필요성이 인식되고 그에 필요한 요소기술을 파악한다.	0~20

4개의 핵심기술과 40개의 세부기술을 대상으로 국내 기술수준과 기술 개발 시급성을 조사하였으며, 그 결과를 표 2-2에 정리하였다. 이를 토대로 지열 냉난방 분야에 대한 핵심기술과 세부기술의 국내 기술수준을 파악할 수 있었으며, 상세한 내용은 다음과 같다.

표 2-2 핵심기술과 세부기술의 국내 기술수준(설문조사 결과, '07)

분야	핵심기술	비중(%)	국내 수준(%)	세부 기술	비중(%)	국내 수준(%)	개발 시급	
지열 냉난방	열공급 시스템	30	58.5	시스템성능해석/설계프로그램기술	13	64.1	7	4
				시스템 최적운전 제어 기술	13	63.6	1	0
				대온도차 이용 열펌프 기술	7	60.1	1	3
				부하대응형 열펌프 기술	10	61.4	3	0
				고온수출력 열펌프 기술	10	54.2	6	0
				가정용 소형 열펌프 기술	13	59.7	5	5
				대용량 열펌프 기술	7	58.3	2	3
				친환경 냉매 열펌프 기술	13	55.8	5	1
				하이브리드 시스템 기술	10	55.2	4	5
				캐스케이드 열펌프 기술	4	46.2	2	0
	지중 열교환기	35	61.6	열물성 측정 기술	6	67.0	0	1
				지열자원 분포	6	62.8	1	2
				지질특성별지중열교환기설계기술	11	58.8	1	3
				토양/암반별 물성 DB구축	6	57.0	2	0
				지중 열거동 시뮬레이션	9	57.4	0	8
				천공/굴착기술	9	66.0	7	0
				그라우팅기술	11	67.6	1	3
				지하수/지중 환경영향 평가기술	6	55.8	3	4
				지중계측 및 모니터링 기술	9	62.7	0	3
				내식성 열교환기 기술	6	63.7	0	0
				지하수 이용 열교환 기술	6	63.1	2	4
				지표수 이용 열교환 기술	6	63.4	0	0
				에너지 말뚝형 기술	6	58.7	0	0
				폐광 및 폐정 활용 기술	3	49.4	0	0
	표준화 및 인증	15	52.3	시스템 인증기술	27	55.2	3	3
				친환경열펌프 인증기술	13	52.8	0	0
				대온도차 이용 열펌프 인증기술	13	51.6	0	0
				고온수출력 열펌프 인증기술	7	50.6	0	0
				부하대응형 열펌프 인증기술	20	51.5	0	0
				요소부품 인증기술	20	49.9	0	1
	응용기술	20	54	건물 냉난방	10	74.4	2	0
				터널 열 이용	15	49.8	0	1
				양어	10	55.6	0	0
				시설영농	15	59.5	0	1
				지역난방	10	51.5	2	1
				융설 및 도로 연계 기술	15	48.8	0	1
				건조	10	49.2	0	0
				저온구동 흡수식 냉동기	5	46.2	0	1
				온천	5	60.1	0	0
				연료전지 연계 기술	5	38.5	0	1

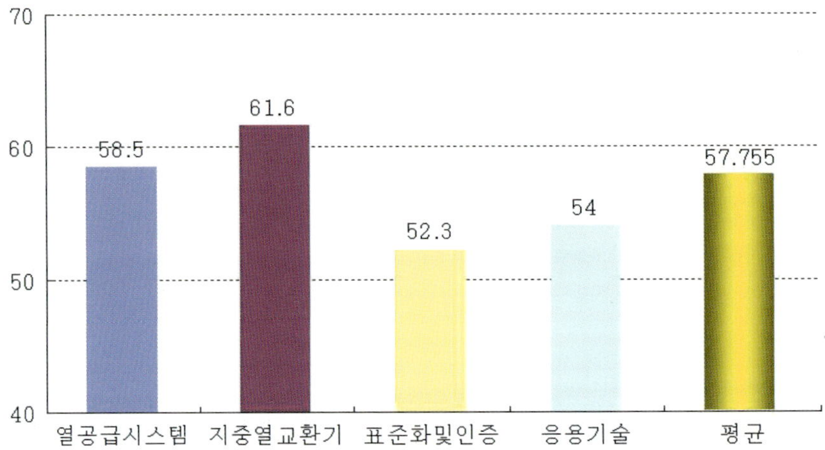

그림 2-2 국내 기술수준 분석 결과(' 07)

설문조사 결과, 4개의 핵심기술 중 지중열교환기(61.6%)와 열공급 시스템(58.5%) 부문의 기술수준은 상대적으로 높은 반면, 응용기술(54.0%)이나 표준화 및 인증기술(52.3%) 부문은 상대적으로 낮은 것으로 나타났다. 이는 지열 냉난방 시스템의 도입 초기부터 지금까지 정부 주도의 보급 사업을 수행하면서 당장 현장에서 필요한 설계와 시공기술에 집중적인 투자를 한 것이 원인이다. 아울러 전체 시스템을 포함하여 설계와 시공기술의 신뢰성을 구축하는데 필요한 표준화 및 인증 부문에서는 기술개발 투자가 다소 부족했음을 보여준다. 향후 시장을 안정시키고 신뢰성을 제고하기 위해서는 핵심기술과 각 세부기술에 대한 인증기술이나 표준화 기술 개발에 더욱 많은 연구개발 투자가 있어야 하겠다. 세부기술에 대한 설문조사 결과를 정리하면 다음과 같다.

열공급 시스템의 경우 시스템 성능해석/설계 프로그램 기술(64.1%)과 시스템 최적운전 제어기술(63.6%)과 관련된 기술의 수준이 가장 높은 것으로 나타났다. 이에 반해 캐스케이드 열펌프 기술(46.2%)이나 하이브리드 시스템 기술(55.2%) 등과 같이, 기초 기술을 개발한 후 개발 결과를 적용해야 하는 응용 분야의 기술수준은 상대적으로 낮았다. 따라서 지열 응용 분야가 지열 열펌프 시스템의 보급과 더 나아가서는 국내 지열 에너지 이용 활성화에 일조할 수 있도록, 이 부문에 대한 연구개발에 더욱 많은 투자가 있어야 할 것으로 판단된다.

지중열교환기와 관련하여, 이 부문의 기초 기술이라고 할 수 있는 열물성 측정기술(67.0%), 그라우팅 기술(67.6%), 천공과 굴착 기술(66.0%) 등의 국내 기술수준은 상대적으로 높게 조사되었다. 하지만 국내 토양과 암반의 열물성 데이터베이스(57.0%) 구축이나 지중 열거동 시뮬레이션(57.4%) 등과 같이 시스템 최적 설계에 필요한 기초 자료의 구축은 아직까지 부족한 것으로 분석되었다. 이는 현재까지 수행된 정부의 연구개발 사업들이 과제 종료 후 기술료를 징수하는 사업 즉, 기업 주관 사업에 집중적인 투자가 이루어졌기 때문이다.

달리 말하면, 이는 기초 기술 개발을 위한 기술료 비징수 과제에 상대적으로 적게 투자했다는 것과 같다. 지열 냉난방 시스템은 관련 기초 기술과 응용 기술이 유기적으로 통합될 때 원하는 성능을 발휘할 수 있다. 따라서 기초 기술 확보를 위한 연구개발 사업에도 적극적인 투자가 있어야 하겠다.

표준화 및 인증 기술은 지열 냉난방 시스템의 핵심기술과 이에 따르는 세부기술들을 개발한 후, 각각의 기술이나 시스템에 대한 인증과 표준화 작업을 의미한다. 따라서 시스템 기술개발 시기보다 다소 늦은 것은 당연하다고 할 수 있다. 다만 관련기술을 국산화하고 시장의 신뢰성을 구축하기 위해서는 이에 대한 투자를 게을리 해서는 안 될 것이다. 기술개발을 통해 시스템 인증절차를 구축하고 다양한 의견을 수렴하여 현장에서 수용할 수 있는 인증기술을 개발한다면, 지열 냉난방 시스템의 신뢰성은 향상될 것이다.

응용기술에 대한 설문조사 결과, 현재 지열 에너지가 적극적으로 활용되는 건물 냉난방 기술(74.7%)의 수준이 가장 높았다. 다음으로 온천(60.0%), 시설영농(59.5%) 부문이 그 뒤를 따르는 것으로 분석되었다. 이에 비해 터널 열 이용(49.8%) 기술이나 융설 및 도로 연계화 기술(48.8%)의 수준은 매우 낮은 것으로 분석되었다. 이러한 응용 기술들은 토목분야의 기술을 접목하는 데 비교적 쉬운 분야라고 할 수 있다. 따라서 학제 간 연구가 가능한 이 분야에 대해 향후 체계적인 연구개발이 시행된다면, 기술개발은 물론 연구인력 확보에도 많은 기여가 있을 것으로 예상된다.

기술 개발의 시급성을 분석한 결과, 타 기술과 비교했을 때 상대적으로 기술수준이 높은 것으로 평가되는 '시스템 성능 해석 및 설계 프로그램 기술'(11명)과 '천공 및 굴착기술'(7명)의 개발이 오히려 시급한 것으로 나타났다. 이는 국내 기술의 해외 의존도를 낮추고 시스템 보급을 안정적으로 이끌고 나가기 위해서는 시스템의 기본이 되는 이들 기술의 수준을 지속적으로 향상시켜야 한다는 데 많은 전문가들이 공감했기 때문이다. 여기에 '가정용 소형 열펌프'(10명)와 '하이브리드 시스템 기술'(9명)에 대한 연구개발도 시급한 것으로 분석되었다.

기술개발이 시급한 이유로, 대다수 전문가들은 지열 냉난방 시스템 보급 활성화와 국내 지열산업 발전에 대한 기여도를 들었다. 즉, 조속한 시기에 위에서 언급한 기술이 개발된다면 민간시장을 넓히고 초기 투자비를 줄여 보급을 확대할 수 있을 것으로 기대하고 있다.

다. 선진국 대비 기술수준

국내 기술수준과 선진국의 기술수준을 비교하기 위해 핵심기술별로 국산화율을 조사하였으며, 그 결과를 표 2-3과 그림 2-3에 나타내었다. 전체 분야의 국산화율 역시 '∑(비중/100×국산화율)'로 계산하였다.

표 2-3 핵심기술의 선진국 대비 국산화율('07)

핵심기술	비중(%)	국산화율(%)	
		설계	제작/생산
열공급 시스템	30	63.3	57.8
지중열교환기	35	64.1	63.9
표준화 및 인증	15	56.3	55.5
응용 기술	20	57.0	56.1
지열 냉난방 분야의 국산화율		**61.3**	**59.2**

※ 국산화율 : 핵심기술과 관계된 신·재생에너지 설비 중, 국내 기업들이 설계, 생산, 제작이 가능한 비율을 의미함.

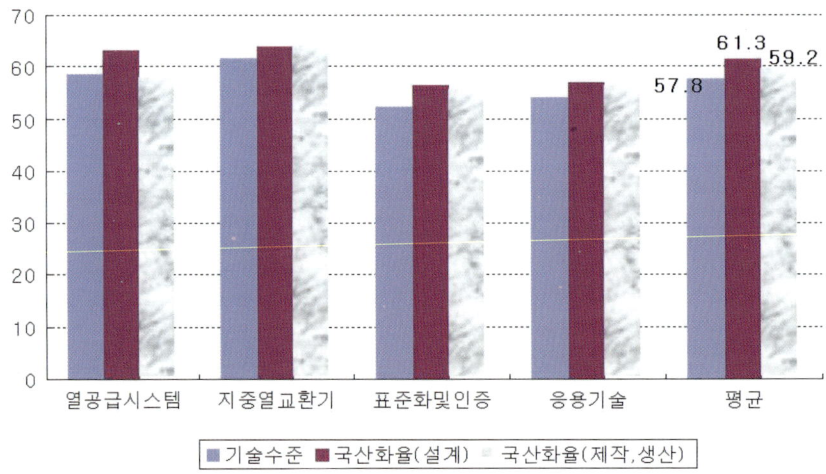

그림 2-3 국내 기술수준 및 국산화율

표에서 보듯이 전체 지열 냉난방 시스템에 대한 설계기술의 국산화율은 61.3%, 제작 및 생산기술의 국산화율은 59.2%로 설계기술이 제작 및 생산 기술에 비해 다소 높은 것으로 분석되었다.

하지만 이 수치들은 기술 선진국에 비해 상당히 낮은 비율이며, 아직도 기술의 해외 의존도가 높다는 것을 알 수 있다. 따라서 지열 분야 기술의 국산화율을 높이는 방향으로 향후 연구개발이 추진되어야 할 것이다. 전체 핵심 기술 중, 앞서 살핀 국내 기술개발 수준과 마찬가지로, 열공급 시스템과 지중열교환기 부문의 기술들이 타 부문의 기술들에 비해 기술 자립도가 상대적으로 크게 나타났다.

핵심기술별로 보면, 열공급 시스템의 경우 설계 부문과 제작/생산의 국산화율 차이가 타 부문에 비해 가장 컸다. 이는 열펌프의 설계기술 수준은 크게 향상되었으나, 압축기 등 열펌프를 구성하는 각종 요소부품들은 수입에 의존하고 있기 때문이다. 따라서 열펌프 요소부품의 국산화율을 높일 수 있는 연구개발에 많은 투자가 있어야 하겠다. 아울러 부품을 표준화하고 인증 제도를 강화하여 국내 생산품의 신뢰성을 확보하는 데에도 많은 노력이 있어야 하겠다.

지열 냉난방 시스템에 대해 우리나라의 기술수준과 국산화율의 향상도를 측정하기 위해 매년 이를 조사해왔다. '06년도의 기술수준 및 설계기술의 국산화율은 65%, 제작 및 생산기술의 국산화율은 58%이다. '07년도의 기술수준은 57.8%, 설계기술의 국산화율은 61.3%로 '06년도보다 다소 낮게 나타났다. 이는 상용화되어 있는 기존의 지열 냉난방 시스템 기술 수준과 더불어 아직까지는 개발이 미진한 차세대 신기술을 포함하였고, 아직까지 국내에 적용이 미흡한 응용기술을 포함했기 때문에 나타난 결과로 분석된다. 제작 및 생산기술의 경우에는 주로 상용화되어 있는 기술 위주로 구성이 되어 있기 때문에 작년도보다 소폭 상승하여 국산화된 것으로 나타났다.

이번 조사에서는 앞으로 예측되는 대부분의 신기술을 중장기 기술에 포함하였기 때문에 향후에 기술개발에 꾸준히 투자하면, 우리나라의 기술수준과 국산화율은 지속적으로 향상될 것으로 기대된다.

2. 현재 기술개발 및 산업체 동향, SWOT 분석

가. 기술개발 동향

▶ 지열 냉난방

국내 지열 냉난방관련 기술개발은 주로 정부(산업자원부) 주도의 연구개발로 진행되고 있다. 다음 표 2-4는 2001년부터 2007년까지 국내에서 지열 냉난방 시스템과 관련하여 완료하였거나 진행 중인 과제를 정리한 것이다. 표에서 보듯이 기술개발은 주로 지열 냉난방 시스템의 실증연구에 치우쳐 있으며, 요소기술에 대한 선행연구가 부족하나마 일부 진행되었다. 향후 정부의 신·재생에너지 보급목표 달성을 위해 다양한 분야에서 많은 연구개발 지원이 있어야 할 것으로 사료된다. 특히, 본 보고서에서 다루고 있는 핵심기술과 이에 따른 세부기술의 연구개발에 많은 투자를 하여, 국내 지열산업이 발전하는 데 지속적인 노력을 기울여야 할 것이다. 여기에 주거용 지열원 열펌프 시스템과 관련하여 표준 지중열교환기 개발이나 소형·소용량 열펌프 표준 모듈개발 그리고 표준 설계기준 및 시공기준 구축 등 향후 국가지원 중대형 사업으로 추진할 수 있는 과제를 발굴하여 지원할 필요도 있다.

표 2-4 국내 지열관련 연구개발 현황(2001~2007)

과제시작 연도	과제명	총연구비 (백만 원) (정부/민간)
2001	• 중·저온성 지열에너지 개발 기술	1,100/1,071
2002	• 지열냉난방시스템 실증연구	279/500
	• 지열냉난방 시스템 성능 평가 및 엔지니어링 기술 확보	231/48
2003	• 현지용 지중열전도도 예측 기술 개발	195/0
	• 부하추종형 고효율 지열 히트펌프 시스템 개발	2,031/750
	• 지열 이용 열펌프시스템의 성능평가기법 및 기술기준(안) 구축	256/0
2004	• 지열 이용 하이브리드 히트펌프 시스템 개발	685/305
	• 한국형 지중열교환기 최적 설계 패키지 개발	250/93
	• 지중 열교환기 전열성능 향상을 위한 뒤채움재(grouting material) 조성에 관한 연구	192/0
	• 고성능 저가형 지중열교환기 개발	100/100
	• 복수정을 이용한 지열히트펌프 시스템 실증연구	440/194
	• 스탠딩컬럼웰을 적용한 지열히트펌프 실증연구	624/238
2005	• 유출지하수를 이용한 건물냉난방 기술 개발	324/119
	• 수직형 지중 열교환기 시공기법 및 고성능 천공기술 개발	221/76
	• 현지 지중열전도도 측정 기술	400/143
	• 시설원예용 수평형 지열히트펌프 시스템 실증연구	450/150
2006	• 공동주택(아파트)의 지열 냉난방 시스템 적용성에 관한 연구	6,450/2,150
	• 용량가변형 지열원 다중공간 냉난방 시스템	592/218
	• 저가, 고효율 지중 열교환기 그라우팅 재료 개발 및 DB 구축	483/0
	• 3 pipe U tube 수직밀폐형 열교환기를 이용하는 지열 시스템 실증연구	826/356
2007	• 지하수 축열을 고려한 대수층 냉난방 시스템 개발	820/280
	• 단일관정을 활용한 충적대수층 이용 냉난방 시스템 개발	660/256
	• 저심도 지열을 활용한 에너지 파일 및 환기병용형 냉난방 시스템 개발	850/350
	• 자연냉매를 적용한 고효율 지열 냉난방 및 급탕시스템 개발	2,580/1,320

▶ 지열발전

국내에서는 아직 지열발전 기술 개발을 구체적으로 진행한 사례가 없다. 그러나 일부 기업은 발전설비를 위한 기초 기술을 확보하고 있는 것으로 판단된다. 따라서 지열발전 기술에 대한 필요성에 의하여 국내에서 사업이 진행된다면 여러 대기업들이 참여할 수 있을 것이다. 일례로 현대엔지니어링은 1992년에서 1999년까지 인도네시아 다라자트 지열발전소 PHASE 1과 2의 설계, 기자재 구매와 시공을 망라하는 55MW과 78MW급의 지열발전소를 성공적으로 수행하였고, 현재 지열발전 시장에서의 우위를 차지하기 위해 주요 기기 공급업체와 장래의 발주처와의 전략적 유대관계를 강화하고 있다. 그러나 국내 지열분포는 현재 지열발전이 이루어지고 있는 대부분의 국가들과는 달리 지열구배가 낮아 바이너리발전 혹은 심부시추에 의해 EGS 기술을 활용한 지열을 개발할 수밖에 없다.

국내 지열연구는 1970년대까지 주로 온천조사와 관련되어 있다. 그리고 1980년대에 연구소와 학계에서 온천조사 뿐만 아니라 지열류량에 대한 연구도 수행하게 되었다. 1996년도에 우리나라의 전국적인 지온경사 분포도와 지열류량 분포도가 발간되어 지열발전을 위한 심부시추를 할 수 있는 기초자료가 만들어지기 시작하였다. 최근에는 한국지질자원연구원에서 '심부 지열에너지 개발 사업' 프로젝트를 통하여 포항지역에 약 2km의 심부시추를 수행한 경험이 있다.

미국에서는 상업적으로 이용가능한 지열발전의 영역을 확대하기 위한 EGS(과거 고체 암체 hot dry rock의 개념을 확대한 의미) 기술의 경제 실현성, 잠재적인 환경 영향, 실현 가능성(feasibility) 등을 평가 하였다. EGS 기술은 이미 지하의 열을 성공적으로 추출해낸 프랑스, 독일, 스위스 등 몇몇 지역에서 입증되었으며 추가적인 기술 개선을 이루기 위하여 유럽의 Soultz 프로젝트와 호주의 Cooper Basin 프로젝트 등이 진행되고 있는 상태이다. 에너지 해외의존도가 심각한 국내에서도 EGS 기술을 이용한 지열발전 활용가능 지역분석, 지열발전 가능성의 평가, 플랜트, 굴착(deep-drilling) 및 보존 시뮬레이션 기술 개발 등이 시급히 이루어져야 할 것이다.

나. 산업체 동향

▶ 지열 냉난방

국내에서 지열관련 업체가 사업을 시작한 것은 2000년경으로 추정된다. 시스템 보급초기에는 시공업체가 2~3개뿐이었으며, 미국의 Florida Heat Pump, WaterFurnace, ClimateMaster, Trane, Geothermal Bore Technology 등과 기술제휴를 맺고 영업을 시작하였다. 국내에서는 열교환기 설치면적 문제로 대부분 업체가 수직형 지중열교환기를 시공하고 있다. 일부 열펌프 유닛과 지중열교환기용 폴리에틸렌파이프를 국산으로 대체하는 수준이었다.

그러나 지금은 (주)지오테크, 가스기술공사, (주)공간코리아, 삼양에코너지, (주)티이엔, 제인상사(주), 탑솔, HP 시스템테크(주), 코오롱건설(주), 트레인코리아, (주)코텍엔지니어링, (주)신성엔지니어링 등 신규업체까지 합하여 2007년 9월 현재 129여 개 업체로 그 수가 증가하였다. 이들 국내 업체는 현재 에너지관리공단에 신·재생에너지 전문기업으로 등록한 업체 중 순수하게 지열 분야만 수행하는 업체로 한정한 수치이며 지열 이외의 분야에도 종사하고 있는 업체까지 포함하면 그 수는 364개에 이른다.

표 2-5는 2007년까지 국내에서 지열 열펌프 시스템 사업을 수행하고 있는 업체 수를 정리한 것이다. 표에서 보듯이 2006년을 전후로 하여 업체 수가 폭발적으로 증가하였다. 이는 신·재생에너지 공공건물 설치의무화제도를 비롯해 대기업 건설회사의 시장 진출, 특수 건물시장의 형성, 새로운 지열 열펌프 방식의 개발과 적용 등 국내 시장여건이 다양해지면서 지열 시장의 규모가 점차 확대되고 있는 것을 보여준다.

또한 표 2-5에서 보듯이 국내 대부분 업체의 인력 규모는 50인 미만인 것으로 조사되었다. 아울러 에너지관리공단/신·재생에너지 센터에 등록된 모든 업체를 대상으로 인력분포 현황을 조사하기에는 무리가 있었다. 따라서 에너지관리공단에서 시행하는 '보급보조사업'에 등록한 일부 업체들로 한정하여 인력분포 현황을 조사하였다. 국내 업체의 대부분이 석사, 학사, 전문학사 등으로 인력이 구성되어 있으며, 따라서 지열 열펌프 시스템의 설계와 시공 능력을 충분히 갖추었다고 판단된다.

국내 해당 산업분야의 연구기반 현황을 조사한 결과, 일부 업체를 제외하면 기업 부설연구소가 없는 실정이다. 이는 앞서 표 2-5의 기업규모 현황에서 보듯이, 대부분의 업체가 50인 미만의 중·소기업으로 실제 설계와 시공에 대부분의 인력이 투입되고 있기 때문이다. 이는 현재 지열 열펌프 시스템 시공관련 기술이 외국의 기술을 여과 없이 도입하고 있다는 점과도 일맥상통한다고 볼 수 있다. 하지만 도입 초창기부터 사업을 시작한 일부 대표 업체(5~6개)들은 기업부설 연구소를 두고 우리 실정에 적합한 기술개발 과제를 정부의 지원을 받아 수행하고 있다.

표 2-5 국내 지열분야 전문기업 규모 현황(2007년 9월까지 누적) (단위 : 업체 수)

구분	'03년 이전	'03	'04	'05	'06	'07. 9
1~50인 미만	5	10	16	26	95	129
50~100인 미만	-	-	-	-	-	-
계	5	10	16	26	95	129

1) 지열 열펌프 시스템을 자사의 아파트나 공동주택에 시공하고 있는 중대형 건설업체는 제외.
2) 에너지관리공단에 '신·재생에너지 전문기업'으로 등록한 업체 중, 오직 지열사업만 수행하는 업체로 한정.

전 세계적으로 지열 시스템은 매년 10% 이상 설치가 증가되고 있으며, 미국 내에서만 매년 12% 정도의 증가율을 보이고 있다. 국내의 경우는 2003년 29개소가 설치되었고 2005년 2월까지 설치된 현장은 90여 개소에 900여대의 열펌프가 설치된 것으로 파악된다. 2004년 신·재생에너지 적용 의무화 법규가 시행된 이후, 급격한 보급증가 추세를 보이고 있으며 이를 바탕으로 추산해 보면 2012년에 1,500억 원 이상의 시장이 형성될 것으로 예측된다.
보통 지열 열펌프 시스템에서 열펌프가 차지하는 금액비율이 15% 내외이기 때문에 향후 이 분야의 국내시장 규모는 약 200억 원 이상이 될 것으로 추정된다.
보급 초기단계인 우리의 현실과 앞서 언급한 기술적 또는 제도적 문제점 등을 감안할 때, 지열 냉난방 시스템이 국내 냉동·공조 시장에서 차지하는 비중은 아직까지는 미약하다. 하지만 에너지원을 다변화시키려는 우리 정부의 노력이나 해외 주요 국가의 신·재생에너지 분야에 대한 지속적인 관심과 기술개발 노력 등을 감안하면, 건물의 냉난방과 온수 공급용 시스템으로 지열 냉난방 시스템은 유용하게 활용될 것으로 전망된다. 또한 향후 신·재생에너지 보급 증가를 감안하면 지열 냉난방 시스템의 보급률은 지속적으로 상승할 것으로 기대된다.

▶ 지열발전

국내에서도 석유 가격의 급상승과 환경에 대한 우려가 증가하면서 지열을 이용한 전력 생산에 대한 관심이 증가하고 있다. 그러나 지열분포 특성에 따라 필요한 기술과 수행 능력이 달라지므로 경제적으로 지열을 개발하기 위해서는 국내 특성에 적합한 많은 기술개발이 이루어져야 한다. 먼저 국내에서는 내륙에서 3~10km의 심부 굴착이 가능한 기술개발이 이루어져야 하지만 기존 굴착 업체들의 기술 수준은 아직 2.5km 심도 안팎의 굴착심도로서 지열발전을 위한 충분한 심도를 충분히 굴착할 수 있는 기술을 보유하고 있지는 않다.
미국 기업들의 사례로서 지열발전 기술에 대한 개발을 전문적으로 진행하고 있는 미국의 Ormat사는 기존에 이용하지 않았던 새로운 지역에 설치할 수 있는 지열발전 설비를 개발하고 있다. Ormat사가 개발하는 기술은 유전 지대에서 부가적으로 생산되는 고온의 물을 이용하여 전력을 생산하는 것으로서 지열발전의 확대에 기여할 것으로 예상되고 있다. 그리고 이미 지열발전 설비를 상당히 보유한 미국의 Calpine사도 새로운 기술을 적용하는 지열발전 시스템의 개발 및 설치를 진행하고 있다. Calpine사가 개발하고 있는 새로운 지열발전 설비는 근처의 도시에서 배출되는 폐수를 이용하는 것이다. 폐수의 재이용 프로젝트들을 통해서 얻어지는 재생 폐수를 지열발전 시스템 내에 주입하여 전력 생산을 증가시키는 방식이다.
국내에서는 아직 지열발전을 전문적으로 수행하는 기업은 없으나 1992년 현대엔지니어링에서 인도네시아에서 지열발전소 건설을 수행하였으므로 지열발전 설비부문의 기술력은 어느 정도 보유하고 있는 것으로 판단된다. 아울러 지열발전 분야의 경험이 부족한 국내 기업들의 기술개발을 촉진하기 위해서는 외국 기업과의 기술협력이 절실한 것으로 판단되며, 국내에서 바이너리 기술 등을 이용한 소규모 지열발전 프로젝트 등을 빨리 시작함으로써 국내 환경에 적합한 기술개발이 이루어질 것으로 사료된다.

다. SWOT 분석

▶ 지열 냉난방

지열 열펌프 시스템은 하나의 시스템으로 냉난방과 급탕을 동시에 구현할 수 있다. 냉방과 난방 모드에서 각각 냉열원과 온열원의 역할을 하는 지중 온도는 연중 안정적이다. 따라서 기존 냉난방 설비나 공기열원 열펌프 시스템과 비교했을 때, 효율이 높고 성능이 우수한 시스템으로 알려져 있다. 외국에서는 이미 오래전부터 지열 에너지가 건물 냉난방 에너지원으로서 매우 뛰어난 활용가치가 있다는 점을 인식하고, 일반 주거용 건물과 상업용 건물에 다양한 종류의 시스템을 설치하고 있다.

반면 지열 냉난방 시스템이 국내에 도입된 것은 최근 들어서다. 아울러 도입 초창기에 대체 열원에 대한 관심 부족, 기존 냉난방 설비에 비해 상대적으로 큰 초기 투자비(시공비용), 지중열교환기 시공 기술 부재, 시공 및 설계기준 부재 등 다양한 원인으로 인해 본 시스템이 적극적으로 보급되는 데 어려움을 겪은 것도 사실이다. 정부에서 설치자금 지원제도 등을 정비하고, '공공보급사업'이나 '일반보급사업' 그리고 '설치의무화사업' 등을 지속적으로 추진함으로써 시스템 설치 사례가 해마다 증가하고 있다. 더불어 정부와 산·학·연이 연계하여 보급 활성화와 기술개발에 많은 노력을 기울이면서 관련 업체와 기술 인력도 꾸준히 증가하고 있는 추세다.

현재 국내에서 지열 냉난방 시스템은 공공기관 신축건물이나 상업용 건물, 복지시설, 학교 등 중·대형 건물에 주로 설치되고 있다. 이는 시스템의 저렴한 운영비, 환경친화성, 건물 설계와의 적합성 등 지열 에너지의 장점과 시장의 요구가 일치하기 때문이다. 하지만 많은 장점이 있는 지열 냉난방 시스템이 주거용으로는 보급되지 못하고 있는 것도 우리 현실이다. 이는 기술에 대한 일반인의 신뢰도 부족·시공 부실·초기 시공비용 과다 등 지열 시스템과 관련된 의구심이나 인식 부족 등과 함께 무엇보다 주택용 전기에 대한 누진세 적용이 가장 큰 걸림돌이 되고 있기 때문이다.

일반적으로 신·재생에너지를 이용하는 시스템은 기존 설비에 비해 초기 투자비가 많이 소요되는 단점이 있다. 이러한 특성은 지열 냉난방 시스템에서 유사하게 나타난다. 이는 본 시스템의 초기 가격 경쟁력을 약화시켜 보급 활성화에 걸림돌로 작용한다. 하지만 에너지 이용 효율과 시스템 성능 면에서 기존 설비보다 우수하기 때문에, 전체 생애주기 동안 발생

강점(S)	약점(W)
• 거의 무궁무진한 지열에너지를 활용. • 가장 효율이 좋은 냉난방 시스템으로 사계절이 뚜렷한 국내 기후에 적합. • 최근 들어 신 · 재생에너지원으로서의 효용성 증가. • 국내 지중조건이 지열 열펌프 시스템 활용에 적합.	• 요소기술과 각종 장비를 외국에 의존하기 때문에 원천기술 확보 미흡. • 각종 열물성 데이터와 지중 열자원 데이터 등 시스템 최적 설계에 필요한 데이터베이스 부족. • 대부분의 국내 지열관련 업체들이 영세하여 연구개발 인프라 부족.
위기(O)	**기회(T)**
• 새로운 에너지원에 대한 인식부족 및 신규 시장의 신뢰성. • 국내의 대체 에너지원 기술 개발에 대한 중요성을 확실히 인식하지 못함. • 기존 선진국은 물론 신흥 도입국(중국, 일본 등)의 국내 시장 진출에 따른 관련 산업기반 약화.	• 정부의 지속적인 연구개발 투자와 보급 사업에 힘입어 보급률 증가. • 민간부문에서도 기술력 구축을 위해 다양한 노력을 기울이고 있는 추세. • 국내 지중 및 기후조건에 맞는 시스템을 개발하여 지열 열펌프 시스템의 국내 기술력 향상 도모.

그림 2-4 국내 지열 열펌프 시스템의 SWOT 분석

하는 경제적 이익은 보일러나 에어컨과 같은 기존 냉난방설비보다 본 시스템에서 더욱 크게 나타난다. 물론 이를 위해서는 정확한 설계와 시공이 선행되어야 한다. 위에서 언급한 지열 냉난방 시스템의 SWOT 분석결과를 그림 2-4에 정리하였다.

우리보다 에너지 사정이 좋은 선진 각 국에서 지열 열펌프 시스템과 관련된 요소기술과 초기 투자비 절감을 위한 기술개발에 많은 투자를 하고 있다는 점은 시사하는 바가 크다. 여기에 대표적 화석 에너지인 원유의 수입가격은 앞으로도 지속적으로 상승할 것으로 예상된다. 또한 기후변화협약 시행에 따라 화석 에너지의 사용 양상은 과거와는 크게 다를 것이다. 이러한 상황을 볼 때, 지열 열펌프 시스템을 포함한 지열 이용 기술의 보급을 적극적으로 추진할 필요성은 충분히 있다고 하겠다.

▶ 지열발전

지금까지 국내에서 지열발전에 대한 인식은 전혀 없었다. 하지만 화석연료의 고갈과 유가 상승으로 인한 대체에너지원 개발이 절실하고 또한 이산화탄소배출권 거래제에 대한 국가 차원의 대비가 필요한 요즘, 지열발전 분야에 대한 기술개발도 필요한 부분이다. 지열발전의 SWOT 분석결과는 그림 2-5에 정리하였다.

강점(S)	약점(W)
• 해외에서 지열발전소를 건설한 경험이 있음. • 국내 플랜트 건설 기술력 보유 • 시스템 모델링 및 해석 기술력 발달 • 관련분야 연구개발 인력 풍부	• 지열발전 관련 연구개발 수행 경험 부족 • 지열발전소 건설 시, 부지 선정 어려움 예상 • 경제적인 천공기술 부재 • 저류층 엔지니어링기술 부족
위기(O)	**기회(T)**
• 화석연료의 고갈과 지속적인 유가 상승으로 인한 대체에너지원 개발 절실 • 이산화탄소배출권 거래제에 대한 국가 차원의 대비 필요 • 기술개발 필요성에 대한 인식 부족	• 국내에서 신・재생에너지 활용에 대한 호의적인 분위기 형성 • 온실가스 저감 방법으로 적합 • 세계적으로 지열발전에 대한 급격한 수요 증가 • 신・재생에너지 보급목표 달성

그림 2-5 국내 지열발전 분야의 SWOT 분석

3. 국내 산업의 현황 및 타 산업과의 연관성

가. 산업의 현황

▶ 지열 냉난방

국내 지열 열펌프 시스템의 보급 현황을 살펴보면 2006년도에만 10,007RT(1uint/RT일 경우 10,007unit)에 이르고 있으며, 매년 100%이상의 급속한 성장을 보이고 있다.

하지만, 국내 전체 냉동공조 산업에서 차지하는 비중은 아직까지 미미한 수준이다. 지열 열펌프 시스템 보급 사업이 2000년대 이후에 본격적으로 이루어져 아직 그 규모가 상대적으로 작은 이유도 있겠지만, 무엇보다 우리나라의 난방문화 특성상 냉난방 동시기능을 갖춘 열펌프의 수요가 10% 이하인 것도 이유라고 할 수 있다.

하지만 최근 들어 공기열원보다 안정적이고 효율이 30% 이상 뛰어난 지열 열펌프 시스템의 성능이 입증되면서 가정용, 업소/숙박용, 산업용 등 적용분야별 제품이 개발되어 점차 그 수요는 가파르게 상승할 것으로 전망된다.

표 2-6 냉동 · 공조산업의 국내 시장 규모(단위 : 물량-천 대, 금액-억 원)

구분		2001년	2002년	2003년	2004년	2005년
냉동 · 공조산업	물량	46,300	44,847	62,019	71,024	72,878
	금액	78,540	77,380	76,340	90,450	132,565

※ 산출근거 : 한국냉동공조협회 2006 통계현황.

① 수출입 현황

국내의 지열 열펌프 시스템은 현재까지 교육시설, 사회복지시설, 산업시설 등에 주로 보급되었다. 이러한 시설들에 설치되는 10RT 이상의 중대형 열펌프는 유닛뿐만 아니라 핵심 부품의 대부분을 거의 수입에 의존하였으나 최근 국내에서 생산된 열펌프의 보급이 증가하고 있다. 국내 냉동 · 공조산업의 수출 비중이 전체 출하량의 44%, 출하액의 73%를 차지하는 수출 주력산업인 점을 비추어 볼 때, 지열 열펌프 시스템도 중장기 기술 로드맵을 바탕으로 체계적인 기술개발을 수행하여 국산화가 시급히 이루어져야 할 것이다.

표 2-7 주요 품목별 국내 시장 규모(2005년)(단위 : 물량-천 대, 금액-억 원, 점유율-%)

품목	2005년 시장규모			
	물량	점유율	금액	점유율
총계	**72,878**	**100**	**132,565**	**100**
냉매압축기	38,058	52.2	16,018	12.1
에어컨디셔너 (열펌프 포함)	11,220	15.4	89,618	67.6
공조용 설비기기	170	0.2	3,163	2.4
냉동냉장기기	6,106	8.4	22,717	17.1
관련부품 및 기타	17,324	23.8	1,049	0.8

※ 산출근거 : 한국냉동공조협회 2006 통계현황.
※ 용어설명 : 1) 냉매압축기 - 수송(승용차, 트럭)용 냉매압축기, 일반냉동공조(왕복동, 로터리, 스크류, 스크롤, 원심식)압축기.
2) 에어컨디셔너 - 수송(승용차, 버스, 트럭, 열차)용 에어컨디셔너, 룸(창문형, 분리형, 멀티형) 에어컨디셔너, 패키지에어컨디셔너, 온풍난방기, 히트펌프.
3) 공조용 설비기기 - 열원기기(왕복동식냉동기, 흡수식냉동기, 흡수식 냉온수기, 터보냉동기, 스크류냉동기, 빙축열시스템, GHP), 팬코일유닛, 에어핸들링유닛, 항온항습기, 제습기, 무균무진장치, 환경시험장치, 폐열회수장치.
4) 냉동냉장기기 - 가정용 전기냉장고, 김치냉장고, 수송용 냉동냉장유닛, 제빙기, 냉동냉장 쇼케이스, 냉동냉장유닛, 콘덴싱유닛.
5) 관련부품 및 기타 - 자동기기 및 계측기, 용기 및 설비, 코일, 기타관련부품

표 2-7은 냉동 · 공조산업에서 2005년의 주요 품목별 국내 시장 규모를 정리한 것으로 한국냉동공조협회의 2006년도 통계 결과다. 또한 표 2-8은 최근(2001~2005년)의 국내 냉동 · 공조산업의 수출입 현황을 정리한 것이며, 표 2-9는 주요 품목별 수출입 규모를 정리한 것이다. 현재까지 정확한 통계자료가 부족한 관계로 지열 열펌프 시스템의 수출입 현황을 분석하는 것이 곤란하였으며, 이에 대한 통계화 작업도 필요하다고 판단된다. 앞서도 언급하였듯이 지열 시스템의 요소기술에 대한 체계적인 개발을 통해 지열 산업을 활성화시킬 경우, 국내 냉동 · 공조산업에 미치는 영향은 클 것으로 예상된다.

표 2-8 국내 냉동 · 공조산업의 수출입 현황(단위 : 물량-천 대, 금액-억 원)

구분		2001년	2002년	2003년	2004년	2005년
수출	물량	20,318	24,550	26,945	28,961	23,085
	금액	2,460	2,436	3,158	3,423	3,603
수입	물량	2,759	3,797	4,077	4,289	3,870
	금액	527	563	690	720	859

※ 산출근거 : 한국냉동공조협회 2006 통계현황.

표 2-9 주요 품목별 2005년 수출입 규모(단위 : 물량-천 대, 금액-백만 불)

품목	2005년 수출입 규모			
	수출		수입	
	물량	금액	물량	금액
총 계	**23,085**	**3,603**	**3,870**	**859**
냉동기(냉매압축기)	13,573	514	3,152	216
수송용 에어컨	347	34	38	0.3
룸에어컨	2,594	723	502	61
패키지에어컨	41	36	72	71
냉동 · 냉장 쇼케이스	34	23	19	18
사무용	202	11	7	0.8
압축식유닛	56	8	-	12
냉동 · 냉장고	4,232	1,396	62	35
냉동 · 공조 관련부품	2,071	858	18	445

※ 산출근거 : 한국냉동공조협회 2006 통계현황.
※ 비고 : 공기기기(진공펌프, 공기압축기, 송풍기)를 제외한 자료임.

② 지열 열펌프 산업 혁신주체 간 협력 네트워크 현황

국내 지열 열펌프 산업은 미국, 유럽, 일본 등의 선진국과 비교했을 때, 산업주체 간 협력 네트워크 구조가 매우 약한 편이다. 주로 제조업체↔학교/연구기관, 부품업체↔연구기관, 제조업체↔연구지원센터 등의 단순 협력체제에서 크게 벗어나지 않은 형태라고 할 수 있다. 특히, 협력네트워크 구조의 핵심이라 할 수 있는 시스템 제조업체 간의 공동 협력체계가 매우 부족한 것이 우리 현실이다.

여기에 관련 협회나 연구조합, 학회와의 협력 체계 또한 선진국에 비해 많이 뒤떨어져 있다. 이는 업체 간 단기적인 시장전망과 수익에 따른 단순경쟁으로 인하여 미래를 예측하고 상호 협력체계를 구축하려는 의지가 부족하고, 산학연이 체계적이며 단계적으로 수행할 수 있는 제도가 아직 마련되지 못했기 때문이다. 참고로 그림 2-6은 인버터 터보 압축기 국산화 개발과 관련하여 산업주체 간 협력 네트워크를 나타낸 것이다.

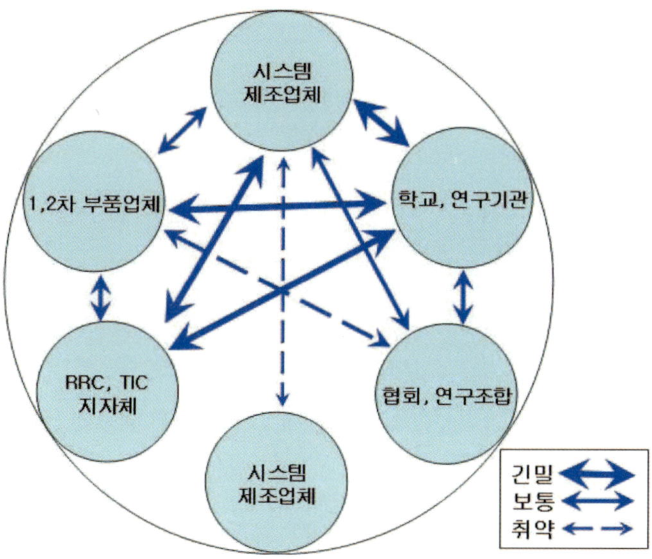

그림 2-6 국산화 개발된 50마력급 oil-free 인버터 터보 압축기

따라서 이러한 자료를 바탕으로 국내 지열산업 발전을 위한 협력체계를 구축하는 것도 중장기 기술개발 전략 수립만큼이나 매우 중요한 문제라고 할 수 있다. 이러한 협력 체계는 결국, 업체와 정부의 연결고리 역할 · 국내외 시장 분석과 판매전략 구축 · 국내 기술표준 구축 및 세계 표준화 방향 제시, 신기술 연구개발 지원 등의 역할을 담당할 수 있기 때문이다.

▶ 지열발전

국내에는 지하수 개발 등의 목적으로 시추공을 시공하는 업체뿐만 아니라 토목구조물 시공을 위한 탐사 목적의 천공 업체도 상당수 존재한다. 하지만 대부분의 업체가 심부를 굴착할 수 있는 장비를 보유하고 있지 못하고, 2.5km 정도의 심부굴착이 가능한 소규모의 굴착업체들이 2, 3개 정도는 있으나 자본규모가 영세하여 리스크가 큰 지열발전을 위한 심부의 굴착을 수행하기는 어렵다.

지열발전 플랜트 분야에서는 이미 여러 번 지열발전 공정을 소화한 경험이 있는 업체가 있고, 국내 기업의 플랜트 설계 능력은 세계적 수준에 올라 있으므로 지중탐사, 설계 및 시공기술이 확보되면 단시간에 적합한 설계가 가능할 것으로 판단된다. 지중에 대한 탐사, 설계, 시공분야도 터널, 양수발전소, 유류저장시설 등의 지하공간 개발을 통하여 국내 기업들에 많은 경험과 노하우가 축적되어 있다. 하지만 대부분의 지하공간 개발이 지하 수백 미터 이내의 심도에서 이루어진 경험이기 때문에 심부 탐사 및 시공에 필요한 기술은 확보하고 있지 못한 실정이다. 또한 국내 지열분포 특성상 심부굴착에 의한 EGS 지열발전이 필수적으로 이루어져야 하므로 심부굴착기술과 이와 관련된 플랜트 기술이 적절히 결합된 시스템을 구축할 수 있는 산업이 이루어져야 한다.

나. 타 산업과의 연관성

▶ 지열 냉난방

지열 열펌프 시스템은 근본적으로 열원을 제외한 사이클이 일반 열펌프 시스템(공기열원 또는 수열원)과 유사성을 가지고 있다. 일반 냉동·공조산업의 기술 발전과 시장 성장에 상호연관적인 관계에 있는 산업이다. 아울러 일반 냉동·공조산업과 마찬가지로 지열 열펌프 산업은 적용분야의 다양성으로 인해 중소기업과 대기업이 혼재되어 있다.

가정용 냉난방 및 공조기기(에어컨디셔너 또는 열펌프 등) 분야는 거대한 시장(국내 냉동·공조 전체 시장의 65% 이상)으로 인하여 국내 대기업간의 경쟁이 치열하고 이에 따른 자체 기술과 품질도 세계적으로 매우 뛰어나다. 그림 2-7은 지열 열펌프를 포함한 분야별 국내 냉동·공조산업의 구성 모듈을 정리한 것이다.

지열 열펌프 시스템의 경우 가정용 시스템은 초기 투자비, 설치 공간, 전기요금 누진제 등 적지 않은 걸림돌로 인해 아직까지 상용화는 이루어지지 않고 있다. 전기요금 누진제도와 같은 제도적 보완과 기술 개발에 따른 상용화가 이루어질 경우 일반 냉난방 공조기기와 같이 거대한 신규 시장의 창출이 가능할 것으로 보인다.

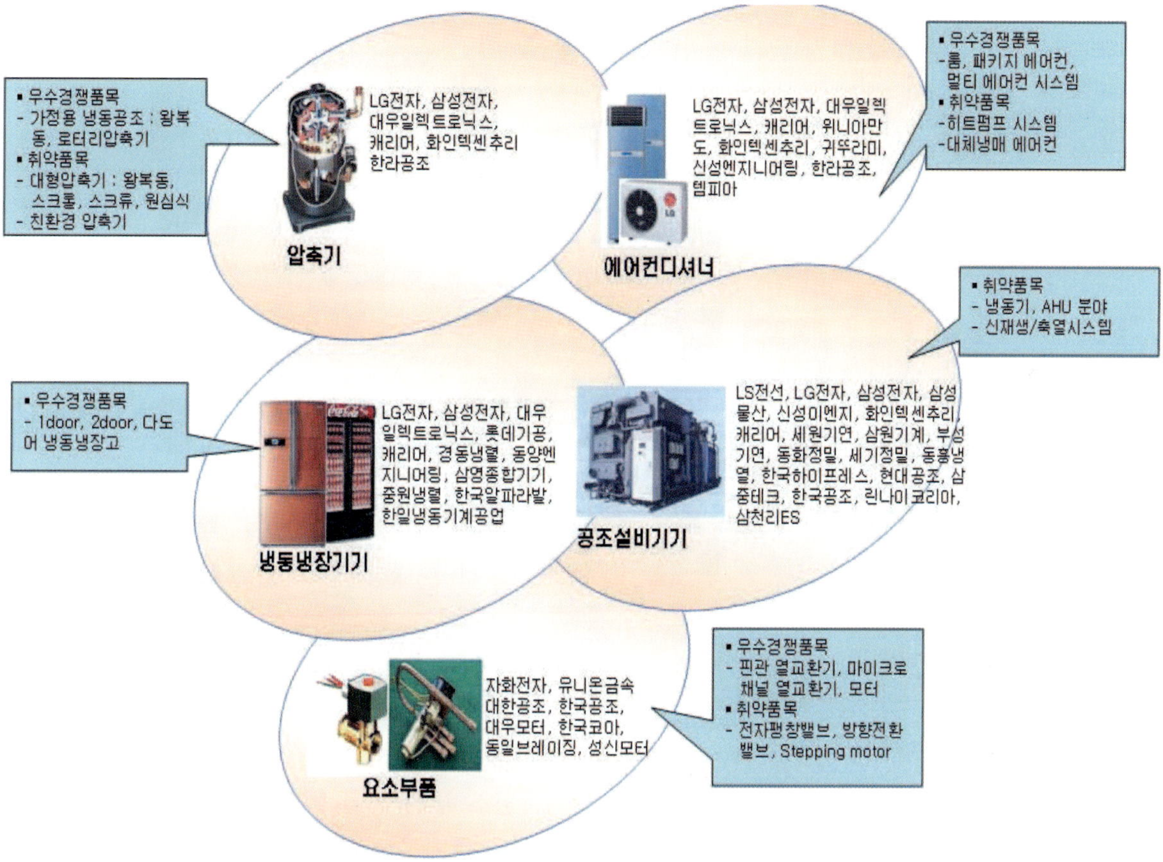

그림 2-7 지열 열펌프를 포함한 분야별 냉동·공조산업 구성 모듈

국내 가정용 냉난방 기기를 구성하는 핵심 기술(압축기, 열교환기 등)은 대기업 자체적으로 개발하여 제작하고 있다. 압력용기, 밸브, 배관 등의 요소 부품들은 국내의 1, 2차 부품업체가 위탁 또는 자체 개발하여 대기업에 제공하고 있으며 저가 부품으로 공략하는 중국 업체들과 치열한 경쟁을 벌이고 있는 실정이다.

지열 열펌프 시스템에 많이 적용되고 있는 중대형 용량의 산업용 냉동·공조기기 분야는 작은 내수시장, 기술개발의 어려움, 연구기반시설 미비 등으로 인해 고효율의 핵심 부품은 주로 수입에 의존하고 있다. 특히 대형 냉동기의 압축기는 많은 부분을 미국, 일본, 유럽에서 생산된 제품을 수입하여 적용하고 있는 실정이다.

따라서 중·대형 용량의 국산 시스템도 중장기에 걸쳐 개발이 필요한 분야라고 할 수 있다. 그림 2-8은 냉동·공조산업의 부품, 핵심 모듈 그리고 완성 시스템 구성도 등을 보여주고 있다.

그림 2-8 지열 열펌프를 포함한 냉동·공조 부품/모듈/시스템 구성도

표 2-10 주요 완성품 제조업체

제품명	업체
압축기	LG전자, 삼성전자, 대우일렉트로닉스, 캐리어, 화인텍센추리, 한라공조
에어컨디셔너/열펌프	LG전자, 삼성전자, 대우일렉트로닉스, 캐리어, 위니아만도, 화인텍센추리, 귀뚜라미, 신성엔지니어링, 한라공조, 템피아, 공간코리아
공조설비기기	LS전선, LG전자, 삼성전자, 삼성물산, 신성이엔지, 화인텍센추리, 캐리어, 세원기연, 삼원기계, 부성기연, 동화정밀, 세기정밀, 동홍냉열, 한국하이프레스, 현대공조, 삼중테크, 한국공조, 린나이코리아, 삼천리ES
냉동냉장기기	LG전자, 삼성전자, 대우일렉트로닉스, 롯데기공, 캐리어, 경동냉렬, 동양엔지니어링, 삼영종합기기, 중원냉렬, 한국알파라발, 한일냉동기계공업

표 2-11 핵심 부품 협력업체

주요 부품	1차 협력업체	2, 3차 협력업체
압축기	LG전자, 삼성전자, Copeland, Danfoss, Siam, 서울금속, 한국코아, 대원공업, 원천산업, 은성산업	대영ENB, 문경산업, 대동CM
열교환기	대한공조, 동일브레이징, 장한, 태봉, 케이피에치이, 한국알파라발, 힛솔, 신광플랜트, SK전자	원일공업, 대한은박지, 원천산업
모터	한국코아, 뉴모텍, 성신모터, 대우모터	동아금속, 태양금속
팬	삼중테크, 유신코리아, 코리아아마스, 한국공조엔지니어링, 명진플라스틱, 아성프라텍, 나라 M&D, 신성화학, 경진브로아	
밸브	유니온금속, Fusikkoki, 자화전자, Sanhua, Ranco, 신한콘드롤밸브	
배관	대진동관, 삼원산업, 대현산업, 목우, 명품, 코스	한성볼트, 신흥산업, 원일공업
기타	코리아디지털, 동성전기, 경희, 신성화학, 삼산판금, 신창기업	

▶ 지열발전

지열발전은 일반적으로 지하 심부에 있는 지열 저류층으로부터 열수와 증기가 혼합된 유체를 꺼내 그 증기를 이용하여 터빈을 구동하여 발전하는 방식이다. 또한 발전을 통해 얻어지는 전기를 사용할 수요처와의 입지적 상관성이 존재한다. 이와 같은 방식을 적용하기 위해서는 도시계획, 기계, 전자, 환경 등의 여러 산업들과 밀접하게 연결되어야 한다.

다. 기술인력 확보 및 수급현황

▶ 지열 냉난방

표 2-12는 지열산업을 포함한 국내 냉동·공조산업의 고용 현황을, 그리고 표 2-13은 국내 냉동·공조산업의 기업 규모 현황을 정리한 것이다. 국내 냉동·공조산업의 연구 인력 분포는 표 2-14에 나타내었다. 이들 표와 앞의 표 2-5에 정리한 국내 지열분야 전문기업 규모 현황을 같이 비교해야 한다.

표 2-12 국내 냉동·공조산업의 고용 현황(단위 : 명, %)

구분		2001년	2002년	2003년	2004년	2005년	연평균 증가율
고용	냉동·공조	85,542	86,925	93,097	88,317	88,498	0.8%
	총고용에서 차지하는 비중	0.6%	0.6%	0.6%	0.6%	0.6%	

※ 자료출처 : 통계청, '2006사업체 기초통계조사'

표 2-13 국내 냉동·공조산업의 기업 규모 현황(단위 : 업체 수)

구분	2001년	2002년	2003년	2004년	2005년
1~50인 미만	3969	4533	5063	4816	4968
50~100인 미만	163	205	213	185	187
100~200인 미만	99	109	92	96	91
200~300인 미만	10	3	11	16	14
300인 이상	16	12	14	6	6
계	4,257	4,862	5,393	5,119	5,266

※ 자료출처 : 통계청, '2006사업체 기초통계조사'

표에서 보듯이, 대부분 국내 업체의 인력 규모는 50인 미만인 것으로 조사되었다. 아울러 에너지관리공단에 등록한 모든 업체를 대상으로 인력분포 현황을 조사하기에는 무리가 있었다. 따라서 에너지관리공단에서 시행하는 '보급보조사업'에 등록한 일부 업체들로 한정하여 인력분포 현황을 조사하였다. 국내 업체의 대부분이 석사, 학사, 전문학사 등으로 인력이 구성되어 있으며 따라서 설계와 시공 능력은 충분히 갖추었다고 판단된다.

표 2-14 국내 냉동·공조산업의 연구 인력 분포

구분	전체(기계 제조)	해당 산업	비중(%)
박사, 기술사	4,890	330	6.7
석사	27,495	1,547	5.6
학사	52,817	1,258	2.4
기타	4,826	430	8.9
계	90,028	3,565	4

※ 자료출처 : 한국산업기술진흥협회 '2005 산업체의 업종별 학위별 연구원수'

지열발전

국내에 지열발전 플랜트가 시공된 사례가 없기 때문에 지열발전에 경험이 있는 국내 전문가는 거의 없다고 할 수 있으나, 관련된 학과인 자원공학, 지질학, 기계공학 등의 전공자들을 중심으로 학제융합 프로젝트를 진행시킨다면 지열발전분야 기술인력 확보가 가능할 것이다. 또한 현재 미국, 일본 등에서 지열발전을 수행하고 있는 전문가 그룹들과 산학연을 협력을 통하여 기술도입이 병행되어야 한다. 그리고 장기적인 국가 R&D 프로젝트와 국제공동 기술개발에 의해 이와 연관된 설계, 관리 등에 대한 경험 있는 인력이 확보될 것으로 판단된다.

III

그간 R&D 추진성과 및 보급시장 분석

1. 그간('88~'06) R&D 추진현황

지열 냉난방 시스템은 열펌프를 비롯한 각종 기계설비, 지상 시스템과 지중열교환기의 설계 그리고 이들 시스템의 시공 등 기계기술과 건설기술이 종합적으로 복합된 기술 분야다. 특히 지중열교환기는 시스템의 성능을 결정하는 중요 기기로서 국내 지중 조건 등이 설계와 시공 과정에서 면밀하게 고려되어야 한다. 따라서 우리 현실에 적합한 지열 냉난방 시스템을 개발하기 위해서는 요소기술을 포함하여 설계기술과 시공기술에 대한 전반적인 특성을 연계하고 통합하는 기술 개발이 무엇보다 중요하다. 이를 위해 기술 개발을 위한 국가 주도의 연구개발 사업이 활발하게 이루어지고 있다.

국내에서 지열발전에 대한 연구개발 지원은 지금까지 전혀 없었다. 이는 우리 국토에 지열발전을 적용하는 것은 거의 불가능한 일이라고 여겼기 때문이다. 다만 한국지질자원연구원을 중심으로 국내 지질자원에 대한 연구는 꾸준히 진행되어 왔으나, 이를 지열발전에 접목하기 위해서는 더 많은 연구가 있어야 하겠다.

가. 기술개발 과제 지원 현황

표 3-1 지열분야 실용화 및 기술개발 과제 지원 현황(단위: 백만 원)

구분 \ 연도		'88~'02	'03	'04	'05	'06	계
실용화	신규과제 수	3	1	2	1	1	8
	계속과제 수	0	3	1	2	1	7
	정부지원금	475	435	984	425	707	3,026
	민간부담금	503	241	294	213	261	1,512
기술개발	신규과제 수	3	2	4	3	3	15
	계속과제 수	3	0	2	5	5	15
	정부지원금	990	770	1,212	1,718	2,545	7,235
	민간부담금	351	250	464	593	812	2,470
계		2,319	1,696	2,954	2,949	4,325	14,243

표 3-1은 1988년부터 2006년까지 지열분야에 지원된 실용화 기술개발과 일반 기술개발 과제 현황을 정리한 것이다. 전체 23개 과제에 142억 원을 지원하였으며, 이중 정부가 약 102억 원(72%)을 그리고 기술개발 과제에 참여한 민간 기업이 약 40억 원을 부담하였다. 세부적으로 실용화 8개 과제에 45억 원을 지원하였으며, 일반 기술개발 15개 과제에 97억 원을

투자한 것으로 조사되었다. 과제 수만 보면 해마다 거의 일정한 수의 과제가 지원되었으나, 지원금은 해마다 큰 폭으로 증가하는 것을 볼 수 있다.

표 3-2는 기술개발 종료 과제와 이들 과제의 사업성과를 개략적으로 정리한 것이다. 투자 분야 측면에서 보면, 2000년대 전에는 기초 자료 확보를 위한 지열자원 탐사에 주로 투자하였으며, 2000년 이후에는 열펌프를 활용한 건물 냉난방 시스템의 실증과 지중열교환기 성능 확보를 위한 연구에 많은 투자가 있었음을 볼 수 있다.

표 3-2 주요 기술개발 종료 과제와 사업성과

과제명	주관 기관	사업성과
마산·창원지역의 대규모 지역난방을 위한 지열에너지 탐사 및 개발	자원연구소	• 기초 자료로 활용 • 경상남부 전역의 지하구조 자료 활용
제주도 지역자원탐사 및 최적 활용방안 연구	자원연구소	• 기초 자료로 활용 • 제주지역 지중 자료 획득
중·저온성 지열에너지 개발	자원연구소	• 기초 자료로 활용
현지용 지중 열전도도 예측 기술 개발	한국에너지 기술연구소	• 기초 자료로 활용 • 실용화를 위해 계속 연구개발 중
지열냉난방 시스템 성능 평가 및 엔지니어링 기술 확보	한국에너지 기술연구소	• 지열냉난방시스템 성능평가방법 개발 • 시뮬레이션 툴 검증 확보
지열냉난방시스템 실증연구	코오롱건설	• 51RT급 시스템 가동 중 • 냉난방에너지 40% 이상 절감 시스템
부하 추종형 고효율 지열 히트펌프 시스템 개발	한국기계 연구원	• 시스템 요소별 설계 및 제작 기술 확보 • 기술이전 검토
고성능 저가형 지중열교환기 개발	코오롱건설	• 코오롱건설에서 사업성과 활용 • 30% 이상 저렴한 지중열교환기 개발
지중열교환기 전열성능 향상을 위한 뒤채움재 조성에 관한 연구	한국건설 기술연구원	• 지중 DB 구축 및 후속 연구의 기반 자료로 활용
스탠딩컬럼웰(SCW)을 적용한 지열히트펌프 실증연구	시립 인천 전문대학	• 청주대 SCW 시스템 설치에 활용
복수정을 이용한 지열히트펌프 시스템 실증연구	지오테크	• 국내 최초 복수정 시스템 실증 연구 • 증평 현장에 50RT급 시스템 가동 중
지열이용 하이브리드 히트펌프 시스템 개발	뉴그린테크	• 지열 공기열원을 병용하는 하이브리드 냉난방 기술 확보
유출지하수를 이용한 건물 냉난방 기술개발	삼양 에코너지	• 국내 최초 유출지하수 이용 지열냉난방 기술 확보

나. 기술개발 과제 지원 목록

표 3-3 지열분야 기술개발 과제 지원 목록(2002년 이후)

과제명	수행 기관	위탁 기관수	기간	완료 여부
지열냉난방 시스템 성능 평가 및 엔지니어링 기술 확보	한국지열 시스템	1	'02.11~'05.5	완료
지열냉난방시스템 실증연구	코오롱건설	3	'02.11~'05.5	완료
부하 추종형 고효율 지열 히트펌프 시스템 개발	한국기계연구원	6	'03.7~'06.10	완료
현지용 지중열전도도 예측 기술 개발	한국에너지 기술연구원	1	'03.7~'05.6	완료
지열 이용 하이브리드 히트펌프 시스템 개발	뉴그린테크	2	'04.6~'07.5	완료
고성능 저가형 지중열교환기 개발	코오롱건설	0	'04.6~'06.5	완료
한국형 지중열교환기 최적 설계 패키지 개발	포항산업과학연구원	1	'04.12~'07.12	수행 중
지중 열교환기 전열성능 향상을 위한 뒤채움재 조성에 관한 연구	한국건설기술연구원	0	'04.6~'06.5	완료
스탠딩컬럼웰을 적용한 지열히트펌프 실증연구	시립 인천전문대학	1	'04.8~'06.7	완료
복수정을 이용한 지열히트펌프 시스템 실증연구	지오테크	2	'04.8~'06.7	완료
유출지하수를 이용한 건물 냉난방 기술 개발	삼양에코너지	2	'05.8~'07.7	완료
현지 지중열전도도 측정 기술	한국에너지 기술연구원	2	'05.12~'08.5	수행 중
시설원예용 수평형 지열히트펌프 시스템 실증연구	공간코리아	2	'05.12~'07.12	수행 중
용량가변형 지열원 다중공간 냉난방시스템	탑솔	1	'06.8~'08.7	수행 중
저가, 고효율 지중 열교환기 그라우팅 재료 개발 및 DB 구축	호서대학교	1	'06.8~'08.7	수행 중
공동주택(아파트)의 지열 냉난방 시스템 적용성에 관한 연구	코오롱건설	5	'06.8~'11.7	수행 중
3 Pipe u-tube 수직 밀폐형 열교환기를 이용하는 지열 시스템 실증연구	뉴그린테크	2	'06.12~'08.11	수행 중
자연냉매(CO_2)를 적용한 고효율 지열 냉난방 및 급탕 시스템 개발	대한공조	6	'07.6~'10.5	수행 중
지하수 축열을 고려한 대수층 냉난방 시스템 개발	넥스지오	2	'07.6~'10.6	수행 중
단일관정을 활용한 충적대수층 이용 냉난방시스템 개발	삼양에코너지	2	'07.6~'10.6	수행 중
저심도 지열을 활용한 에너지 파일 및 환기 병용형 냉난방 시스템 개발	벽산건설	3	'07.6~'10.6	수행 중

표 3-3에 2002년 이후 지열 냉난방 분야에 지원된 과제를 정리하였다.

2. 주요 R&D 성과

가. 기술적 성과

지열 냉난방 시스템 기술은 열펌프(또는 히트펌프, heat pump), 지중열교환기 작동유체 순환펌프, 시스템 제어장비 등의 기계설비 관련 기술과 시스템 설계 및 지중열교환기 시공 등의 건설기술이 연계된 종합 기술이다. 이러한 지열 시스템을 국내 현실에 맞게 개발하기 위해서는, 설계기술·설비기술·시공기술에 대한 전반적인 기술을 체계적으로 개발해야 한다. 현재 지열 분야에 대한 중장기 기술개발 계획과 기술 로드맵(road map)을 바탕으로 연구개발이 진행 중이다.

지열 냉난방 시스템에 대한 국내의 연구개발 투자는 2002년부터 본격적으로 시작되었다. 현재 23개의 정부 주도 연구개발 과제 중, 15개 과제가 완료되었고 8개 과제가 진행 중이다. 연구개발을 통해 지열 시스템의 장비와 설계 그리고 시공 부문에서 많은 성과가 있었으며, 이러한 연구 성과물은 국내 지열분야의 기술 향상에 큰 기여를 했다.

연구개발에서 얻은 대표적 성과를 정리하면 다음과 같다.

❖ 강관 말뚝형 지중 열교환기 개발

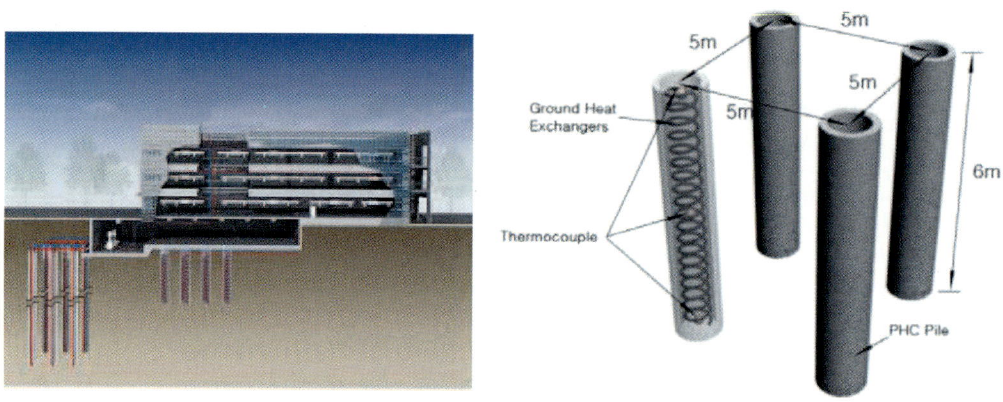

그림 3-1 일반 수직형 지중열교환기(좌) 및 말뚝형 지중열교환기(우)
설치 사례 : 코오롱건설 기술연구소 건물

수직 밀폐형 지중열교환기의 대안으로 평가되는 강관 말뚝형 지중 열교환기를 개발함으로써 지중열교환기 시공에 따른 초기 투자비를 절감하고 지중열교환기의 고효율화로 시스템 성능 향상 유도. 코오롱건설 기술연구소(51RT) 및 전남 수완지구 아파트 지열 냉난방 시스템(92RT)에 적용.

❖ 개방형 지열 냉난방 시스템 개발

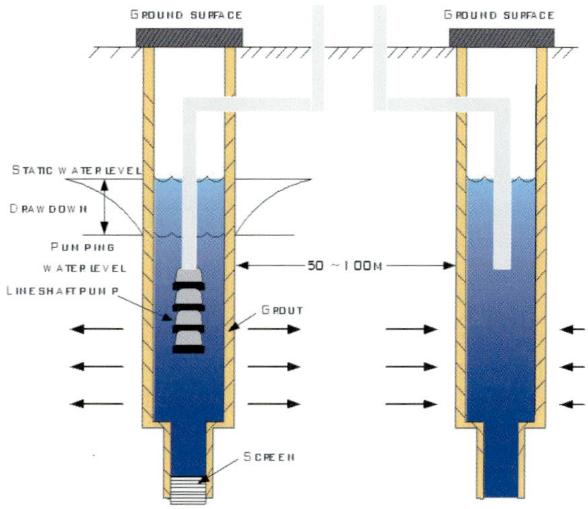

그림 3-2 복수정 지열 냉난방 시스템 설치 현장 및 복수정 개략도

국내 최초로 복수정(two wells)의 지하수를 활용한 개방형 시스템의 실증 연구로서 본 시스템의 신뢰성 확보와 보급기반 구축 마련에 일조. 복수정 열원을 이용한 개방형 냉난방 시스템(50RT) 설치 후 성능 평가. SCW 방식의 개방형 시스템(120RT) 성능 평가 완료('06. 7)

❖ 부하추종형 고효율 지열 히트펌프 시스템의 핵심기술 국산화

그림 3-3 국내에서 개발된 50마력급 인버터 터보 압축기

고효율 BLDC 모터에 인버터 시스템과 oil-free 가스베어링 기술을 적용. 동급 대비 크기를 1/3 축소, 효율을 20% 향상시킨 고효율 소형 터보압축기(50마력급)의 국산화.

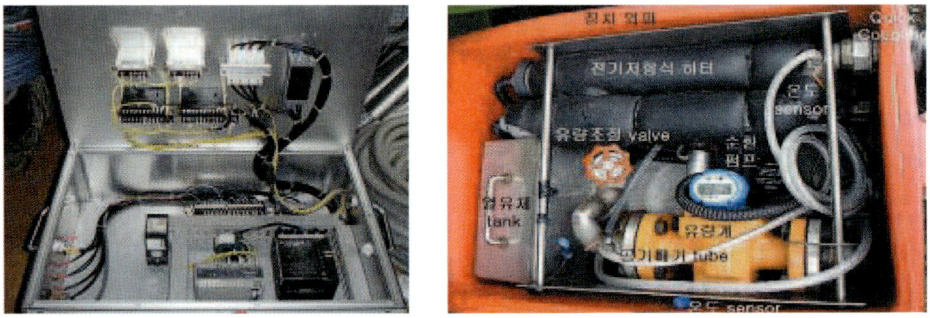

그림 3-4 국내에서 제작된 10kW급 지중 열전도도 측정기

❖ 지중열전도도 측정기 개발 및 측정기법 개발

수직 밀폐형 지열 냉난방 시스템의 핵심요소인 수직형 지중열교환기의 성능과 설계 핵심 데이터인 지중열전도도를 측정할 수 있는 장비를 국산화.

❖ 지열중심의 공기 병용 하이브리드 시스템 개발

수직 밀폐형 지열 냉난방 시스템의 초기 투자비를 줄일 수 있으며, 지중열교환기 설치 간격을 줄일 수 있는 저가형 지열 냉난방 시스템 개발 완료.

나. 산업태동 성과

지열 냉난방 시스템은 기존의 건물 냉난방 및 공조 시스템과 많은 관련이 있으며 이와 관련된 설계와 설비 기술 등을 활용하는 기술 분야다. 지열 시스템이 국내에 도입된 것은 7년 정도 되는 짧은 기간이지만, 타 신・재생에너지원에 비해 정부의 지원이 상대적으로 적었음에도 탁월한 경제성과 현장 적용의 용이성 등으로 인해 민간 시장이 비교적 쉽게 형성된 분야라고 할 수 있다.

민간 시장 형성과 보급률의 지속적 증가는 앞서 지열 시스템 기술이 기존 건물 냉난방 설비기술과 많은 연관성이 있다는 데에서 그 이유를 찾을 수 있다. 이러한 이유로 기존 건축설비 관련 업체들이 쉽게 지열 산업에 뛰어드는 현상도 분명히 있다. 하지만 기존 냉난방 설비에는 없는 지중열교환기가 시스템의 중요 구성요소이기 때문에, 설계와 시공단계에서 기계분야와 토목/환경 분야의 긴밀한 협조가 있어야만 지열 시스템의 최적 성능을 확보할 수 있다.

국내 지열 산업 태동기에 외국의 기술을 그대로 들여와 설치하였으나, 각 나라마다 기후와 지중 조건이 다르기 때문에 안정적인 보급을 위해서는 이에 대한 연구개발이 필요하다. 시장의 기술 도입과 더불어 정부가 지원하는 연구개발 사업은 국내에서 지열 산업이 태동하는 데 많은 기여를 했다고 평가된다.

지열 냉난방 시스템의 구성요소 중, 핵심 장비는 열펌프이다. 지열 열펌프는 설계와 제작면에서 공기열원 열펌프와 기술적으로 유사한 부분이 많이 있으나, 지중의 열을 이용한다는 열원 자체의 차별성 때문에 지열 열펌프만의 기술 개발도 필요하다. 국내 도입 초창기, 지열 냉난방 시스템 설치에 사용된 열펌프는 주로 외국에서 수입한 제품이었다. 최근 들어 국내 일부 업체(공간코리아, 탑솔, 경진TRM 등)에서 생산한 제품들을 적용하는 비율이 50% 이상 차지할 정도로 그 비율이 증가하고 있다. 국내에서 생산된 열펌프가 시장에서 적용되고 있다는 것은 정부가 지원한 연구개발 사업의 성과라고 할 수 있다.

지열 냉난방 시스템은 관련 장비 산업의 비중도 크지만 천공 및 그라우팅 기술과 같은 건설기술과 연관성이 매우 크다. 국내에서 가장 많이 설치하는 수직 밀폐형 지중열교환기의 경우 약 150~200m 정도 천공하고 이에 지중열교환기 파이프를 설치하게 된다. SCW(standing column well) 방식의 경우에는 500m까지 천공하므로 천공과 관련한 기술의 개발이 필요하다. 이는 초기 투자비에 많은 영향을 미치기 때문에 설치비를 줄일 수 있는 기술을 개발하고 개발된 기술을 현장에 적용하는 방향으로 연구개발 투자가 있어야 하겠다.

그라우팅 재료도 현재 외국 제품을 수입하여 사용하는 경우가 많다. 따라서 현재 연구 중인 '친환경 무기질계 지열에너지 회수용 충진 재료의 개발' 과제의 연구 성과는 그라우팅 기술 향상과 그라우팅 재료 산업의 발전에 큰 기여를 할 것으로 사료된다.

지중열교환기 설계에서도 미국 등 선진 외국의 설계 데이터를 그대로 도입하여 사용하고 있다. 하지만 정부가 지원하는 '한국형 지중열교환기 최적 설계 패키지 개발' 과제의 성과가 2007년에 완료되면 지열 시스템과 지중열교환기 설계에서도 국내 기술의 자립화를 가져올 것으로 보인다.

지열 분야에 대한 국가의 지속적인 관심과 연구개발 투자는 국내 지열 산업이 태동하는 데 큰 기여를 했다. 연구개발은 국내 지중 자료 축적·관련 장비 국산화·설계 자립화·지상 설비와 지중열교환기 시공 기술력 향상 등으로 이어져 지열 시스템이 시장에서 신뢰성을 확보하는 데에도 일조하였다. 이러한 관심과 투자를 향후 중장기 R&D 계획에서 도출되는 핵심기술과 세부기술 개발에 지속적으로 투입한다면, 신·재생에너지 보급 목표 달성과 나아가서는 국가 에너지 정책 실현에 지열 산업이 그 몫을 할 것으로 기대된다.

다. 전문기업 육성

연구개발의 목적은 국내 기술력의 향상과 현장 애로 기술의 해결에 있다. 기술력 향상과 현장 애로기술 해결을 위해, 국내 28개의 전문기업이 2002년부터 연구개발 과제를 적극적으로 수행하고 있다.

연구개발 과제를 통해 전문기업들은 기초 자료, 시스템 설계와 시공 방법 그리고 관련 장비 기술 등을 습득하였으며, 이러한 결과들은 결국 국내 전문기업 육성에 큰 기여를 한 것으로 판단된다.

초창기부터 지열 사업을 시작한 일부 업체는 어느 정도 기술력을 축적했다고 볼 수 있다. 하지만 최근에 출현한 업체들은 기술력을 갖추지 못하고 있는 것도 간과해서는 안 된다. 현재 에너지관리공단 신·재생에너지 센터에 등록된 지열 냉난방 시스템 시공 및 장비 생산업체는 2007년 9월 현재 364개에 달한다. 이 중 많은 수가 최근 1, 2년 사이에 출현한 업체들이다. 따라서 신생 업체에서 필요한 기술을 체계적으로 이전하여, 업체의 기술력과 이들 업체가 시공한 시스템의 신뢰성을 향상시키는 것도 전문기업을 육성한다는 차원에서 매우 중요한 문제다.

앞서 기술개발 과제 지원현황에서도 언급하였듯이, 일부 업체들은 현장 애로기술을 해결하기 위해 국가 연구개발 사업에 참여하고 있으며, 그 결과를 사업에 적극 활용하고 있다. 하지만 연구개발 사업이 한정되어 있고 연구개발 인력도 부족하여, 실제 중소규모 업체들이 연구개발 사업에 참여하여 성과를 도출하는 것이 그다지 쉬운 문제는 아니다. 이러한 문제를 해결하기 위해 신·재생에너지 센터와 지열이용기술연구회가 주관하는 '지열분야 전문가 연수교육 프로그램'과 '정기 학술 세미나'가 매해 시행되고 있다. 덧붙여, 현재 지열분야에는 없는 '지열핵심기술연구센터'를 구축하여 기존 업체나 신생 업체를 대상으로 더욱 많은 교육기회를 제공한다면 국내 기업들의 기술력은 크게 향상될 것으로 보인다. 아울러 현장 애로기술을 해결하기 위한 연구개발에 공동으로 참여할 수 있는 기회를 지속적으로 제공한다면 국내 기업들의 연구개발 능력도 크게 향상될 것이다.

지열 냉난방 시스템의 중요 구성요소인 열펌프는 2005년경까지 대부분 외국에서 수입한 제품이 사용되었다. 이후 국가의 연구개발 사업 지원과 업체의 기술개발 의지 등이 반영되어 국내 열펌프 생산업체가 현재 10여 개에 이를 정도로 그 수가 증가하였다. 이에 따라 국내에서 제작한 열펌프가 현재 50% 이상 공급되고 있다. 여기에 냉동·공조 제품을 생산하는 일부 국내 대기업들이 지열 시장 진입을 시도하거나 계획하고 있어, 향후 전문기업의 경쟁력이 향상될 것으로 기대된다.

현재 지열 냉난방 시스템을 시공하는 전문기업에 비해, 설계를 전문으로 하는 기업의 수가 다소 부족한 것으로 사료된다. 지열 시스템의 최적 설계를 위해서는 기존 공조시스템의 설계 기술과 지열 시스템의 설계 기술을 유기적으로 접목해야 한다. 국내 기업들이 이러한 고난도의 기술을 갖출 수 있도록, 기초 설계 데이터의 구축과 설계능력 향상을 위한 기술개발에 많은 투자가 있어야 하겠다.

3. 국내 시장 동향

가. 보급 현황 및 생산 실적

우리나라는 2000년경에 지열 냉난방 시스템을 처음 도입한 후, 초기 시장 진입단계에서 많은 시행착오를 겪었다. 전문 시공기술과 관련 기준 등이 없어, 소비자들의 만족도가 높지 않았던 것도 사실이다. 하지만 2003년부터 체계적인 시스템을 도입하고, 기술 인력이 확보되면서 경쟁력을 바탕으로 한 시장 확보가 가능하게 되었다. 여기에 정부(에너지관리공단) 지원에 의한 보급정책에 힘입어, 2003년까지 약 30개소에 시스템이 설치되었으며 2004년에는 공공기관의무화제도 등의 정책에 힘입어 약 24개소에 추가 설치되었다(그림 3-5). 2006년을 기준으로 총 15,071RT 용량의 지열 냉난방 시스템이 설치된 것으로 조사되었다.

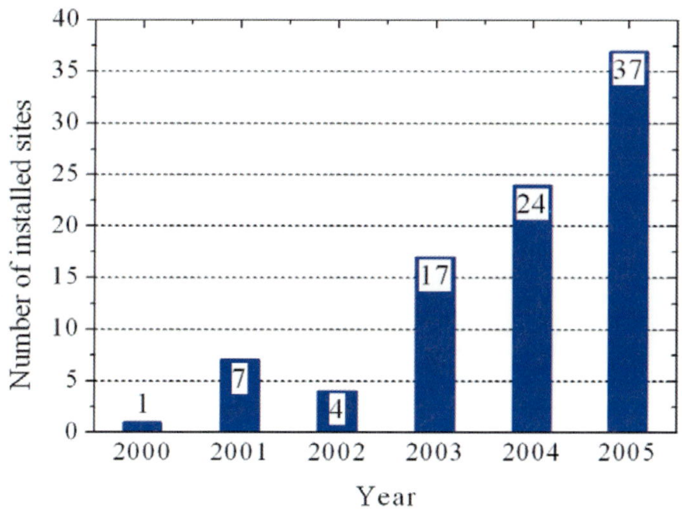

그림 3-5 지열 열펌프 시스템 국내 설치현장 수(2000～2005)

지열 냉난방 시스템의 보급은 연간 100% 이상 지속적인 성장을 보일 정도로 시장이 확대되고 있다. 이 같은 시장 확대에 신·재생에너지 센터의 지원제도가 많은 기여를 했다. 지열 시장의 확대를 위한 제도로 '공공기관 설치의무화제도'·'일반보급보조사업'·'지방보급사업'·'융자사업'이 있다. 이 중에서 공공기관 설치의무화제도와 일반보급보조사업의 영향이 가장 컸다고 할 수 있다. 이러한 신·재생에너지 센터의 지원 외에, 교육부의 학교 냉난방기 설치사업 등이 지열 시스템이 시장에 보급되는 데 큰 역할을 하고 있다.

표 3-4는 지열 냉난방 시스템의 연도별 보급 현황을 정리한 것이다. 이 통계는 신·재생에너지 센터의 각종 사업을 통해 보급된 용량을 집계한 것이며, 민간 시장의 보급 용량은 제외된

표 3-4 연도별 지열 냉난방 시스템 보급 용량(2001~2006)

구분	2001	2002	2003	2004	2005	2006	합계
보급 용량(RT)	88	207	670	1,768	2,331	10,007	15,071

결과이기 때문에 수치는 다소 증가할 수 있다. 표를 보면, 2002년 207RT, 2003년 670RT, 2004년 1,768RT, 2005년 2,331RT, 2006년 10,007RT에 이를 정도로 시장이 매년 100% 이상 급격히 성장하고 있다.

이렇듯 신·재생에너지 센터를 통한 보급 현황에 대해서는 정확한 통계를 낼 수 있으나, 민간 시장의 보급 현황에 대한 정확한 통계는 거의 없다고 보아도 무방하다. 따라서 성능 모니터링 시스템을 구축하고 관련 제도를 개선하여 정부 주관 사업이 아닌 민간사업을 통한 보급량도 정확하게 파악할 필요가 있다. 이러한 노력을 통해 기술력이 없는 업체의 무분별한 시공을 사전에 차단함으로써, 지열 시스템의 신뢰성을 유지하고 시장을 보호할 수 있을 것이다.

표 3-5 건물 용도별 보급 용량(2006년)

구분	가정용	공공시설	교육시설	사회복지시설
보급용량(RT)	0	3,249	2,502	1,150
구분	산업시설	상업시설	기타	합계
보급용량(RT)	230	525	2,351	10,007

표 3-5는 2006년 보급 용량을 건물 용도별로 구분하여 정리한 것이다. 표에서 보듯이, 현재 국내에서 지열 시스템은 교육시설과 사회복지시설에 주로 시공되고 있다. 다음으로 공공시설이나 상업시설 그리고 산업시설에 설치되고 있으며, 가정용으로는 거의 실적이 없음을 볼 수 있다.

표 3-6 일반보급보조사업 지원 현황(2003~2006)

구분	2003	2004	2005	2006	합계
개소	2	10	17	41	**70**
용량(RT)	71	793	1,659	4,744	**7,267**
보조금(백만 원)	251	1,883	3,643	9,541	**15,318**

다음의 표 3-6은 정부의 일반보급보조사업 지원 현황을 정리한 것이며, 표 3-7은 공공기관 설치의무화사업 지원 현황을 정리한 것이다. 또한 표 3-8과 표 3-9에 지방보급사업과 융자 지원사업 지원 현황을 나타내었다. 마지막으로 표 3-10에 2003년부터 2006년까지 정부가 보급보조사업으로 지원한 결과를 정리하였다. 전체적으로 모든 사업이 해마다 지속적으로 증가하고 있음을 볼 수 있다.

표 3-7 공공기관 설치의무화사업 지원 현황

기관수	연면적 총계 (m^2)	총 건축 공사비(원)	용량 (RT)	총 지열 투자 비용(원)
141	2,073,615	1,294,653,199,123	13,470	65,759,159,143

표 3-8 지방보급사업 지원 현황(2003~2006)

구분	2003	2004	2005	2006	합계
개소	3	5	3	10	21
용량(RT)	180	438.5	800	1,182	2,600.5
보조금(백만 원)	1,240	1,505	1,770	2,252	6,767

표 3-9 융자지원사업 지원 현황(2002~2006)

구분	2002	2003	2004	2005	2006	합계
개소	4	8	4	8	5	29
금액(백만 원)	409	1,790	2,900	2,529	2,733	10,361

표 3-10 정부의 보급보조사업 지원 현황 총계(2003~2006)

구분	2003	2004	2005	2006	합계
개소	13	19	28	56	116
금액(백만 원)	3,281	6,288	7,942	13,456	30,967

※ 공공기관 설치의무화사업 제외.

나. 최근 시장 동향

▶ 지열 냉난방

우리나라에서 지열을 이용하는 냉난방 시스템이 실질적인 관심을 받기 시작한 것은 최근 들어서다. 이는 공기열원 이외의 대체열원에 대한 관심부족, 지열을 회수하기 위한 열교환 기술의 부족, 초기 투자비 문제 등이 원인이다.

기존 냉난방 설비와 비교했을 때, 지열 냉난방 시스템은 효율이 가장 높은 시스템으로 간주된다. 따라서 시스템의 우수한 효율과 이로 인한 경제성은 확보한 것으로 볼 수 있다. 하지만 앞서도 언급하였듯이, 기존 냉난방 설비에 비해 다소 높은 초기 투자비는 지열 시스템이 민간 시장에서 활발하게 보급되는 데 걸림돌이 되고 있다. 그러나 국가의 온난화 가스 저감과 에너지 수급문제 해결을 위한 대책의 일환으로 정부에서 제도적 지원을 통해 시장이 형성되고 있다. 이러한 국가의 기술개발 노력과 시장 활성화를 통해 초기 투자비의 감소가 이루어질 경우, 다른 신·재생에너지원에 비해 민간 시장에서 보급이 활성화될 수 있는 상황적 특성을 가지고 있다.

타 신·재생에너지원과 마찬가지로 지열 냉난방 시스템 역시 정부가 주도하여 보급하고 있으나, 시스템의 경제성과 건축물과 조화되는 시스템이라는 장점으로 민간 시장에 도입되는 움직임이 나타나고 있다. 초기 시장 도입단계에서 흔히 나타나는 시스템의 신뢰성 문제에 대해 지열 시장에서도 많은 우려가 보였으나 정부의 제도적 보완으로 시장에서 신뢰성을 확보해 나아가는 단계에 있어 시장의 개척은 긍정적이라 할 수 있다.

지열 시스템을 이루고 있는 단위 기술로 살펴보면 열용량 및 시설의 설계, 시스템의 히트펌프와 같은 기계설비, 천공 및 지중열교환기를 포함한 지중설비, 지열 시스템의 시공으로 나누어질 수 있다. 이의 단위 요소별 시장 상황을 살펴보면, 설계 부문의 경우 초기 외국의 설계기술을 그대로 도입하여 시스템이 설계되었으나, 국내 지중에 관련된 DB 구축 사업을 통해 설계 기초 자료가 구축되고 있는 단계이며 국내 기술로 개발된 설계프로그램 연구 개발 사업이 2007년으로 종료되어 순수 국내기술로 지열 시스템의 설계가 향후 1-2년 내에 가능하게 될 전망이다.

지열 열펌프의 경우 제품에 대한 신뢰성에 대한 우려로 국내 생산 열펌프의 적용이 부진하였다. 그러나 기술개발에 힘입어 국내 제품도 충분한 신뢰성을 확보하고 있어 국내 제품의 적용비율이 증가하고 있으며, 공단에서 실시하고 있는 지열 열펌프의 인증제도가 발효됨에 따라 국내 제품에 대한 신뢰성을 검증할 수 있는 시스템이 도입되어 국내 제품에 대한 신뢰성을 확보할 수 있게 되었다. 이에 따라 시장에서 국내 제품이 차지하는 비율의 증가는 더욱더 가속화될 것으로 예상된다.

지열 시스템의 초기 투자비가 높은 이유는 타 냉난방 설비에서는 없는 지중열교환기와 이 요소기기의 시공에 따른 설치비 증가 때문이다.
아직 이 부분에 대한 개발이 활성화되어 있지 못하여 비용을 절감할 수 있는 기술의 개발이 이루어지지 못하고 있으나 기술개발을 통해 지열 시스템의 단점인 과다한 초기투자비 부분이 어느 정도 해결되면 민간시장의 보급 활성화가 이루어질 것으로 예상된다.
이와 같이 지열 시스템은 타 신・재생에너지원에 비해 국산화에 의한 저가화 가능성, 저렴한 시스템운영비에 의한 경제적 우월성, 건축물과 조화롭게 적용성이라는 시스템의 장점에 힘입어 타 시스템에 비해 우위성을 가지고 시장에서 필요로 하는 시스템으로 자리매김하고 있다.

▶ 지열발전

최근 에너지 가격이 급등함에 따라 신・재생에너지에 대한 투자와 관심이 어느 때보다 고조되어 있다. 지열 에너지를 활용하는 방법은 매우 다양하지만, 지열발전 분야는 그동안 많은 주목을 받지는 못했다. 따라서 이 분야에 대한 전폭적인 투자와 연구개발이 있어야 하겠다.
미국 등을 중심으로 바이너리 사이클을 적용한 저온 지열발전이 활성화되면서, 국내에서도 지열발전의 가능성이 엿보이고 있다. 이미 지열이용연구회의 용역으로 호서대학교, 한국건설기술연구원 등이 중심이 되어 국내에서의 지열발전 타당성을 조사하고 있다. 여기에 GS건설과 코오롱건설 등 국내 관련기업에서도 자체적으로 지열발전에 대한 적용 타당성 조사를 계획하고 있다.
최근 알라스카의 Chena Hot Springs에서 개최된 학술대회에서는 저온 지열발전의 단가는 전력량(kWh)당 30～50원 정도로 타 열원(태양광, 풍력 등)의 발전 단가보다 매우 낮다고 알려져 있다. 이러한 낮은 발전 단가로 인해 지열발전에 대한 기술력만 확보하면 국내에서의 시장은 폭발적으로 증가할 것으로 예상된다.

다. 장기 시장 전망

▶ 지열 냉난방

지열 냉난방 시스템은 타 신・재생에너지원 중에서 유일하게 냉난방과 관련된 시스템으로 국내 냉난방 시장은 약 13조 원 규모의 거대한 시장을 형성하고 있다. 기존 냉난방 설비는 석유나 가스 등 화석 연료를 사용하여 자원고갈 및 환경 파괴의 주범인 시스템으로 이를 대체할 수 있는 시스템을 필요로 하고 있다. 지열 시스템은 전기 및 지중에너지를 열원으로 사용함으로 기존의 냉난방시스템이 가지고 있는 문제를 해결할 유일한 냉난방시스템이다. 따라서 지열 시스템의 시장은 선택이 아닌 필수적으로 적용해야하는 미래형 에너지원으로 무궁무진한 시장 성장의 전망을 가지고 있다.

에어컨의 실외기와 같이 기존시스템은 건축물의 미려한 외관설계와는 부적합한 면을 가지고 있다. 그러나 지열 시스템은 외부 열교환기가 지중에 매설되고 기계설비는 건축물 안의 기계실에 되므로 건축가가 건축물을 설계할 때 영향을 전혀 미치지 않는다. 따라서 건축가 및 건축주의 입장에서 건물의 미관 및 도시의 미관을 고려할 때 지열 시스템의 도입은 시스템의 설치비용 이상의 무형적인 효과를 얻을 수 있다. 따라서 지열 시스템의 인식만 확산된다면 건축주의 입장에서는 적용할 수밖에 없는 시스템으로 성장 가능성이 매우 높다고 예상된다.

현재 각 지자체는 물론 공공 건축물 시장에서 친환경시스템에 관심을 가지고 이를 적용하려는 움직임이 강하게 나타나고 있다. 신·재생에너지원이 가지고 있는 자연친화적인 친환경에너지원이라는 특징으로 인해 지자체에서는 지자체의 조례를 통해 신·재생에너지원의 도입을 권장하고 이에 대한 지원을 강화하고 있다. 현재 건축물 등에 도입할 수 있는 신·재생에너지원으로 지열, 태양광, 태양열, 연료전지를 들 수 있다. 이 중 태양광은 건축물의 외관을 해칠 수 있고 태양의 방위와 관련되어 한계성을 띄고 있다. 태양열의 경우 태양광이 가지고 있는 단점과 더불어 생산된 에너지의 활용성의 한계에 대한 문제점을 안고 있다. 이에 비해 지열의 경우 활용성, 적용성, 경제성 및 건축물과의 조화성 등 많은 장점을 가지고 있어 지열 시스템의 도입이 지자체의 문제를 해결해 줄 수 있는 최선의 방법임을 고려할 때 지열시장의 확대는 의심할 여지가 없을 것으로 예상된다.

현재 상업용 및 산업시장에서의 활용뿐만 아니라 주거용 냉난방 에너지원으로 지열 시스템의 도입이 구체화되고 있다. 아파트 및 주택단지와 같은 집단 주거시설 그리고 농촌주택이나 전원주택과 같은 독립 주거시설에 대한 지열 시스템의 도입은 현재 우리의 기술수준에서 보았을 때 충분히 가능하다. 다만 전기요금 누진제도와 같은 제도적 보완만 이루어진다면 주거용 시설에 지열 시스템을 도입하는 데 문제가 없는 것으로 판단된다. 주거용 건물의 지열 시스템 도입은 향후 지열 시장의 확대에 많은 역할을 할 것으로 전망된다.

▶ 지열발전

미국 MIT에서 작성한 보고서는 2050년에 미국 전력용량에서 지열이 기저부하의 10%를 담당하는 것으로 예상하고 있다. 즉 태양광이나 풍력처럼 기상조건이나 날씨에 좌우됨이 없이 기존의 화력발전, 수력발전, 원자력발전처럼 기저부하를 담당한다는 사실이 지열발전의 최대 장점이다. 이처럼 신재생에너지 발전에서 가장 독보적 안정성을 확보하고 있는 지열발전의 기술 개발은 국내는 물론 세계의 발전 시장 판도를 바꿀 것으로 기대된다.

현재 세계의 지열발전 현황을 보면 2000년에 7,972.7MWe에서 2005년에는 8,933MWe로 증가하여 세계 모든 발전 용량의 0.2%를 담당하고 있다.
그러므로 지열발전이 기저부하의 10%를 담당하게 되면 현재보다 50배 용량의 지열발전소를 건립해야하며 이는 시장의 폭발적 확장을 의미한다. 국내의 경우 2006년 현재 총 발전용량은 60,000MWe로 지열발전이 10%를 담당하면 이는 6,000MWe에 해당한다. 이는 중형급 지열발전소(10MW급) 600개에 해당되며 이를 2050년까지 완공할 경우 매년 15개의 지열발전소를 세워야한다. 따라서 지열발전에 대한 국내의 장기적 시장 전망은 매우 밝으며 또한 세계 일류 기술 개발로 지열발전 설비를 수출하면 국외 시장에서의 선점권도 확보할 수 있다.

라. 주요 선도 기업 현황

▶ 지열 냉난방

현재 에너지관리공단에 등록된 지열 전문기업은 350개로 지열 설계, 시공 및 장비 생산 업체가 주를 이루고 있다. 전문기업 중 연간 30억 이상의 매출을 올리고 있는 업체는 10여개 내외로 초기 지열시장을 선도해 나아가고 있다. 주요 선도 기업의 현황을 살펴보면 다음과 같다.
코텍엔지니어링은 2002년 설립되었으며, 지열 사업으로 2006년 기준 연간 40억 정도의 매출을 올리고 있다. 연구소의 연구인력 3명을 포함하여 지열 부문 전담인력이 29명이다. 대표적인 설치사례로는 서울시 상암동의 누리꿈스퀘어에 400RT의 시스템을 들 수 있다. 이 업체에서는 특히 대형 프로젝트의 설계와 시공에 관심을 가지고 있으며, 지중 열전도도 측정에 관한 노하우를 보유하고 있다.
한국가스기술공사는 2005년부터 지열사업에 참여하여 2007년 현재 2,458RT의 실적을 올렸으며, 지열사업 담당직원은 본사 2명을 포함 사업장별로 지정되어 26명이 업무를 수행하고 있다. 대표적인 설치사례로는 광주 호남대학교(324RT)와 부여군 아현영농조합(320RT)이 있다. 특히 2007년 4월에 산업자원부로부터 지열설비 A/S 전담기관으로 지정되어 전국 8개 사업장에서 관련 업무를 수행하고 있다.
(주)이앤이시스템은 2004년부터 신・재생에너지 전문기업으로 등록하여 우물 관정형(SCW)과 수직 밀폐형 두 방식을 시공하고 있다. 2006년 설치실적은 507RT이고, 2007년 9월 현재 협약이 체결된 용량은 510RT이며, 한국생명공학연구원 바이오평가센터의 260RT가 대표적인 설치 현장이다.
삼양에코너지는 2003년부터 지열사업을 시작하여 2007년 현재 2,430RT의 총 시공실적을 보유하고 있다. 지열사업에 관련된 인원은 연구전담직원 3명을 포함하여 8명을 보유하고 있으며, 수직 밀폐형 시스템과 지열/수축열 시스템에 주력하고 있다. 대표적인 설치 현장으로는 강화우리마을에 200RT, 천안가스안전공사에 100RT/수축열조 270톤 등이 있다.

(주)티이엔은 1999년에 설립되어 SCW공법을 주 방식으로 지열 냉난방시스템, 지열원식 축열 시스템에 대해 약 4,000RT 규모의 실적을 올리고 있다. 지열사업에 관련된 인원은 5명의 연구 전담인원을 포함하여 25명으로 지열사업에 주력하고 있다.

(주)지오테크는 2002년 지열 전문회사로 출범하여 현재까지 타업종과 겸하지 않고, 지열 사업만 수행하는 업체다. 2007년 매출은 60억 원이며, 지금까지 총 50여 개 현장에, 약 6,000RT의 지열 시스템을 시공하였다. 지열냉난방 시스템의 설계와 시공을 전담하는 인원은 11명이며, 관련 소프트웨어와 장비 등을 갖추고 있다. 또한 2건의 정부 연구개발 과제를 수행하였으며, 현재 1개의 연구개발 과제를 수행하고 있다.

이외에 신성엔지니어링, 코오롱건설, (주)공간코리아 등이 국내의 대표적인 지열관련 기업이라고 할 수 있다.

▶ 지열발전

현재 국내에서는 지열발전 사례가 전혀 없는 관계로 관련 기업 현황을 파악하는 것이 어렵다. 그러나 2008년부터 본격적인 지열발전에 대한 연구가 진행되면 많은 기업이 참여할 것으로 예상된다. 우선 소형용량의 발전 시스템이 개발되면 KC에너지 등 지열자원을 확보하고 있는 기업에서 참여할 것으로 예상되며 중형 및 대형 용량은 투자비가 수백억에서 수천억이 되므로 GS건설이나 코오롱건설 등 많은 대기업에서 적극적인 관심을 보일 것으로 예상된다.

4. 국내 시장에 대한 장기 전망: 설문조사 실시 결과

지열냉난방시스템에 대한 국내기술수준에 관한 설문조사를 실시하며, 국내 시장의 장기전망에 대한 조사도 실시하였다. 해당 항목의 2006년 말의 추정치를 기준으로 제시하고 이에 따라 단기(2012년), 중기(2020년), 장기(2030년) 계획 추진 후의 실적을 예측하였다.

표 3-11과 그림 3-6에 국내 시장에 대한 장기 전망을 업체 수·연구 및 생산 인력·보급량·매출액/수출액으로 구분하여 나타내었다. 설문조사 결과 국내 시장에 대하여 긍정적인 전망을 하고 있는 것으로 나타났다.

표 3-11 국내 지열 시장에 대한 장기 전망

항목	2006년(추정)	2012년	2020년	2030년
업체 수(개)	340	444	635	846
연구인력(인)	50	120	222	387
생산인력(인)	600	1225	2390	4310
보급량(천RT)	19	62	162	438
매출액(억 원)	500	1,736	5,301	11,653
수출액(억 원)	0	152	564	1,451

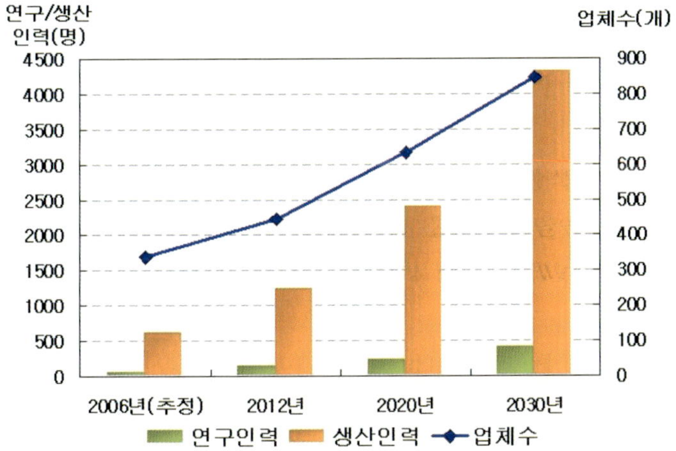

(a) 업체수와 인력에 대한 전망

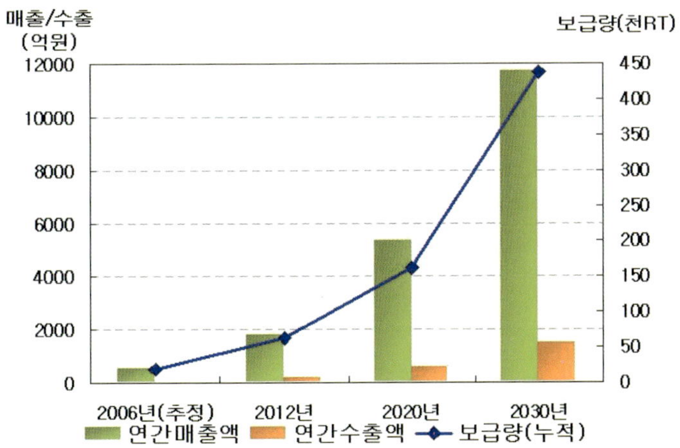

(b) 연간 매출 및 수출, 보급량에 대한 전망

그림 3-6 국내 지열 시장에 대한 장기 전망

업체 수는 장·단기적으로 큰 증가 없이 지속적으로 성장할 것으로 예측하였고, 연구 및 생산 인력은 단기 2012년 사이에 크게 증가하고 장기적으로 꾸준한 성장을 할 것으로 답변하였으며, 이에 따른 고용 창출효과가 크게 나타나는 것으로 예측하였다. 업체 및 인력의 증가에 비해 매출액 부분에서 큰 증가율을 보일 것으로 예측함에 따라 지열냉난방 사업을 하는 각 업체의 매출 규모가 커질 것으로 평가하고 있다.

중장기 계획을 추진하는 데 장애요인에 대한 설문 항목에 대해서는 정부의 지원정책 미흡, 정부의 기술개발 예산 부족, 연구인력 부족, 국내 시장의 협소 등이 지열 냉난방 시스템의 중장기 계획 실천에 걸림돌로 작용할 것이라고 답변하고, 이에 대한 대책이 필요함을 강조하였다.

지열 냉난방 분야의 기술개발과 보급에 대한 건의사항과 의견으로 기초 설계 데이터베이스 확충을 위한 지원, 보급사업 기간 문제와 같은 실효성 있는 제도로의 개선, 가정용 지열 시스템 보급을 늘리기 위한 전기 요금제도의 개선, 연구인력 확충을 위한 지원, 현장 인력 양성을 전담할 수 있는 기관의 설립, 시장의 신뢰성 확보를 위한 지원 등 다양한 의견들을 건의하였다.

IV

해외 주요 국가의 기술 및 시장 동향 분석

최근의 연구에 따르면, 에너지로 사용할 수 있는 세계의 지하 열자원 부존량은 연간 약 189EJ을 생산할 수 있는 양이며, 이는 세계 연간 1차 에너지 소비량의 절반가량을 공급할 수 있는 양이다. 이에 반해 2004년 말까지의 생산량은 추정된 공급 가능량의 약 1%에 불과한 실정이다. 물론 아직도 수력을 제외한 기타 재생에너지에 의한 생산량의 70%를 지열 에너지가 차지하고 있으며, 전 세계의 지열발전 설비는 2005년 현재 약 8,900MWe에 이르며 지열 열펌프 등을 이용하는 직접 이용량은 2000년에 비해 거의 두 배 증가한 것으로 조사되었다. 이러한 증가는 지열 열펌프의 폭발적인 보급 확대에 의한 것이며 미국과 서유럽 국가들이 증가를 주도하고 있다.

표 4-1 활용 방식별 전 세계 지열 에너지 직접 이용 현황(1995~2005)

	시설용량(capacity), MWt			이용량(utilization), TJ/year			가동률 (capacity factor)		
	2005	2000	1995	2005	2000	1995	2005	2000	1995
지열 열펌프 Geothermal heat pumps	15,384	5,275	1,854	87,503	23,275	14,617	0.18	0.14	0.25
지역난방 Space heating	4,366	3,263	2,579	55,256	42,926	38,230	0.40	0.42	0.47
온실난방 Greenhouse heating	1,404	1,246	1,085	20,661	17,864	15,742	0.47	0.45	0.46
양식업 Aquaculture	616	605	1,097	10,976	11,733	13,493	0.57	0.61	0.39
농산물 건조 Agricultural drying	157	74	67	2,013	1,038	1,124	0.41	0.44	0.53
산업 이용 Industrial uses	484	474	544	10,868	10,220	10,120	0.71	0.68	0.59
온천 및 수영 Bathing and swimming	5,401	3,957	1,085	83,018	79,546	15,742	0.49	0.64	0.46
제설 Snow melting	371	114	115	2,032	1,063	1,124	0.18	0.30	0.31
기타 Others	86	137	238	1,045	3,034	2,249	0.39	0.70	0.30
합계	**28,269**	**15,145**	**8,664**	**273,372**	**190,699**	**112,441**	**0.31 (평균)**	**0.40 (평균)**	**0.41 (평균)**

Lund와 Freeston(2005)은 2005년까지 각 나라별 지열 에너지 이용 현황을 시설용량(MWt), 이용량(TJ/year 또는 GWh/year), 시설 가동률(capacity factor)로 구분하여 발표하였다. 이들의 조사에는 지열발전과 지열 열펌프 시스템 등을 포함하여 각국의 지하 열자원 이용 현황 등이 포함되어 있다. 이 조사결과에 따르면 전 세계 지열 에너지 이용을 주도하는 나라는 역시 미국이며, 이어서 중국, 스웨덴, 아이슬란드, 터키 등이 그 뒤를 따르고 있다.

표 4-1과 그림 4-1은 1995년부터 2005년까지 5년 단위로 적용 분야별 전 세계 지열 에너지 누적 이용현황(시설용량, 이용량 및 가동률 등)을 나타낸 것이다. 표에서 보듯이, 2005년도의 지열 에너지 시설용량은 28,269MWt로 2000년도의 데이터와 비교하였을 때 거의 두 배 증가하였다. 또한, 매년 약 12% 이상의 증가율을 보인 것으로 조사되었다.

이용량 면에서 보면, 2005년에 273,372TJ/year로서 2000년 대비 약 43%(연간 7.5%)의 증가율을 보였는데, 시설용량에 비해 이용량의 증가율이 상대적으로 작은 것은 지열 에너지의 활용에 있어 혹서기 혹한기에 주로 사용하는 지열 열펌프 시스템이 가장 큰 부분을 차지하고 있기 때문이다. 지열 열펌프 시스템의 증가는 주로 미국과 서유럽 국가들이 주도하고 있는데 미국은 주로 냉방용으로 열펌프 시스템을 활용하고 있다. 냉방 가동 시간은 연간 1,000시간 정도이고, 따라서 가동률(연간 가동시간/8,760시간)이 0.11에 불과하기 때문에 전체적인 이용량을 줄이는 요인이 된다.

또한 표 4-1과 그림 4-1에서 보듯이, 지난 5년간 지열 에너지의 이용 증가를 주도적으로 이

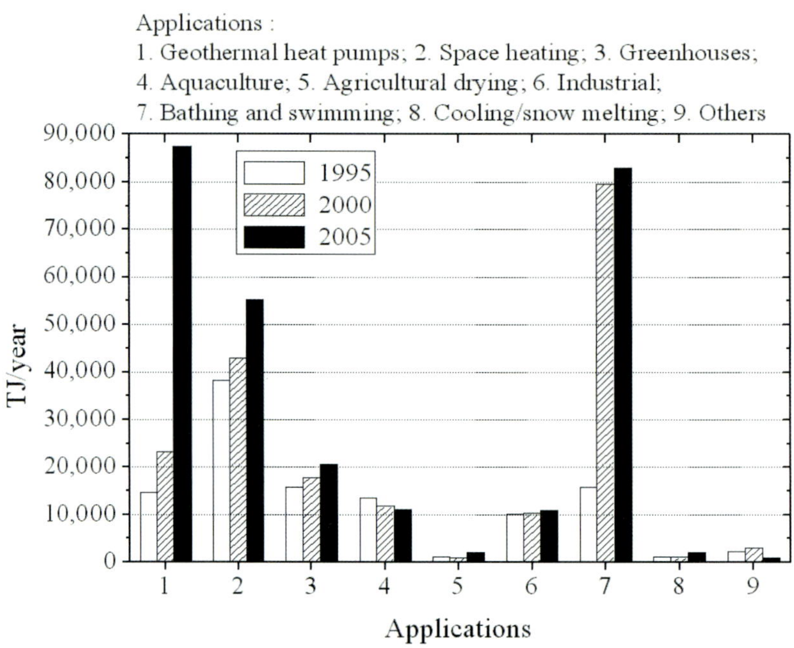

그림 4-1 활용 방식별 전 세계 지열 에너지 연간 이용량(1995~2005)

끈 분야는 역시 지열 열펌프 시스템이다. 지열 열펌프 시스템의 설치 건수는 2000년과 비교했을 때 세배 이상 증가하였으며, 전체 지열 에너지 직접 이용 시설용량 중 54.4%(15,384MWt)를 그리고 이용량 중 32%(87,503TJ/year)를 지열 열펌프 시스템이 담당하였다.

이러한 증가는 앞에서도 기술한 바와 같이, 고온의 지열수 또는 유체를 필요로 하는 기타 분야에 비해, 지열 열펌프 시스템은 연중 일정한 지중 온도만을 활용하기 때문에 지역적인 제한을 받지 않는 장점을 갖고 있기 때문이다. 여기에 덧붙여 지하수가 풍부한 지역에서 활용할 수 있는 개방형 지하수이용 열펌프 시스템의 보급 증가도 원인으로 작용한 것으로 판단된다.

2005년도 기준, 전 세계 지열 열펌프 시스템 보급대수는 12kW급 열펌프 유닛으로 환산하였을 때, 약 130만 대로 추정되며, 지난 5년간 매년 10% 이상의 증가율을 보인 것으로 조사되었다(2000년까지는 약 52만 대 설치). 특히, 미국, 서유럽(오스트리아, 스위스, 스웨덴 등), 터키, 중국 등이 전 세계 지열 열펌프 시스템의 보급을 주도하고 있다.

표 4-2는 연간 이용량, 시설용량, 국토면적대비 이용량 및 시설용량, 인구대비 이용량과 시설용량, 지난 5년간(2000∼2005년) 이용량과 시설용량 증가율에 대하여 상위 5개 나라를 정리한 것이다. 시설용량 면에서는 역시 지하 열자원이 풍부한 미국이 단연 1위이며, 스웨덴이 2위, 다음으로 중국, 아이슬란드, 터키 순이다. 우리나라와 비교하기 위해서는 고온의 지열자원이 풍부한 미국, 아이슬란드, 터키보다 중국이나 스웨덴 등을 살펴봄이 타당할 것으로 판단된다.

표 4-2 항목별 지열 에너지 직접 이용 순위(2005년 기준)

순위	이용량 (TJ/year)	시설용량 (MWt)	면적대비 이용량	인구대비 이용량	면적대비 시설용량	인구대비 시설용량	지난 5년간 이용량 증가율	지난 5년간 시설용량 증가율
1	중국 (45,373)	미국 (7,817)	아이슬란드	아이슬란드	아이슬란드	아이슬란드	노르웨이	노르웨이
2	스웨덴 (36,000)	스웨덴 (3,840)	이스라엘	스웨덴	스위스	스웨덴	덴마크	덴마크
3	미국 (31,239)	중국 (3,687)	스위스	뉴질랜드	스웨덴	노르웨이	칠레	네덜란드
4	터키 (24,840)	아이슬란드 (1,844)	덴마크	그루지야	덴마크	스위스	네덜란드	칠레
5	아이슬란드 (24,500)	터키 (1,495)	그루지야	덴마크	헝가리	헝가리	포르투갈	벨기에/체코

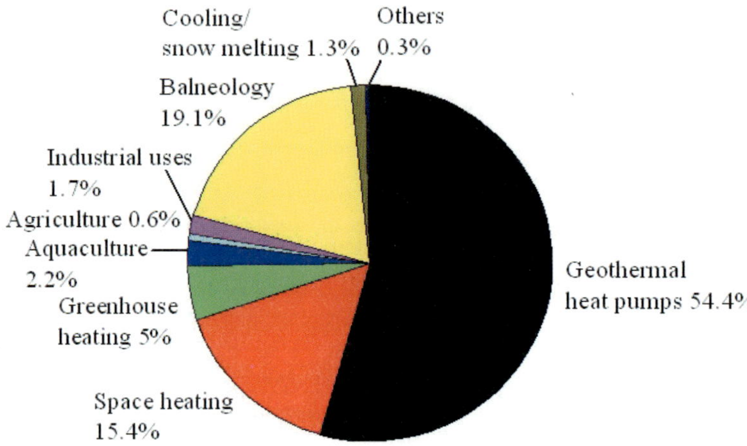

(a) 시설용량

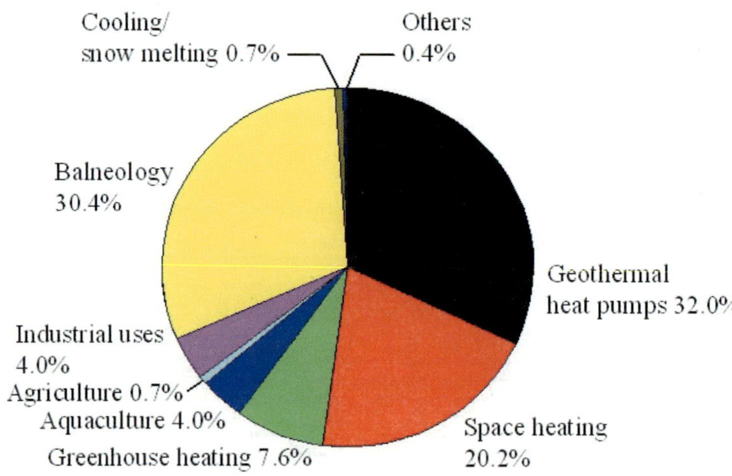

(b) 이용량

그림 4-2 전 세계 지열 에너지 직접 이용에서 각 분야의 비율(2005년 기준)

이용량 면에서 제일 앞서고 있는 중국은 텐진·샨시·헤베이 및 베이징 부근 지역에서의 지역난방(6,391TJ/year), 온천(25,095TJ/year), 지열 열펌프 시스템(6,569TJ/year)에 지하 열자원을 적극적으로 활용하고 있는 지열 에너지 직접 이용 선진국이라고 할 수 있다.

특히, 2008년에 개최되는 베이징 올림픽을 Green Olympic이라는 구호 아래 지열 열펌프 시스템 보급에 주력하고 있는 것으로 조사되었다.

참고로, 그림 4-2는 전 세계 지열 에너지 직접 이용에서 각 적용분야가 차지하는 비율을 나타낸 것이다.

각 나라별로 지리적 또는 지질학적 상황이 모두 다르기 때문에 단순히 전체 이용량만으로 그 나라의 기술 수준을 판단하는 것은 무리가 따른다. 이러한 이유에서 표 4-2에 나타낸 것처럼, 면적대비 및 인구대비 지열 에너지 직접 이용량과 시설용량의 순위를 정하였다. 면적대비 이용량에서 1위인 아이슬란드는 국토 자체가 대서양 판이 갈라지는 곳에 있기 때문에 지하 열자원이 풍부하며, 아울러 국가 전체 난방의 87%를 지열로 공급하고 있다. 또한 이스라엘이나 스웨덴 등은 주로 심부 시추공을 이용한 지역난방, 온천 및 농업, 양식업 등에 지열 에너지를 활용하고 있다. 즉, 각 나라별로 자국의 지질 조건에 적합한 활용분야를 개발하는 데 주력하고 있음을 확인할 수 있다.

미국은 지열 열펌프 시스템을 포함하여 전 세계 지열 에너지 직접 이용을 주도하고 있는 나라로서, 2005년 기준, 전체 직접 이용 시설용량은 7,817MWt, 이용량은 31,239TJ/year(8,678GWh)이다. 이중에서 지열 열펌프 시스템이 용량 면에서는 92%(7,200MWt), 이용량 면에서는 71%(22,214TJ/year)를 차지하고 있어 미국에서 지열 에너지의 직접 이용은 지열 열펌프 시스템이라고 해도 과언은 아니다. 2005년 기준, 12kW급 열펌프 유닛으로 환산했을 때, 약 60만 대 이상이 설치되어 지난 5년간 매년 11%의 증가율을 보였다. 일반가정, 중대규모의 공공건물 및 사무실 건물, 학교, 복지시설, 교정시설(교도소 등) 등에 지열 시스템을 주로 설치하였다. 지역별 보급을 보면 북서부 지방에 13%, 중서부 45%, 남부 36%, 서부 8%로 난방보다는 주로 냉방(연간 1,000시간 정도)에 활용되기 때문에 가동률이 서유럽에 비해 상대적으로 낮은 것으로 조사되었다. 15개 정도의 열펌프 제조사와 500여 개의 시공업체가 보급을 주도하고 있으며, 미국 전체 냉난방 에너지 중 지열 열펌프시스템이 약 1.8%를 점유하고 있었다.

표 4-3 유럽 주요 국가에서 지열 직접 이용과 지열 열펌프 시스템 현황(2005년 기준)

	지열 에너지 직접 이용 총 시설 용량(MWt)	지열 열펌프 시스템 시설용량 (MWt)	총 용량 중 지열 열펌프 시스템의 비율(%)	총 지열 에너지 직접 이용량 (TJ/year)	지열 열펌프 시스템 이용량 (TJ/year)	총 이용량 중 지열 열펌프 시스템의 비율(%)	설치 대수 (12kW급 열펌프로 환산)
오스트리아	352.0	300	85.2	2,229.9	1,450	65.0	25,000
핀란드	260.6	260	99.8	1,950.0	1,950	100.0	40,000
독일	504.6	400	79.3	2,909.8	2,200	75.6	30,000
노르웨이	600.0	600	100.0	3,085.0	3,085	100.0	14,000
스웨덴	3,840.0	3,300	85.9	36,000.0	28,440	79.0	275,000
스위스	584.7	525.4	89.9	4,229.3	2,854	67.5	35,000

표 4-3은 유럽 주요 국가의 지열 에너지 직접 이용량 및 시설용량 그리고 이중에서 지열 열펌프 시스템이 차지하는 비율 등을 정리한 것이다. 유럽에서 아이슬란드, 스웨덴, 스위스, 노르웨이, 덴마크, 독일 등이 지열 에너지 직접 이용(지열 열펌프, 지역난방, 온실난방 등)을 주도하고 있다. 2005년 기준, 약 43만 대의 지열 열펌프시스템이 유럽 전 지역에 보급되었으며, 스웨덴, 스위스, 오스트리아, 독일, 핀란드 등에서는 지열 에너지 직접 이용 방식 중 지열 열펌프 시스템이 독점하고 있다. 또한, 주로 서북부 유럽에 많이 보급되어 있어 연간 가동시간이 2000～6000시간(가동률 0.23～0.68)에 이른다. 특히, 스위스는 면적대비 지열 열펌프 설치 건수로는 세계 1위로 2km^{2}당 1대 이상의 지열 열펌프 시스템이 설치되어 있을 정도다.

현재의 기술로 지열발전이 가능한 규모는 72,500MWe이고 EGS 기술을 포함하면 137,100MWe 규모로 추정된다[ABS Energy Research(2007)]. 현재 전 세계에서 약 24개국이 지열발전을 통해 전기를 공급하고 있으며, 미국 · 필리핀 · 멕시코 · 이탈리아 · 인도네시아 · 일본 등이 이 분야를 주도하고 있다. 최근 들어 멕시코와 인도네시아의 성장세가 두드러진 것을 확인할 수 있으며, 여기에 새롭게 지열발전을 시작한 나라로 에티오피아(1998) · 과테말라(1998) · 호주(2001), 니카라과 등을 꼽을 수 있다.

지열발전 플랜트의 크기는 국가별 또는 각 지역별 지하 열자원 분포 특성과 발전 요구량에 따라 100kW급에서 크게는 100MW급의 용량을 보인다. 지열발전 플랜트의 시설용량 면에서 위에서 언급한 여섯 나라가 전 세계 지열발전의 86%를 차지한다.

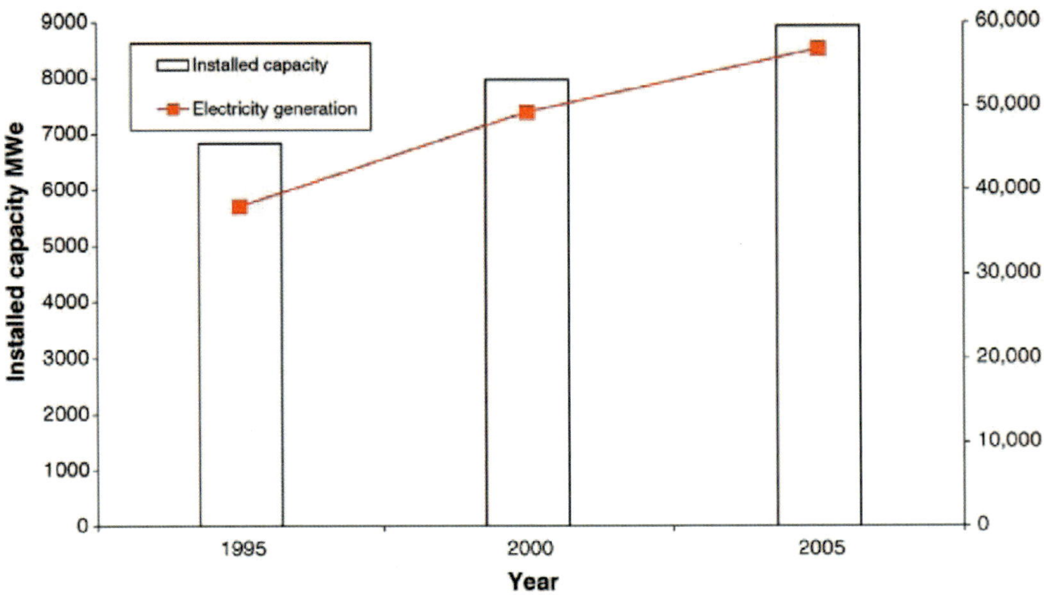

그림 4-3 지열발전 플랜트의 용량과 연간 전기 생산량 변화(1995～2005)

전체 지열발전 용량은 2000년 7,972MWe에서 2005년 8,933MWe로 증가하였으며, 이 기간 동안 연평균 2.3%의 성장세를 보였다. 이는 이전 5년(1996～2000년) 동안의 연평균 성장세인 3.25%와 비교했을 때 다소 줄어든 수치지만, 해마다 꾸준한 성장세를 보이고 있다. 아울러 2005년도의 시설용량은 전 세계 총 발전시설 용량의 0.2%를 차지하는 용량이다. 그림 4-3은 1995년부터 2005년까지 전 세계 지열발전 플랜트의 용량과 연간 전기 생산량(GWh/y) 변화를 나타낸 것이며, 표 4-4는 주요 국가의 지열발전 용량 변화를 정리한 것이다[Bertani(2005)].

표 4-5는 전 세계적으로 2005년 초까지 건설된 지열발전 플랜트를 방식별로 구분하여 정리한 것이다. 표에서 보듯이, 490기의 지열발전 플랜트가 건설되었으며, 총 설비용량(installed capacity)은 8,933MWe다. 용량 면에서 보면, 1단 플래시증기(single flash steam) 방식[3,294MWe(37%)]과 2단 플래시증기(double flash steam) 방식[2,2936MWe(26%)]이 단연 지열발전의 대세라

표 4-4 주요 국가별 지열발전 용량 변화(1995～2005)[Bertani(2005)]

Country	1995 (MW_e)	2000 (MW_e)	Early 2005 (MW_e)	2000–2005 Increase (MW_e)	Percent increase
Australia	0.2	0.2	0.2	0	Unchanged
Austria	0	0	1.2	1.2	New plant
China	29	29	28	−1	Unchanged
Costa Rica[a]	55	143	163	20	14%
El Salvador[b]	105	161	151	−10	−6%
Ethiopia	0	7.3	7.3	0	Unchanged
France[c]	4.2	4.2	15	10.8	250%
Germany	0	0	0.2	0.2	New plant
Guatemala	0	33	33	0	Unchanged
Iceland[d]	50	170	202	32	19%
Indonesia[e]	310	589	797	208	35%
Italy[f]	632	785	791	6	1%
Japan	414	547	535	−12	−2%
Kenya[g]	45	45	129	84	186%
Mexico[h]	753	755	953	198	26%
New Zealand	286	437	435	−2	Unchanged
Nicaragua[i]	70	70	77	7	11%
Papua New Guinea[j]	0	0	6	6	New plant
Philippines[k]	1227	1909	1930	21	1%
Portugal	5	16	16	0	Unchanged
Russia[l]	11	23	79	56	243%
Thailand	0.3	0.3	0.3	0	Unchanged
Turkey	20	20	20	0	Unchanged
USA[m]	2817	2228	2564	336	15%
Total	6833	7972	8933	961	13%

표 4-5 발전 방식별 전 세계 지열발전 플랜트 현황(2005년 초)

Plant type	Installed capacity (MW_e)	Percent	Installed capacity (number of units)	Percent
Dry steam	2545	28	58	12
Single-flash	3294	37	128	26
Double-flash	2293	26	67	14
Binary/combined cycle/hybrid	682	8	208	42
Back-pressure	119	1	29	6
Total	8933	100	490	100

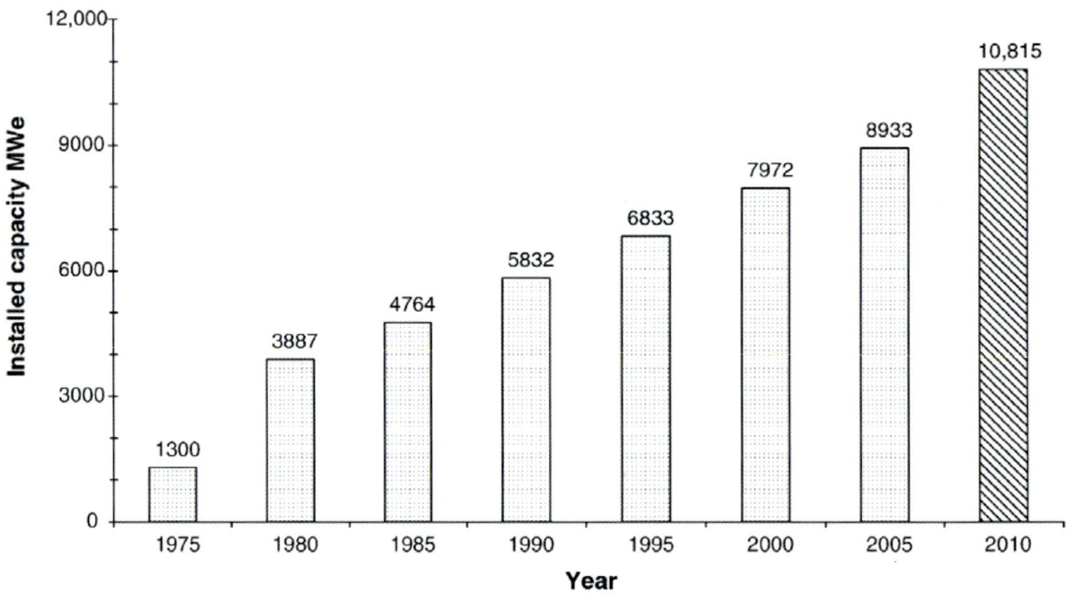

그림 4-4 2010년까지 전 세계 지열발전 플랜트 용량 예측[Bertani(2005)]

고 할 수 있다. 뒤를 이어 건조증기 28%(2,545MWe), 바이너리 8%(682MWe), 역압(back pressure) 방식이 1%(119MWe)의 점유율을 보이고 있다. 바이너리 방식은 용량 면에서는 그 비율이 낮았지만, 전체 490기의 플랜트 중 208기(42%)를 차지하고 있어 플랜트의 수만 보면 타 방식[1단 플래시증기 128기(26%), 2단 플래시증기 67기(14%), 건조증기 58기(12%), 역압방식 29기(6%)]보다 우세하였다. 그림 4-4는 향후 2010년까지 전 세계에서 건설될 지열발전 플랜트의 용량을 예측한 결과다. 그림에서 보듯이, 지열발전 플랜트의 용량은 지속적으로 증가할 것으로 전망하고 있다.

1. 미주

가. 미국

1) 기술수준 및 R&D 동향

① 지열 냉난방

미국은 세계의 지열 산업을 주도하는 기술 선진국이다. 이는 지열 에너지의 연간 이용량, 지열 냉난방 시스템 및 지열발전 설비의 설치 용량, 연구개발 투자 및 연구 인프라 구축 등 전 분야에 대한 통계자료에서도 확인할 수 있다.

미국에서는 방대한 국토 면적에 걸맞게 다양한 종류의 지열 열펌프 시스템이 시공되고 있다. 이러한 경험을 바탕으로 지열 분야와 관련된 거의 모든 기술 분야에서 최고 수준을 자랑하고 있다. 이는 현재 미국을 제외한 다른 국가들이 미국과의 기술수준 격차를 줄이기 위해 많은 노력을 기울이고 있다는 점에서도 알 수 있다.

미국의 에너지부(DOE)와 환경보호청(EPA) 등이 주축이 되고 지열 열펌프 제조사와 대학이 참여하고 있는 지열 열펌프 컨소시엄(GHPC : Geo-Thermal Heat Pump Consortium)은 미국 내 지열 시스템의 보급을 위해 다양한 노력을 펼치고 있다. 이와 함께 국제지열 열펌프협회(IGSHPA : Inter-national Ground Source Heat Pump Association)와 미국냉동공조학회(ASHRAE : American Society of Heating, Refrigerating and Air-conditioning Engineers) 등은 지열 시스템에 대한 새로운 연구결과를 보급하고 있다.

지열 열펌프 시스템을 포함하여 지열에너지를 활용하는 기술은 기존 시스템보다 초기 투자비가 많이 든다. 이러한 현상은 이 분야의 기술 선진국인 미국에서도 유사하게 나타난다. 따라서 위에서 언급한 기관들이나 기타 관련 기관, 대학 그리고 정부 연구소들이 초기 투자비를 줄이기 위한 연구에 많은 노력을 기울이고 있다. 아울러 이러한 연구결과의 적용 가능성을 검증한 후, 성능과 기능이 향상된 지열 열펌프, 지중열교환기 최적설계 기법, 지열 시스템의 건물 통합 기술(building integrated technology) 및 제어기술, 하이브리드 시스템 기술, 기타 응용분야 기술, 지열자원 활용기술 등을 적극적으로 전파하고 있다.

미국이나 유럽의 지열이용 선진국은 지중 열자원을 효과적으로 활용하기 위해 토양 열물성치 등을 비롯하여 각종 데이터베이스를 구축하는 데 많은 연구비를 투자하고 있다. 아울러 지중열교환기의 최적화와 활용 기술, 지열 열펌프 시스템의 효율과 성능저하 예측 기술, 장기간에 걸친 성능측정 기법, 시스템 경제성 분석도구 개발 등에 산・학・연이 연계하여 기초연구와 응용연구를 활발하게 진행하고 있다.

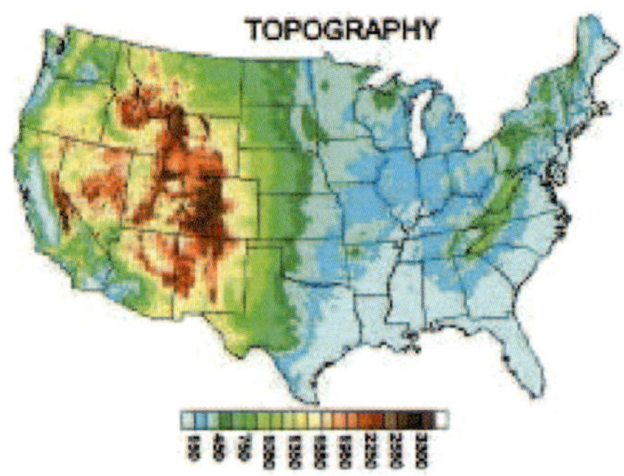

그림 4-5 미국의 지형 고도밀도 분포도

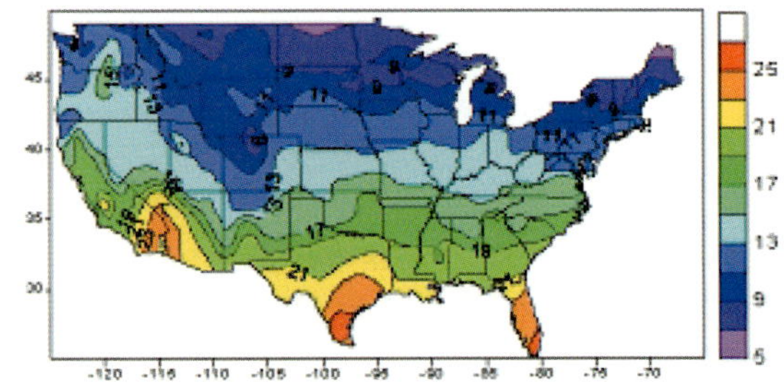

그림 4-6 미국의 지표면 온도

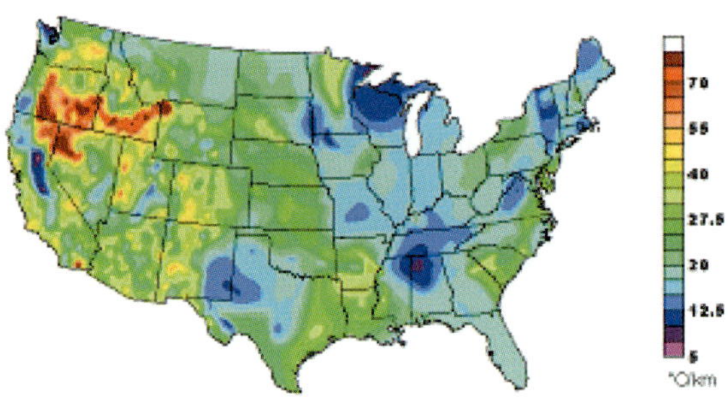

그림 4-7 미국의 지온경사 분포도

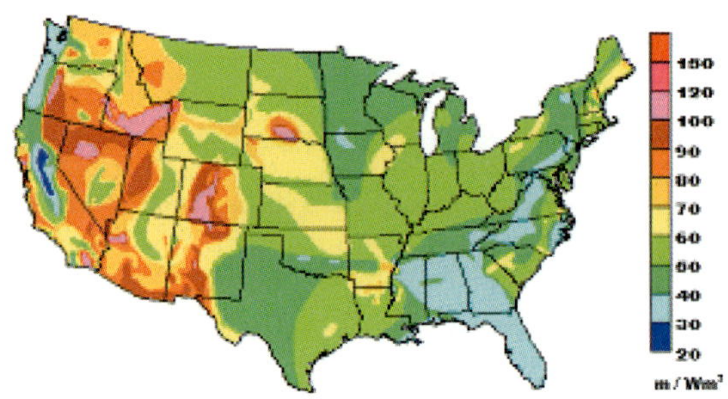

그림 4-8 미국의 지열류량 분포도

앞서도 언급하였듯이, 미국은 이미 자국 내 지중온도 및 지표면 온도 분포도를 비롯하여 토양과 암반 등 지중 구성물질의 열물성(열전도도, 열확산계수, 밀도 등), 지온경사 분포도 및 지열류량 분포도 등에 관한 전국적 규모의 데이터베이스를 구축하고, 이 데이터를 관련 기업과 학교 등에 제공하고 있다(그림 4-5~4-9). 아울러 이러한 분포도들은 GIS프로그램을 통해 수치화되어 있으며 여러 종류의 소프트웨어와 호환이 가능하여, 지중 열자원을 이용하려는 지역의 모든 정보를 사용자가 쉽게 얻을 수 있는 것이 큰 특징이다. 한편 미국의 NGDC(National Geophysical Data Center)는 지구물리학과 관련된 거의 모든 자료를 데이터베이스로 구축하고, 전 지구적 특성을 인터넷을 통해 제공하고 있다(그림 4-10).

이렇듯, 온도별, 심도별 그리고 지질 특성에 따라 지중 열자원을 활용하는 방법이 다르기 때문에, 외국의 설계 기준을 그대로 따르는 현재의 기술로는 국내 자원의 효과적 활용이 힘들다. 따라서 우리나라 지중 특성에 맞는 새로운 시스템을 구축하는 데 많은 연구개발 투자가 있어야 한다.

미국에서 지열 냉난방 시스템에 대한 연구는 앞서도 언급하였듯이, 초기 투자비 절감기술 개발, 친환경 냉매를 이용하는 열펌프 개발, 지중열교환기의 최적성능 확보 기술 개발, 지

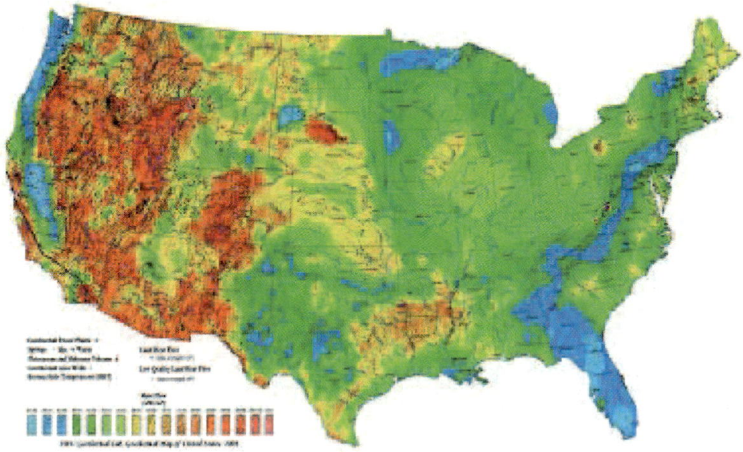

그림 4-9 미국 DOE에서 작성한 지열류량 분포도(2004년)

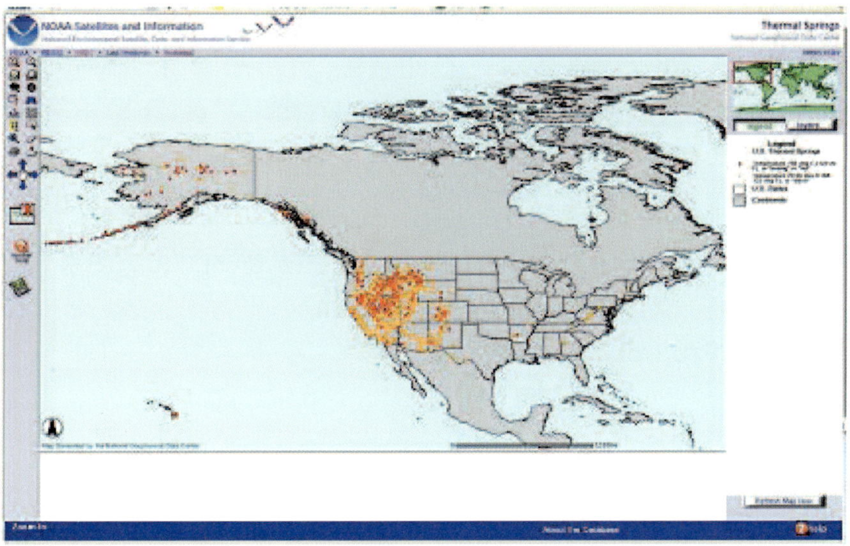

그림 4-10 미국 내 지질학적 정보 제공 웹 사이트

중 열자원 이용 확대 기술 개발 등을 들 수 있다. 이러한 연구개발의 배경에는 환경문제 해결(environmental concerns), 전력문제 해결(electric power grid reliability), 실내 환경 개선(indoor environmental quality) 등이 있다. 이러한 배경에 따라 지열 시스템과 시스템을 구성하는 각 요소에 대한 기술개발은 물론, 지열 시스템을 대상 건물에 연계하는 기술을 개발하고 있다.

또한 지중열교환기의 성능을 향상시키기 위해 그라우팅 재료에 대한 연구도 활발하며, 다양한 종류의 지중열교환기에 대한 성능 분석과 시뮬레이션에 대한 연구도 관련 대학과 연구소 등에서 수행하였다. 지중 열자원을 다양한 곳에 이용하기 위한 연구도 왕성하게 진행되고 있다. 건물 냉난방에 지중 열자원을 활용하는 것은 물론, 농업과 어업 분야에서도 지열 에너지를 적극 활용하고 있으며, 겨울철 눈이 많은 지방에서는 도로 융설(snow melting)에 대한 연구도 활발하다.

② 지열발전

지열발전 분야에서 미국은 세계 최고 수준의 기술력을 보유하고 있다. 세계적으로 가장 많은 지열발전량을 나타내고 있고, EGS 기술 분야에서도 유럽과 더불어 기술을 선도하고 있는 나라다.

현재 미국에서는 The Geysers에서 얻은 경험을 바탕으로 물(water)의 재주입(reinjection)이 저류층의 압력을 유지하기 위해 필요하다는 인식하에 최적의 물 재주입 방법을 연구하고 있다. 이는 The Geysers 지열지대가 1988년 2,000MW로 최대 발전량에 도달한 이래 압력과 생산량이 점차 감소하는 추세를 보이고 있기 때문이다.

또 다른 연구 축은 지열발전에서 실제 전기를 생산하는 데 핵심요소라고 할 수 있는 터빈과 관련된 것이다. 이 터빈의 효율을 높이고, 오래된 지열발전소와 효율이 낮은 시설을 대상으로 효율을 높이기 위한 연구가 다양하게 시도되고 있다. 기존의 지열발전 방법에 대한 연구와 더불어 EGS를 위한 연구도 Fenton Hill 프로젝트를 시작으로 진행 중이다.

2) 주요 기술개발 Project

① 지열 냉난방

국외, 특히 미국을 포함한 유럽의 선진국은 지중 열해석 능력 및 토양 열물성치에 관한 자료를 구축하는 데 많은 연구비를 투자하고 있다. 또한 지중 열교환기 최적화 및 활용 기술, 지열원 열펌프 시스템의 효율과 성능저하 예측 기술, 장기간에 걸친 성능측정 기법, 시스템 경제성 분석도구 개발 등에 산 · 학 · 연이 연계하여 기초연구와 응용연구를 활발하게 진행하고 있다.

미국에서 진행되었거나 진행되고 있는 지열관련 주요 연구 프로그램을 정리하면 다음과 같다.

- Earth loop installation with sonic drilling
- Bottom member and heat loops

- Earth heat exchange system
- Methods and compositions for grouting heat exchange pipe
- Air conditioning system utilizing earth cooling
- Methods and compositions for grouting heat exchange pipe
- Heating, cooling and de-humidification system for buildings
- Borehole drilling device
- Water-based hot water heat pump
- System and method for the recovery of waste heat from pipelines
- Biothermal and geothermal heat exchange apparatus for a ground source heat pump
- Refrigerant charge control system for heat pump
- Direct expansion ground source heat pump
- In-ground conduit system for geothermal applications
- Subterranean heat exchange units comprising multiple secondary conduits and multi-tiered inlet and outlet manifolds
- Ground source heat pump system comprising modular subterranean heat exchange units with multiple parallel secondary conduits
- Multi-function self-contained heat pump system with microprocessor control
- Ground source heat pump system comprising modular subterranean heat exchange units with multiple parallel secondary conduits
- Ground source heat pump system comprising modular subterranean heat exchange units with concentric conduits
- Closed loop ground source pressurized system for a heat pump
- Modular tube bundle heat exchanger and geothermal heat pump system
- Heat pump having an accumulator with refrigerant level sensor
- Ground source air conditioning system comprising a conduit array for de-icing a nearby surface

미국의 대표적인 연구개발 프로젝트를 조사하고 그 결과를 정리하는 것은 지열에너지의 연구 분야와 활용범위만큼이나 다양하고 그 데이터가 방대하여 어려움이 따른다. 따라서 현재 세계적으로 이용되고 있는 연구 결과만을 선택하여 정리하였다.

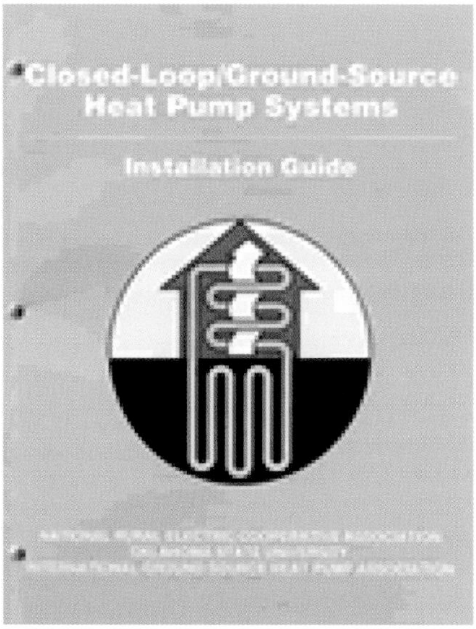

그림 4-11 밀폐형 지열 열펌프 시스템 시공 가이드

그림 4-12 밀폐형 지열 열펌프 시스템 설계 및 시공 기준

그림 4-11에서 그림 4-16은 IGSHPA에서 발행한 각종 시공기준 및 매뉴얼 등의 표지이다. 그림 4-11은 지열 열펌프 시스템의 주류라고 할 수 있는 수직 밀폐형 지열 열펌프 시스템의 시공 가이드이며, 그림 4-12는 밀폐형 지열 열펌프 시스템의 설계 및 시공기준이다. 또한 그림 4-13은 수평형 열교환기의 하나인 슬린키(slinky) 방식 열교환기의 시공 지침이며, 그림 4-14는 토양열원 열펌프 시스템 설계 시 필요한 각종 토양 및 암석에 관한 데이터를 정리한 매뉴얼이다. 마지막으로 그림 4-15와 그림 4-16은 밀폐 수직형 지중열교환기의 보어홀 그라우팅과 관련된 절차와 시공기준 등을 다루고 있다.

이러한 기준에는 미국 정부나 관련 학회로부터 연구비를 지원받아 수행한 결과들이 수록되어 있으며, 최신 기술이 등장할 때마다 그 내용을 개정하여 보급하고 있다. 아울러 이 기준들은 거의 모든 나라에서 활용할 정도로, 지열 분야의 대표적인 참고도서라고 할 수 있다.

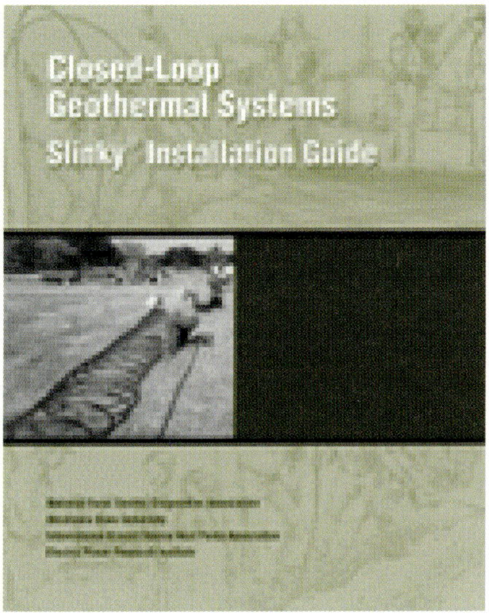

그림 4-13 밀폐형 슬린키 지중열교환기 시공 가이드

그림 4-14 토양열원 열펌프 시스템 설계를 위한 토양 및 암석의 분류

그림 4-15 수직 밀폐형 지중열교환기의 그라우팅 매뉴얼

그림 4-16 그라우팅 절차 및 시공기준

그림 4-17과 그림 4-18은 미국에서 개발된 지열 열펌프 시스템 설계 프로그램을 나타낸 것이다. 그림 4-17은 수직 밀폐형 토양열원 열펌프 시스템을 설계할 수 있는 프로그램으로 IGSHPA가 판매하고 있다.

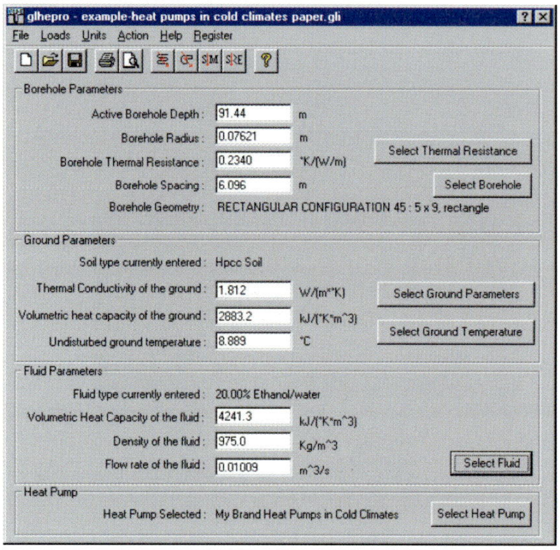

(a) GLHEPro 메인 화면

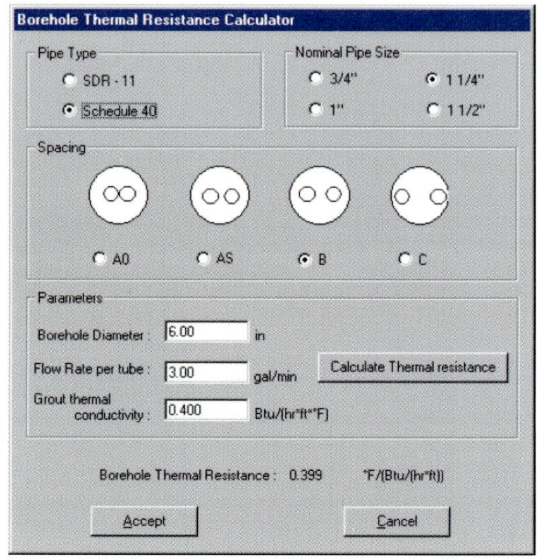

(b) 보어홀 열저항 계산 화면

그림 4-17 지열 열펌프 시스템 설계 프로그램 : GLHEPro

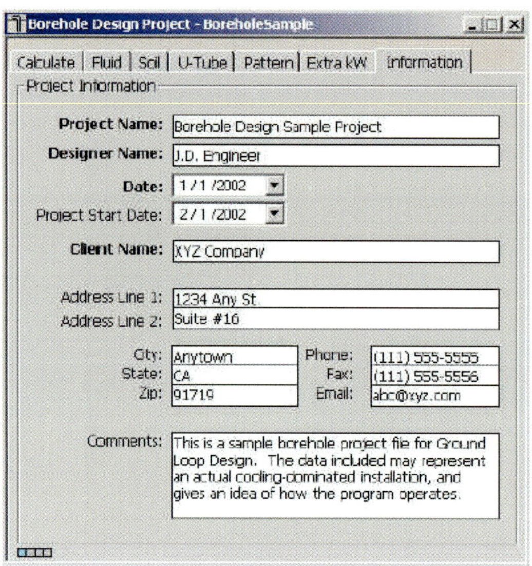

(a) GLD 메인 화면

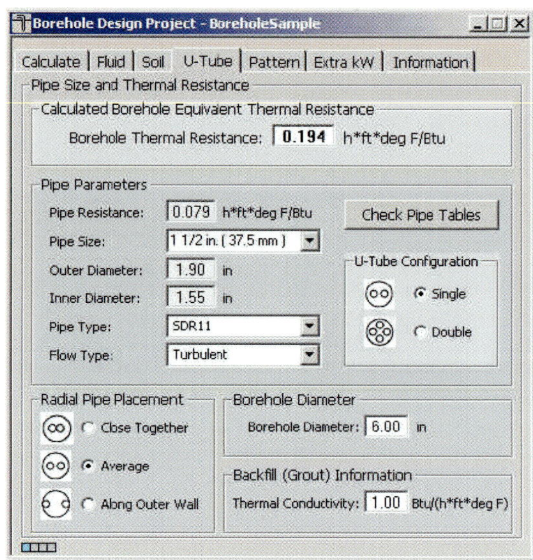

(b) 지중열교환기 설계 화면

그림 4-18 지열 열펌프 시스템 설계 프로그램 : GLD

반면, 그림 4-18은 수직 밀폐형 시스템을 포함하여 수평형과 지표수 이용 시스템을 설계할 수 있는 프로그램으로 Geo-clip사가 판매하고 있다.

이외에도 알라바마주립대학교의 Kavanaugh가 개발한 GchpCalc도 있으며, 이러한 프로그램들은 거의 모든 국가에서 설계용 도구로 사용되고 있다. 표 4-6은 미국에서 개발된 지열 열펌프 시스템 설계 프로그램과 공급자를 정리한 것이다. 이 표에는 스웨덴에서 개발된 프로그램(EED, Lund Programs)과 캐나다에서 개발된 프로그램(GS2000)도 포함되어 있다.

표 4-6 미국에서 개발된 지열 열펌프 시스템 설계 프로그램

Software Product	Vendor
CLGS	Intl. Ground-Source Heat Pump Assoc., Stillwater, OK, USA
ECA	Elite Software, Inc., Bryan, TX, USA
Earth Energy Designer (EED)	University of Lund, Sweden
GEOCALC	Ferris State University, Big Rapids, MI, USA
GeoDesigner	ClimateMaster, Oklahoma City, OK, USA
GchpCalc	Energy Information Services, Tuscaloosa, AL, USA
GL-Source	Kansas Electric Utility, Topeka, KS, USA
GLHEPRO	Intl. Ground-Source Heat Pump Assoc., Stillwater, OK, USA
Ground Loop Design	GBT, Inc., Maple Plain, MN, USA
GS2000	Buildings Group, Natural Resources Canada
Lund Programs	University of Lund, Sweden
RIGHT-LOOP	Wrightsoft, Lexington, MA, USA
WFEA	Water Furnace Intl., Fort Wayne, IN, USA

미국은 또한 저가·고효율 보어홀 그라우팅 재료와 이들 재료의 물성치 데이터베이스 구축 그리고 현장에서 지중열전도도를 측정할 수 있는 장비와 기법 등을 개발하여 현장에 보급하였다.

그림 4-19 오클라호마주립대학교에서 제작한 지중 열전도도 측정 장비

그림 4-19는 이런 연구결과를 보여주고 있으며, 그림 4-19의 왼쪽 그림은 오클라호마주립대학교에서 1998년에 개발한 현장 지중열전도도 측정장비[Austin(1998)]이며, 오른쪽 그림은 이 장비를 더욱 소형화한 것이다. 수직형 지중열교환기를 최적 설계하기 위해서는 현장에서 측

정한 지중열전도도와 보어홀 열저항 값이 필요하다. 이때 그림에 나타낸 장비를 이용하여 측정을 수행하고 있으며, 이 장비는 거의 전 세계 표준이 되었다고 해도 과언은 아니다.

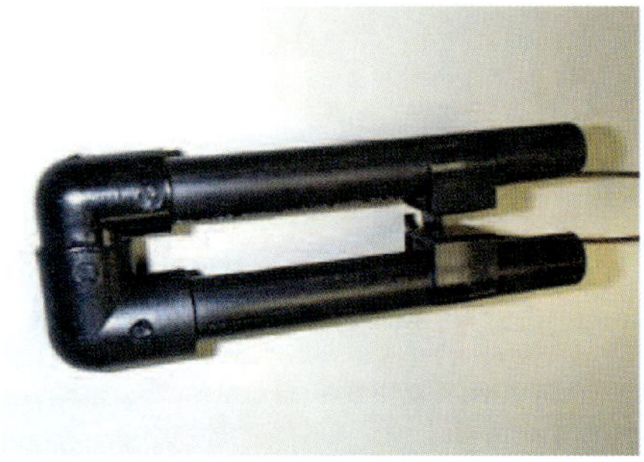

(a) Geo-clip

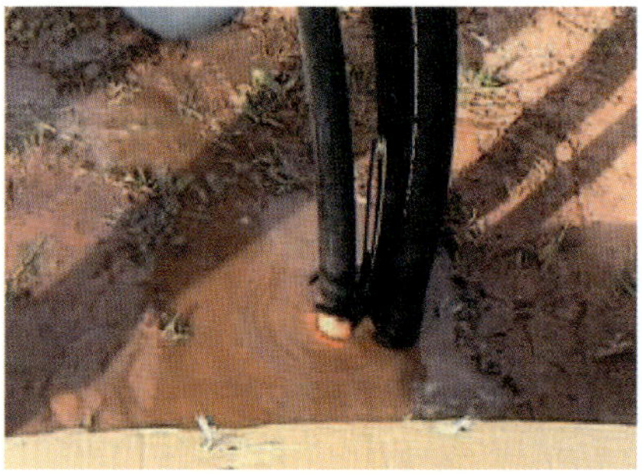

(b) Geo-clip을 이용한 시공

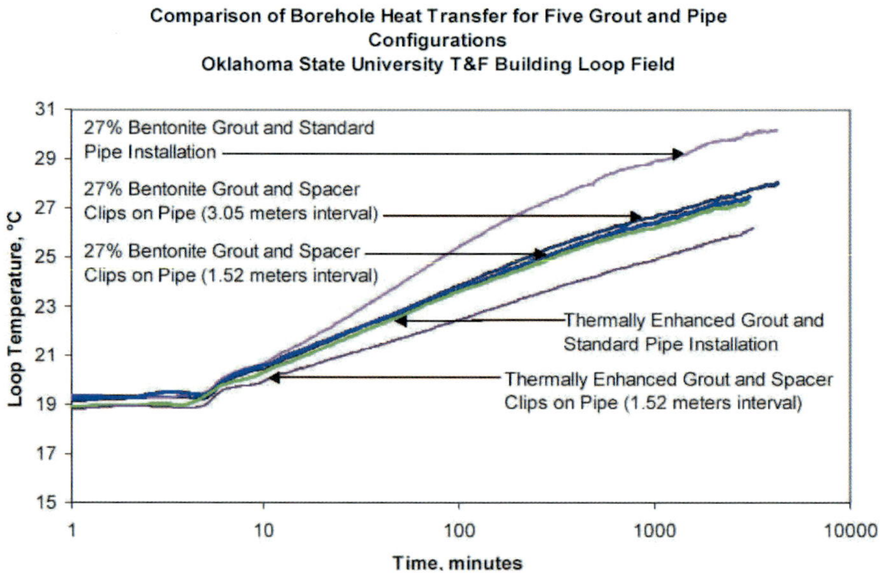

(c) Geo-clip에 대한 성능 시험

그림 4-20 그라우팅 재료와 스페이서가 지중열교환기 성능에 미치는 영향

미국에서는 또한 수직형 지중열교환기의 초기 투자비를 줄이기 위한 노력을 많이 기울이고 있으며, 대표적인 연구결과를 그림 4-20에 나타내었다. 실험이나 시뮬레이션 결과를 보면, 수직형 지중열교환기의 U자관이 보어홀 내에서 일정한 간격을 유지할 때, 최대 성능을 발휘할 수 있다.

이때 일정 간격을 유지하기 위해 그림 4-20에 나타낸 일종의 간격유지 부품[스페이서 또는 geo-clip, 그림 4-20의 (a)와 (b)]을 사용한다. 아울러 그림 4-20의 (c)는 스페이서가 지중열교환기 성능에 미치는 영향을 순수 벤토나이트(bentonite)를 사용했을 경우와 열전도도가 향상된 그라우팅 재료(thermally enhanced grout)를 사용했을 경우로 구분하여 실험한 결과를 보여주고 있다. 이러한 연구결과를 현장에 적용할 경우, 지중열교환기의 길이를 줄임으로써 초기 투자비를 절감이 가능하게 된다.

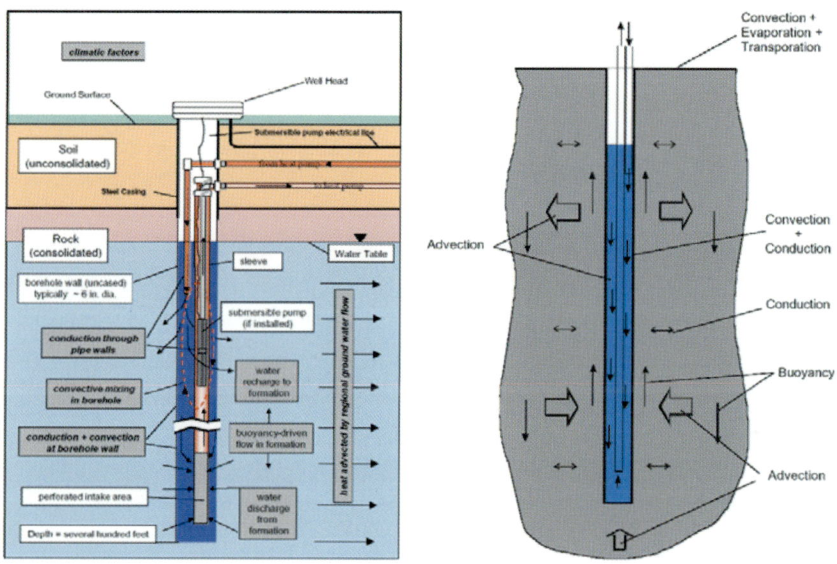

그림 4-21 전형적인 스탠딩컬럼웰의 형상과 열전달 메커니즘

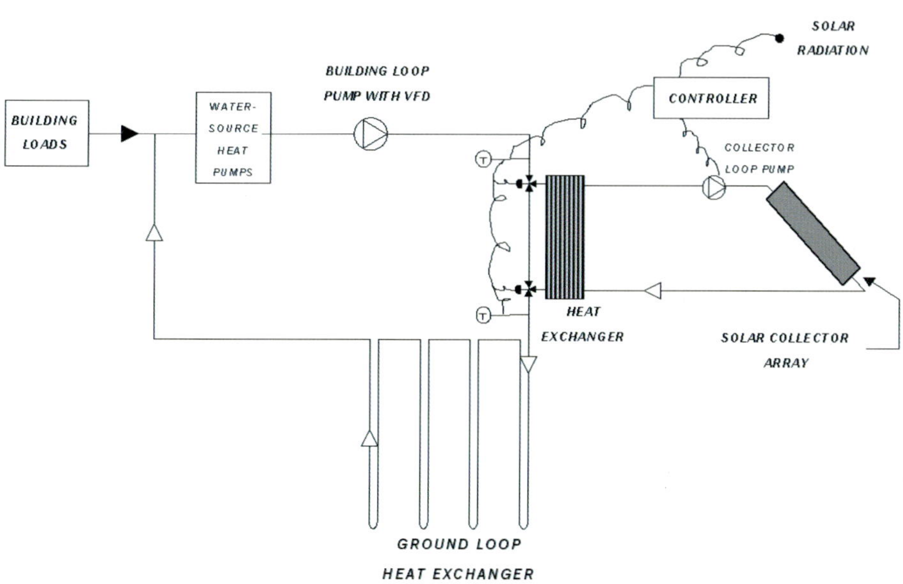

그림 4-22 지열-태양열 하이브리드 시스템 개략도

그림 4-23 지표수(연못) 이용 지열 열펌프 시스템의 나선형 지중열교환기 시공

그림 4-24 하천수 이용 지열 열펌프 시스템의 지중열교환기 시공

그림 4-25 수평형 지중열교환기 시공

아울러 수직형 지중열교환기를 비롯하여 그림 4-21에 나타낸 SCW(standing column well) 방식의 지중열교환기를 최적 설계할 수 있는 시뮬레이션 모델 개발에 많은 연구비를 투자하고 있다. 그림 4-22는 지열-태양열 하이브리드 시스템의 개략도를 나타낸 것으로, 이에 대한 성능 시뮬레이션과 실증 연구도 수행 중에 있다.

그림 4-23에서 그림 4-25는 지열 열펌프 시스템에 적용할 수 있는 다양한 지중열교환기의 형상을 보여주고 있다. 현재 국내에서는 주로 수직형 지중열교환기를 설치하고 있는데 미국에서는 다양한 지중열교환기를 대상건물이나 지역의 기후조건 등을 고려하여 설치하고 있다. 이렇듯 다양한 종류의 열원을 활용하는 기술과 이 열원과 열펌프를 효과적으로 연계할 수 있는 기술 등이 개발되어 실용화 단계에 있다고 할 수 있다.

② 지열발전

지열발전 분야에서 미국의 주요 연구개발 프로젝트를 정리하면 다음과 같다.

● DOE's renewable research programmes

미국은 GRED(Geothermal Resource Exploration Development) 프로그램을 1990년에 시작하였다. 이 프로그램을 통하여 지금까지 22개 지열 프로젝트에 대해 자금과 기술지원이 이루어 졌다. GRED 프로그램은 성공적이라는 평가를 받고 있으며, 지열발전 산업을 한 단계 발전시키는 역할을 하였다.

● Fenton Hill Hot Dry Rock project

세계 최초의 현장규모로 미국 New Mexico 주의 Jemez mountain에서 수행된 Fenton Hill Hot Dry Rock 프로젝트는 1975년 시작되었으며, 1단계로 3,000m (200℃)까지 굴착하여 여러 실험 및 연구를 수행하였다. 3,000m에서 1단계 실험을 한 이유는 고온으로 인한 기술적 문제를 회피하기 위함이었으며 2단계로 4,400m(300℃)까지 굴착하여 추가적인 실험 및 연구를 수행하였다. 자금지원 등의 문제로 최종적으로 2000년에 Fenton Hill 프로젝트의 모든 현장실험이 중단되었다.

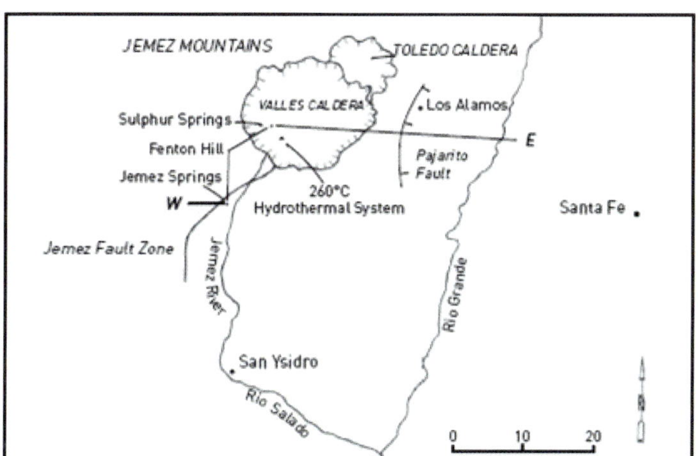

그림 4-26 Fenton Hill project 위치도

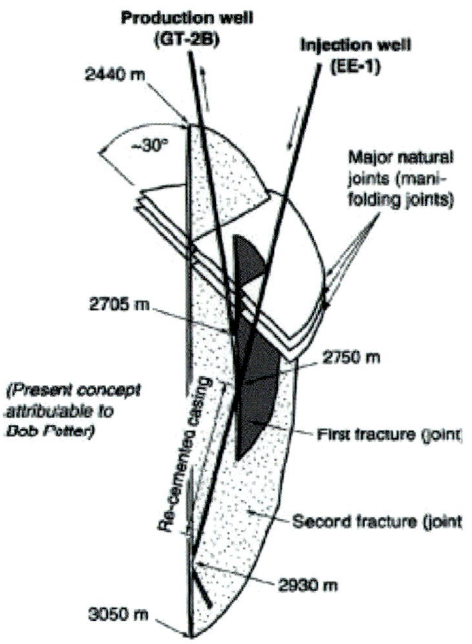

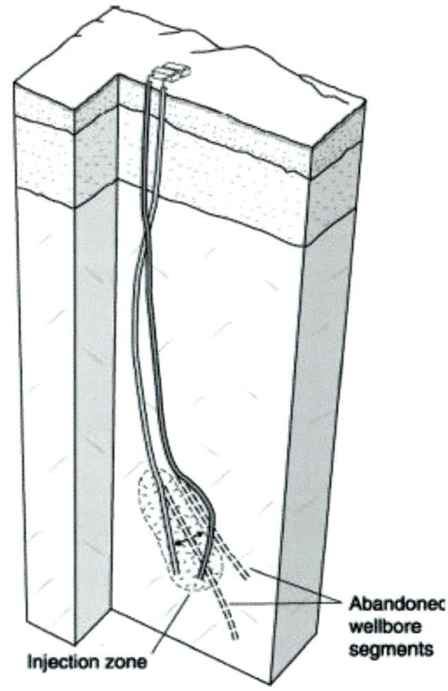

그림 4-27 Fenton Hill 프로젝트의 phase I(좌)과 phase II(우) 개념도

프로젝트 지역은 기반암의 열특성과 암반특성에 의해 선정되었다. 현장의 기반암은 선캠브리안기의 결정질 암반으로 투수성이 매우 낮은 암반이고, 저류층의 전체적인 부피는 16~20백만m^3 정도로 조사되었다. Fenton Hill 프로젝트의 주요 연구결과를 정리하면 다음과 같다.

- 낮은 투수계수를 갖는 결정질 암반에서 수압파쇄법을 이용하여 파쇄대 형성이 가능함
- 생산정과 주입정 두 공 사이를 연결시키는 인공파쇄대 형성 기술이 EGS의 성공여부를 가늠하는 key technology임.
- 물 순환 실험을 통하여 저류층의 부피가 커지지 않고 일정하게 유지되며 물 손실이 거의 없음을 확인.
- 방향성 시추 기술이 필요하며, 미소지진 모니터링을 통하여 fracture의 교차지점을 확인
- 유체와 열의 이동을 모델링하는 기술이 필요.
- 적정한 주입압력으로 물을 주입해야 한다. 과소 또는 과대 압력을 이용할 경우 유체 흐름률이 낮아지거나 저류층의 크기가 커지게 되어 문제가 발생할 수 있음.

Coso project

Coso 지열지역에서 수행되는 이 프로젝트는 낮은 투수성과 높은 온도를 가지는 암반에서 열과 수압을 이용한 fracturing의 가능성을 확인하기 위해 수행중이며 현재 고온 대심도에서 주(main) 수압파쇄를 위한 준비를 끝낸 상태이다. 최종적으로는 20MWe의 전력생산을

목표로 하고 있으며 자금은 DOE에서 6백만$, 기타 2백만$을 지원받고 있다. 이외에 미국에서는 Desert Peak East 프로젝트, Geyser Glass Mountain 프로젝트 등이 EGS 기술의 발전을 위해 진행 중이다.

미국의 경우에는 국가주도형 R&D와 각 개별 주(州)에서 자체적으로 실행하는 R&D 프로젝트가 따로 움직인다. 국가주도형 R&D의 경우는 DOE에서 주도적 역할을 수행하는데, DOE의 지열분야 연구개발은 크게 3분야로 구분할 수 있다.

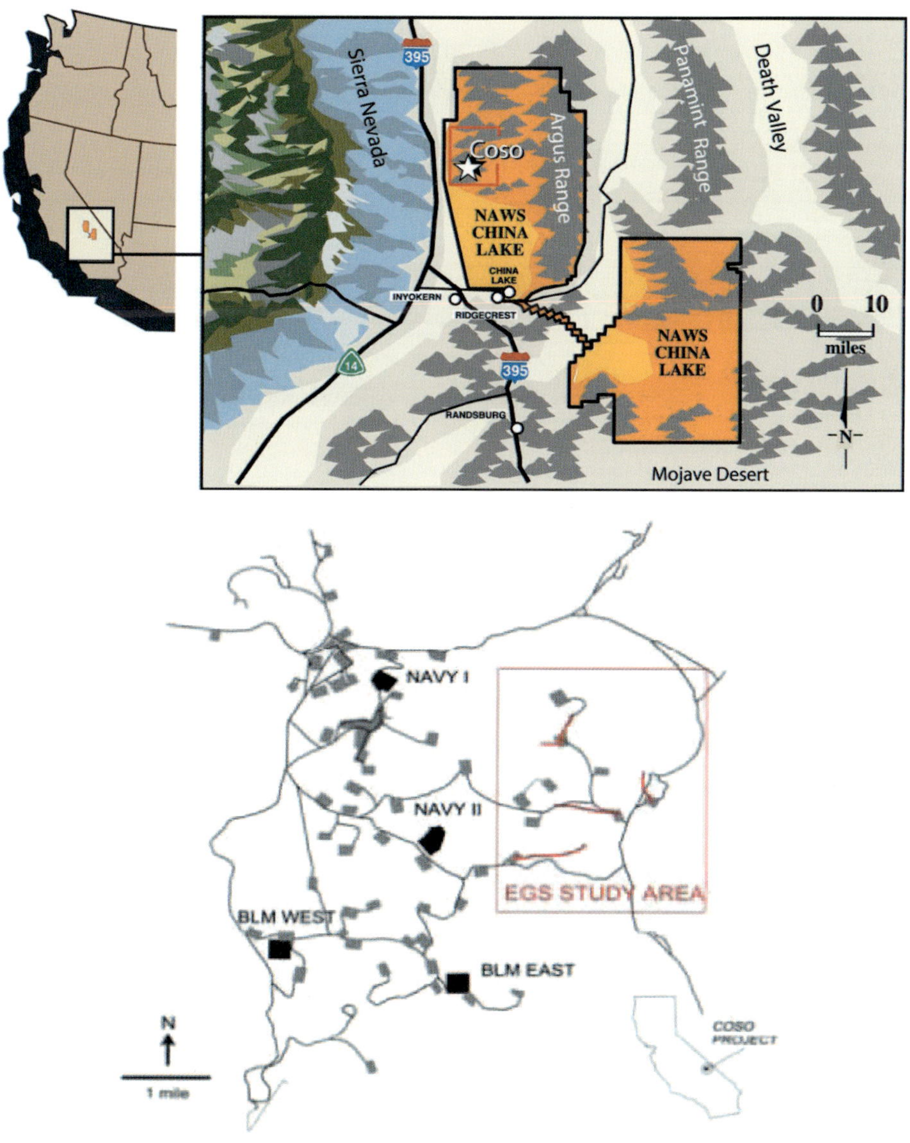

그림 4-28 Coso 프로젝트 위치도

● Energy Systems

국가 재생에너지 연구실의 주도하에 지열에너지를 열 또는 전기로 전환시키는 여러 가지 시스템의 연구와 시험 분야에서 약 20여개의 과제를 진행하고 있다.

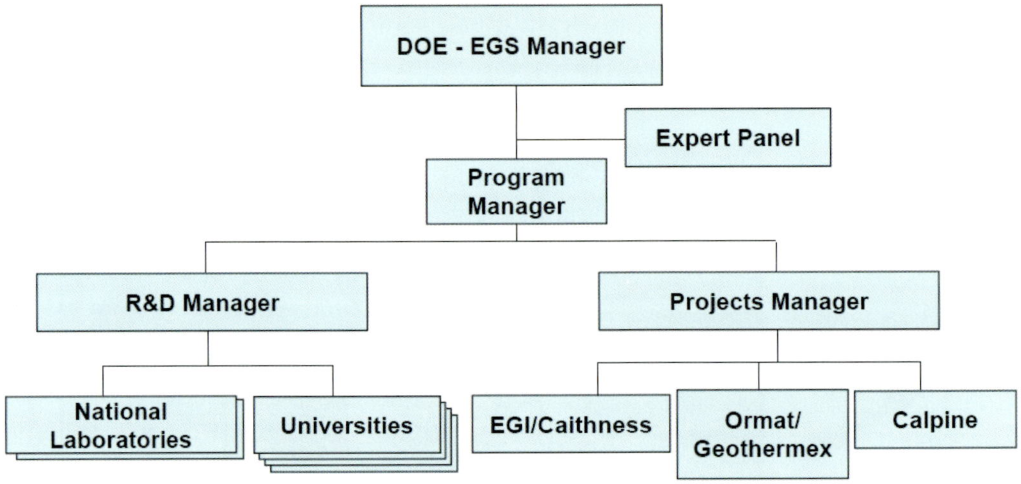

그림 4-29 EGS 프로그램 운영 조직도

● Exploration & Drilling

Sandia 국가연구실(Sandia National Laboratory)의 주도로 지열자원을 효과적으로 탐사할 수 있는 장비 개발과 저비용 천공기술 개발에 10여 개의 과제를 진행하고 있다.

● Geoscience

저류공학, 탐사, 자원 유지관리 등에 대한 연구 분야에 Idaho 국가연구실 주도로 약 10개 과제를 진행하고 있다.

이외에도 미국의 주정부 차원에서 연구개발을 지원하고 있으며, 이러한 지원 중, 특히 캘리포니아주가 가장 많은 투자를 하고 있다.

3) 보급현황 및 생산 실적

① 지열 냉난방

미국의 경우 일부 북쪽 지방의 주를 제외하면 건물의 냉방부하가 크기 때문에 주로 여기에 맞춰 지열 열펌프 시스템을 설계한다. 따라서 난방에는 과도한 설계가 이루어지며, 난방 가동시간은 연평균 약 1,000시간 정도다.

미국에서 지열 열펌프 시스템은 중서부와 남부 지역(North Dakota 에서부터 Florida까지)에 주로 시공되었으며, 2005년을 기준으로 연간 약 50,000대의 지열 열펌프가 설치되고 있다. 이 중 약 46%가 수직 밀폐형이고, 38%가 수평 밀폐형 그리고 15% 정도가 개방형 시스템이다[Curtis 등(2005)].

미국에 설치된 가장 큰 규모의 시스템 중 하나는 켄터키주 루이스빌에 있는 Galt House East Hotel에 설치된 시스템이다. 이 시스템은 600개의 객실과 100여개의 콘도형 객실 그리고 89,000m^{2}의 사무실 등 총 161,650m^2 공간의 냉난방을 감당할 수 있도록 설계되었다. 아울러 이 시스템은 4개의 지하수 관정으로부터 약 14℃의 지하수를 평균 177ℓ/s의 유량으로 퍼 올려 열펌프의 열원으로 사용한다. 전체 시스템의 냉방과 난방 용량은 각각 15.8MW와 19.6MW이다. 주변의 유사한 크기의 건물과 비교했을 때, 약 47%의 에너지를 절감하여 월평균 25,000달러의 비용절감 효과를 얻고 있었다.

그림 4-30은 미국 내 지열 열펌프 시스템 보급 활성화를 위한 협력 네트워크 구축을 나타낸 것이다. 지열 열펌프 시스템과 관련된 미국의 주요 기관들을 정리하면 다음과 같다.

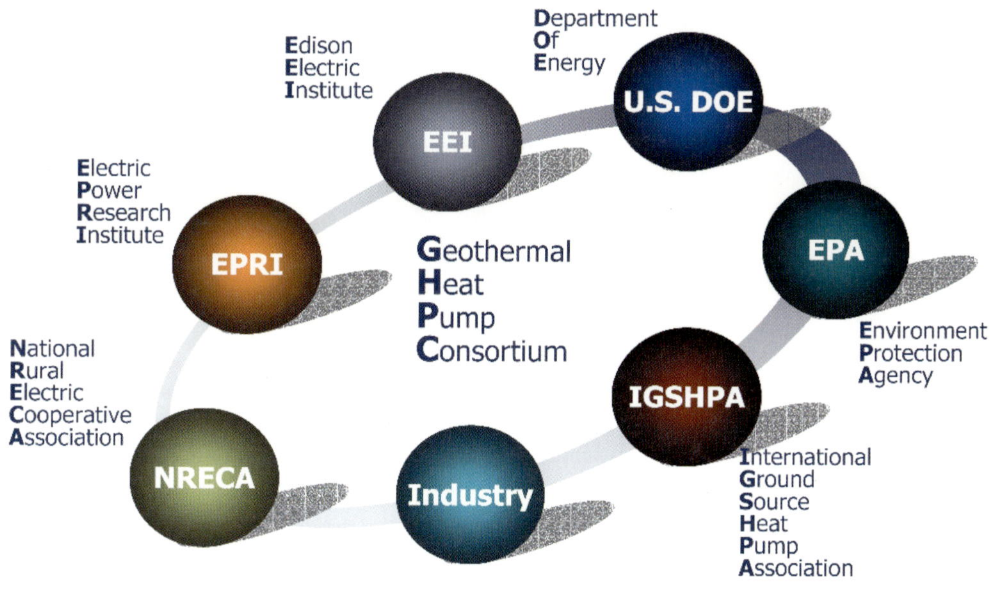

그림 4-30 지열 열펌프 시스템 보급 활성화를 위한 미국의 협력 네트워크 구축

- IGSHPA(International Ground Source Heat Pump System)
- IGA(International Geothermal Association)
- IGHC(Geo-Heat Center)
- Oklahoma State University

- University of Alabama- Geocool Laboratory
- ORNL(Oak Ridge National Laboratory)
- Florida Heat Pump
- GAIA Geothermal
- Institute of Applied Geosciences
- Justus Liebig University 외 다수

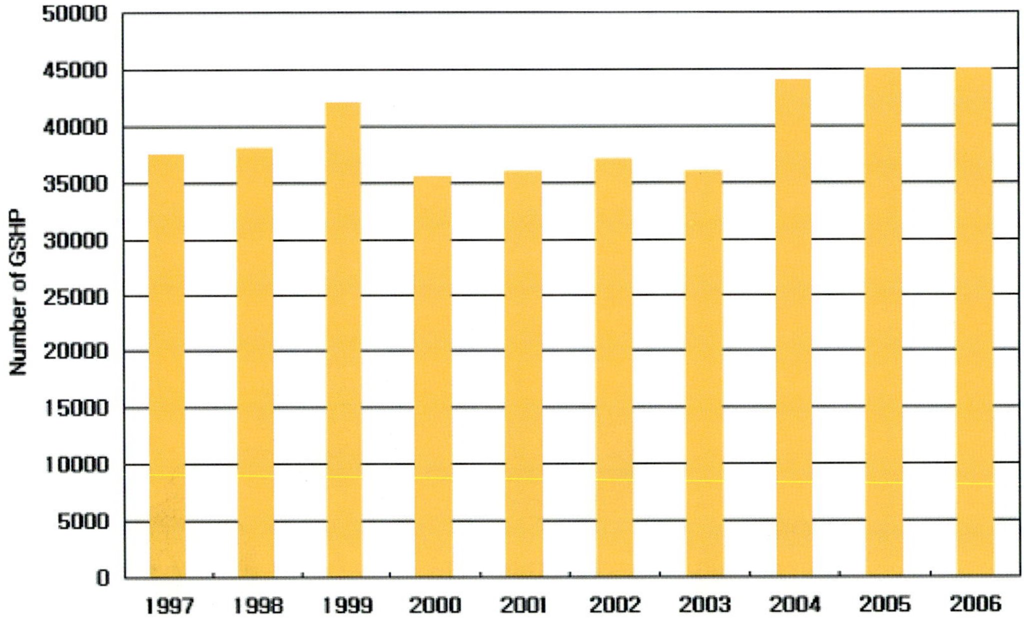

그림 4-31 미국 내 지열 열펌프 유닛 판매 통계(1997~2006)
출처 : 에너지정보협회, EIA(Energy Information Association)

그림 4-31은 미국 내 지열 열펌프 유닛 판매 통계를 나타낸 것이다. 그림에서 판매량이 다소 줄어든 해도 있지만, 전체적으로 시장이 안정적인 것을 볼 수 있다. 이러한 현상은 위에서 언급한 연구개발 노력과 각 기관들의 유기적인 협력 네트워크 구축 등이 맞물려 동반상승 효과를 볼 수 있었기 때문이다.

표 4-7은 미국의 대표적인 지열 열펌프 시스템 설치 사례를 적용 건물별로 정리한 것이다. 전 세계에서 지열 시스템을 가장 많이 설치한 나라인 미국에 대해, 대표 사례를 꼽는 다는 것이 문제가 있을 수도 있지만, 현재 공개된 많은 자료를 바탕으로 정리하였다.

표 4-7 미국 내 지열 열펌프 시스템 설치 사례

설치 사례	시스템 설명
1. 주거용 사례(residential cases)	
	• 소재지 : 하트포드(Hartford), 코네티컷주, 개인 주택 • 냉난방 유닛 : 4.2RT 열펌프 • 지중 열교환기 : 복수정(2wells)의 지하수 이용 방식 • 지중 열교환기 : 1000ft 폴리에틸렌 튜브 • 지하수 : 250ft 깊이, 2개의 직립정(well)
	• 소재지 : 오션시(Ocean city), 메릴랜드주, 아파트 • 건물 개요 : 14층, 104가구, 가구 당 900ft^2 • 냉난방 유닛 : 107개의 Heat Pump 사용(총 222RT) • 지중 열교환 방식 : 수직 밀폐형 지중열교환기 • 지중열교환기 : 160개의 보어홀(borehole)을 각각 175ft 깊이로 건물 주차장에 설치. 폴리에틸렌 파이프를 사용하였으며, 파이프 총 길이는 10miles
2. 상업용 사례(commercial cases)	
	• Phillips 66 Service Station • 소재지 : 프레어리 빌리지(Prairie Village), 캔자스 주 • 시스템 개요 : 수직 밀폐형 지중 열교환 방식 10개의 보어홀을 각각 325ft 깊이로 설치 고밀도 폴리에틸렌 파이프 사용 • 시스템 용량 : 5RT, 1대의 열펌프 사용(플로리다 히트 펌프) • 시스템 COP : 3.0～3.5, 시스템 EER : 11.6～13.5
	• Hazleton St. Joseph Medical Center, 병원 • 소재지 : Freeland, Luzerne County, 팬실베니아 주 • 건물 개요 : 면적 6,500ft^2, 설계 열 손실: 151,500Btu/hr • 지열 열펌프 시스템 개요 : 물 대 공기 방식 열펌프 유닛 설치(5RT 2대, 7.5RT 1대) • 6개의 보어홀을 각각 220ft 깊이로 설치 • 총 길이 3100ft, 직경 1.5″의 폴리에틸렌 파이프 사용

표 4-7(계속) 미국 내 지열 열펌프 시스템 설치 사례

설치 사례	시스템 설명
2. 상업용 사례(residential cases) (계속)	
	• Wildlife Center of Verginia, 야생동물 센터 • 소재지 : Waynesboro, 버지니아 주 • 건물 개요 : 5700ft^2 • 시스템 개요 : 4RT 열펌프 유닛(2대), 5RT 열펌프 유닛(2대), 총 18RT. 총 길이 11530ft의 폴리에틸렌 파이프를 슬린키(slinky) 방식으로 구성, 2500ft의 트렌치(trench) 작업 • 공사 금액 : 열펌프, 덕트, 배관 등 : \$43,000, 지중 열교환기 설치 : \$16,000
	• The Galt House East Hotel, 호텔 • 소재지 : Louisville, 켄터키 주 • 건물 개요 : 870,000ft^2, 600개의 객실, 100가구의 아파트, 그 외 부대시설로 구성 • 시스템 개요 : 총 4500RT, 밀폐형 지하수 이용 시스템, 4개의 보어홀을 각각 130ft 깊이로 설치 • 월 평균 25,000\$의 에너지 절약효과 • 공기 열원 열펌프와 비교시 연간 CO_2 180만 파운드, SO_2 44,000파운드, NO_x 33,000파운드 그리고 5,500파운드의 미세먼지 저감 효과 발생
	• The Prairie Electric, 사무실 • 소재지 : Vancouver, 워싱턴 주 • 건물 개요 : 전체면적 25,000ft^2, 사무실과 창고로 구성. • 시스템 개요 : - 밀폐형 표층수(연못) 이용 지열 열펌프 시스템 - 총 길이 9000ft의 파이프를 지중 열교환기로 사용 - 2대의 6RT 열펌프 유닛 사용
	• Blue River Resort, 휴양시설 • 소재지 : British Columbia • 건물 개요 : 39600ft^2, 객실과 부대 편의 시설로 구성 • 시스템 개요 : - 밀폐형 수직 지중열 이용 지열 열펌프 시스템 - 23대의 열펌프 유닛 설치 (총 103RT) - 34개의 보어홀을 각각 200ft 깊이로 설치

표 4-7(계속) 미국 내 지열 열펌프 시스템 설치 사례

설치 사례	시스템 설명
3. 학교 사례(school building cases)	
	• Neff Elementary School • 소재지 : Lancaster, 펜실베니아 주 • 건물 개요 : 총면적 148,530ft^{2}의 2층 건물 • 시스템 개요 : - 140개의 보어홀을 각각 288ft 깊이로 설치 - 350RT 냉방용량 • 총 설치 금액 : $2,033,268
	• Onamia Elementary School • 소재지 : Onamia, 미네소타 주 • 건물 개요 : 78,000ft^2 • 시스템 개요 : - 수직 밀폐형 시스템 - 총 193RT 용량 (53개의 열펌프 유닛) - 50개의 보어홀을 각각 560ft 깊이로 설치 - 지중 열교환기 내 열교환 유체의 유량 : 400gpm
4. 공공기관 사례(government facilities)	
	• Northwest Louisiana Juvenile Detention Center • 소재지 : Coushatta, 루지애나 주 • 건물 개요 : 총 면적 14,993ft^2 • 시스템 개요 : - 수직 밀폐형 지열 열펌프 시스템 - 총 34RT의 냉방용량 - 44개의 보어홀을 각각 250ft 깊이로 설치
	• Clark County PUD Headquarters • 소재지 : Vancouver, 워싱턴 주 • 건물 개요 : 32,000ft^2 면적의 건물을 리모델링 하면서 2,300ft^2 면적의 회의실에 지열 열펌프 시스템 적용 • 시스템 개요 : - 개방형 지하수 이용 시스템 (open-loop water well) • 총 설치비 : 11,600$

다음은 미국의 해당 산업 지원정책 현황을 정리한 것이다.

연방정부의 지열 열펌프 시스템 보급 사업

미국은 1990년대 중반부터 군사 주거시설을 대상으로 대규모 시범사업을 수행하였으며, 성과를 정확하게 측정하여 홍보하였다. 그 중에서 4,000세대가 넘는 Fort Polk 기지의 주거시설 공사가 대표적이며, 그 후에 천 세대가 넘는 군사 주거시설 여러 곳에 추가적으로 시범사업을 수행하였다. 여기서 군사 주거시설이라 함은 기지 내 내무반, 장교숙소 및 편의시설 등을 말한다. 따라서 우리도 이러한 군사 주거시설의 냉난방과 급탕을 위해 지열원 열펌프 시스템을 보급할 필요성이 있다. 이를 위해 정부의 관련 부처들이 사업 타당성을 면밀하게 검토한 후, 보급사업을 추진할 단계라고 판단된다.

또한 미국은 연방정부 에너지관리 프로그램(FEMP : Federal Energy Management Program)을 통해 연방정부 시설에 신·재생에너지를 보급하고 있다. 전체 보급량 통계를 보면, 2005년 9월까지 10년간 신·재생에너지 사용량을 누적하여 전체의 2.5%를 신·재생에너지 이용시설에 투자하였다. 이 통계를 보면, 바이오매스를 제외하면 가장 큰 부분을 차지하는 열원이 지열 열펌프 시스템이다. 이에 반해 태양광, 태양열, 풍력 등의 비중은 상대적으로 작았다.

주정부의 지원

미국은 주 차원에서 시범사업을 추진하고 있다. 예를 들면, New York는 개인 주택이나 상업용 건물을 대상으로 시범보급 사업을 수행하고 있다. 또한 미국의 여러 주에서 IGSPHA 등 관련 기관을 통해 설치자와 설계 엔지니어 교육을 해마다 시행하고 있으며, 참가자가 내는 교육비의 약 50%를 지원하고 있다. 이를 통해 각 주에 지열 열펌프 산업에 종사하는 인력 양성을 지원함으로써 산업기반 확대에도 노력을 기울이고 있다.

타당성 검토(feasibility study) 지원

미국에서는 지열 열펌프 시스템을 시공하기 전에 타당성 검토사업이 필요할 경우 이를 지원하고 있다. 이는 주로 상업용 건물의 시공에 해당되며, 이러한 지원은 사업의 규모가 주로 대규모인 경우에 해당된다. 타당성 검토를 통해 현장의 적합성을 검토함은 물론, 해당 건물에 최적인 시스템을 선정하게 된다. 이때 타당성 검토에 필요한 비용을 전액 지원하고 있지만, 비용에 대한 상한선은 있다. 예를 들면, 뉴욕주에서는 타당성 검토를 위한 지원 금액이 50,000달러를 넘을 수 없다.

전력회사의 리베이트(rebate)

미국에서 지열 열펌프 시스템 보급 초기에 많은 기여를 한 지원정책 중 하나가 전력회사의 리베이트다.

여름철 최대부하(peak load) 절감효과가 크며, 동절기에도 전력을 안정적으로 공급할 수 있기 때문에 전력회사의 입장에서는 당연히 지열 열펌프 시스템 보급에 지원을 하고 있다. 미국 내 전력회사의 리베이트는 다른 열펌프 시스템에도 적용되며, 그 중에서도 가장 큰 부분이 지열 열펌프 시스템에 대한 지원이다. 일례로 캘리포니아의 Redding Electric사는 Earth Advantage Rebate라는 이름으로 1RT당 1,500달러의 리베이트를 제공하고 있다.

전력요금 절감 지원

현재 주거용 지열 열펌프 시스템의 확대·보급을 위해 해결해야 하는 사항 중의 하나가 전기요금 누진제도의 개선이라고 할 수 있다. 이는 앞서 언급한 초기 설치비 지원제도와 함께 매우 중요한 지원정책이다. 현 시점에서 외국의 지원제도를 참고하여 전기요금 누진제도를 차츰 개선해 나갈 필요는 있다고 판단된다. 미국은 지열 열펌프 시스템이 사용하는 전력에 대하여 낮은 요금을 부과하는 제도를 시행하고 있다. 즉, 지열 시스템을 사용하여 피크부하 절감에 기여한 사용자에게 낮은 기본요금(demand charge)과 사용요금(consumption charge)을 부과하고 있다.

설계 지원

타당성 검토 후에 지열 열펌프 시스템 적용을 위한 설계비용을 지원하는 제도가 미국의 여러 주에서 시행되고 있다. 전문가의 설계가 필요한 지열 시스템을 보급하기 위해서 설계에 소요되는 비용을 지원함으로써 설계 인프라 확보에도 크게 기여하고 있다. 이를 통해 다양한 형태의 지열 열펌프 시스템이 설계에 적용되고 있다.

저소득층 지원

저소득층의 주택에 지열 열펌프 시스템을 적용하는 프로그램을 시행하고 있다. 특히 에너지절약형 주택에 지열 시스템을 적용하여 유지보수 비용을 낮추어 보급하고 있다.

기타 세금 감면 및 융자

지열 열펌프 시스템 적용에 대하여 연방정부와 주정부 수준에서 각종 세금 감면제도를 시행하고 있다. 또한 초기 설치비에 대하여 장기 저리 융자제도를 시행하고 있다.

② 지열발전

그림 4-32 The Geysers에 있는 NCPA 발전소 2

표 4-8 미국의 주별 설치용량 현황(2006)

Alaska	California	Hawaii	Nevada	Utah
400kW	2,492MW	35MW	276MW	26MW

※ 출처: Geothermal Energy Association

미국 내에는 2005년 12월 현재 2,564MWe(1,935MWe 이용)의 용량이 설치되어있다. The Geysers 지열지역에서 과개발 때문에 증기의 부족이 나타나 설치와 이용의 차이가 나타나고 있고, 이 지역에서 1,421MW 중 888MWe만이 공급되고 있다. 미국의 지열발전 가능량을 살펴보면 현재의 기술로 계산하면 6,520MWe정도이고, EGS 기술을 포함하면 22,000MWe로 추정된다. 표 4-8은 각 주별로 설치된 지열발전 용량을 나타내고 있다. 표 4-9는 좀 더 세부적인 지열발전 플랜트 별로 운영사 및 발전용량 등을 보여준다.

표 4-9 미국의 지열발전소 현황

Operator		Date commissioned	Installed Capacity MW	Running Capacity MW	Technology	Status
The Geysers Geothermal Field(Dry Steam), California, 38° 48 ′N Lat. 122° 48 ′W Long.						
Unocal Geothermal Division and partners	PG&E Unit 1	Sept. 1960	12.5	11	Steam	Retired
	PG&E Unit 2	March 1963	14.1	13	Steam	Retired
	PG&E Unit 3	April 1967	28.8	27	Steam	Retired
	PG&E Unit 4	Nov. 1968	28.8	27	Steam	Retired
	PG&E Unit 5	Dec. 1971	55	53	Steam	
	PG&E Unit 6	Dec. 1971	55	53	Steam	
	PG&E Unit 7	Aug. 1972	55	53	Steam	
	PG&E Unit 8	Nov. 1972	55	53	Steam	
	PG&E Unit 9	Oct. 1973	55	53	Steam	
	PG&E Unit 10	Nov. 1973	55	53	Steam	
	PG&E Unit 11	May 1975	110	106	Steam	
	PG&E Unit 12	March 1979	110	106	Steam	
	PG&E Unit 14	Sept. 1980	114	109	Steam	
	PG&E Unit 17	Dec. 1982	119	113	Steam	
	PG&E Unit 18	Feb. 1983	119	113	Steam	
	PG&E Unit 20	Oct. 1985	119	113	Steam	
Calpine Corporation	PG&E Unit 13	May 1980	138	133	Steam	
	PG&E Unit 16	Oct. 1985	78	72	Steam	
	SMUD GEO #1	Dec. 1983	78	72	Steam	
	Bear Canyon	Oct. 1988	24.4	22	Steam	SO-4
	West Ford Flat	Dec. 1988	30.5	28.7	Steam	SO-4
Coldwater Creek Operating Company	CCPA Unit 1	June 1988	66	62	Steam	
	CCPA Unit 2	July 1988	66	62	Steam	
Mission Energy	Aidlin Plant	May 1989	23.4	20	Steam	SO-4
Santa Fe Geothermal	Santa Fe Unit 1	April 1984	97	95	Steam	SO-4
Northern California Power Association	NCPA Unit 2	Jan. 1983	115	110	Steam	
	NCPA Unit 3	Oct. 1985	115	110	Steam	

표 4-9(계속) 미국의 지열발전소 현황

R. C. Dick	PG&E Unit 15	June 1979	64	59	Steam	Deactivated
California Department of Water Resources	Bottle Rock Plant	Oct. 1984	59	55	Steam	Deactivated
Salton Sea Geothermal Field(Water-Dominated), California, 33° 11 'N Lat. 115° 37 'W Long.						
Unocal Geothermal	Salton Sea Unit 1	June 1982	12	10	Single Flash	
	Salton Sea Unit 2	March 1990	19	17.7	Multi Flash	SO-4
	Salton Sea Unit 3	Feb. 1989	53.9	50.8	Dual Flash	SO-4
Magma Power	Vulcan Plant	Dec. 1985	39.7	32.4	2 Single Flash	
Company	Del Ranch Plant	Dec. 1988	38.2	32.4	2 Single Flash	SO-4
	J. J. Elmore Plant	Dec. 1988	38.2	35.8	Dual Flash	SO-4
	Leathers Plant	Dec. 1989	38.2	35.8	Dual Flash	SO-4
Heber Geothermal Field(Water-Dominated), California, 32° 43 'N Lat. 115° 32 'W Long.						
Chevron Resources	Heber Flash Plant	Aug. 1985	52	47	Dual Flash	SO-4
East Mesa Geothermal Field(Water-Dominated), California, 32° 47 'N Lat. 115° 15 'W Long.						
East Mesa Operator Corporation	B. C. McCabe	Nov. 1979	13.4	12.5	Binary, isobutane	
	East Mesa Unit 1	May 1989	21.7	18.5	Dual Flash	SO-4
	East Mesa Unit 1	June 1989	21.7	18.5	Dual Flash	SO-4
Ormat Energy Systems	Ormesa 1	Dec.1986	29.7	24	30 Binary units	SO-4
	Ormesa 2	June 1987	24	18.5	20 Binary units	SO-4
	Ormesa 1E	Dec. 1988	12.8	8	10 Binary units	SO-4
	Ormesa 1H	Dec. 1989	8.5	6	12 Binary units	SO-4
Coso Hot Springs Geothermal Field(Water-Dominated), California, 36° 02 'N Lat. 117° 48 'W Long.						
California Energy Company	Navy 1, Unit 1	July 1987	30	27.5	Double Flash	SO-4
	Navy 1, Unit 2	Nov. 1988	30	27.5	Double Flash	SO-4
	Navy 1, Unit 3	Nov. 1988	30	27.5	Double Flash	SO-4
	Navy 2, Unit 4	Nov. 1989	30	27.5	Double Flash	SO-4
	Navy 2, Unit 5	Dec. 1989	30	27.5	Double Flash	SO-4
	Navy 2, Unit 6	Dec. 1989	30	27.5	Double Flash	SO-4
	BLM East, Unit 7	Dec. 1988	30	27.5	Double Flash	SO-4
	BLM East, Unit 8	Dec. 1988	30	27.5	Double Flash	SO-4
	BLM East, Unit 9	Aug. 1989	30	27.5	Double Flash	SO-4

표 4-9(계속) 미국의 지열발전소 현황

Casa Diablo Geothermal Field(Water-Dominated), California, 37° 39 ′N Lat. 118° 55 ′W Long.						
Pacific Enterprises	MP #1 Plant	Feb. 1985	12 (max)	10 (max)	2 Binary units	
	MP #2 Plant	Dec. 1990	15 (max)	12 (max)	3 Binary units	SO-4
	PLES #1 Plant	Dec. 1990	15 (max)	12 (max)	3 Binary units	SO-4
Amedee Hot Springs Geothermal Field(Water-Dominated), California, 40° 18 ′N Lat. 120° 12 ′W Long.						
Trans-Pacific Geothermal Corp.a	Amedee #1	Nov. 1988	3.2	2	2 Binary units	
Wendel Hot Springs Geothermal Field(Water-Dominated), California, 40° 21 ′N Lat. 120° 15 ′W Long.						
Barber-Nichols Co.a	Wineagle	Sept. 1985	0.8	0.7	Binary Unit	
Island of Hawaii, Hawaii						
Ormat	Puna Geothermal Venture PGV	2005	35	25-30		
Dixie Valley Geothermal Field(Water-Dominated), Nevada, 39° 38 ′ N Lat. 118° 06 ′ W Long.						
Oxbow Geothermal Corporation	Dixie Valley	Feb. 1988	62	57	Dual Flash	SO-4
Steamboat Hot Springs Geothermal Field(Water-Dominated), Nevada, 39° 23 ′N Lat. 119° 45 ′W Long.						
Caithness Corporation	Caithness Plant	Feb. 1988	13.2	12.5	Single flash	
Far West Electric Energy Fund, Ltd.a	Far West Plant	Oct. 1986	9.4	6.8	9 Binary, pentant	
Beowawe Hot Springs Geothermal Field(Water-Dominated), Nevada, 40° 34 ′N Lat. 116° 35 ′W Long.						
California Energy Company	Oxbow Beowawe	Dec. 1985	17	16.7	Dual flash	SO-4
Desert Peak Geothermal Field(Water-Dominated), Nevada, 39° 45 ′N Lat. 118° 57 ′W Long.						
California Energy Company	Oxbow Beowawe	Dec. 1985	10	9	Dual flash	
Wabuska Hot Springs Geothermal Field(Water-Dominated), Nevada, 39° 09 ′N Lat. 119° 11 ′W Long.						
Tad's Enterprises	Wabuska	Sept. 1984	2.5	1.7	2 Binary units	
Soda Lake Geothermal Field(Water-Dominated), Nevada, 39° 34 ′N Lat. 118° 51 ′W Long.						
Ormat Energy Systems	Soda Lake 1	Dec. 1987	3.6	2.7	3 Binary units	
	Soda Lake 2	Sept. 1990	18	13	7 Binary units	

표 4-9(계속) 미국의 지열발전소 현황

Stillwater Geothermal Field(Water-Dominated), Nevada, 39° 31 ′N Lat. 118° 33 ′W Long.						
Ormat Energy Systems	Stillwater Plant	April 1989	17	12.5	14 Binary units	
San Emidio Geothermal Field(Water-Dominated), Nevada, 40° 24 ′N Lat. 119° 25 ′W Long.						
Ormat Energy Systems	Empire Project	Dec. 1987	4.8	3.2	4 Binary units	
Desert Peak KGRA						
Ormat	Desert Peak 2	Dec. 2006	13.7			
Steamboat KGRA						
Ormat	Richard Burderr (formerly Galena 1)	Nov. 2006	20			
Roosevelt Hot Springs Geothermal Field(Water-Dominated), Utah, 38° 30 ′N Lat. 112° 51 ′W Long.						
California Energy Company	Blundell Plant	July 1984	23.5	20	Single Flash	
Cove Fort - Sulphurdale Geothermal Field(Water-Dominated), Utah, 38° 36 ′N Lat. 112° 33 ′W Long.						
Mother Earth Industries	Sulphurdale Unit 1	Oct. 1985 Decommissioned 2004	2.6	1.8	4 Binary Units	
	Sulphurdale Unit 2	Sept. 1988 Decommissioned 2003	2	1.8	Single flash atm Exhaust	
	Bud Bonnett Plant	Oct. 1991	10	8.5	Single flash	

※ 출처 : 미국 에너지정보협회(EIA)
비고 : a – Supplies both brine and steam.

4) 최근 시장 동향

① 지열 냉난방

미국의 경우, 1990년대까지는 관공서나 군부대, 학교 등 공공기관에 주로 설치되었으며, 1999년도를 기준으로 약 35만 대의 지열 열펌프가 설치된 것으로 추정된다. 미국 내 전체 지열 열펌프 시스템 중, 수직형이 46%, 수평형은 38% 그리고 15%가 개방형 방식인 것으로 조사되었다.

현재 매년 약 12%의 증가율을 보이고 있으며, 이러한 추세라면 2010년에만 1,400,000대의 열펌프가 보급되어 전체적으로 1천5백만 대에 이를 것으로 추정되고 있다. 특히, 오클라호마주립대학을 중심으로 한 연구진과 Econar, Carrier, ClimateMaster, FHP Manufacturing, Trane, WaterFurnace 등을 필두로 약 15개의 열펌프 제작사와 500여 개의 설계, 시공 및 진단업체의 적극적인 실용화 노력으로 지열 열펌프 시스템이 미국 전체 냉·난방 에너지의 약 1%를 점유하고 있다.

미국에서의 대표적인 설치 사례로는 세계 최대 규모의 지열 열펌프 시스템인 Galt House East Hotel(1984년 시공)과 인접한 Waterfront Office Buildings(1994년 시공)를 들 수 있다.

이 두 건물의 에너지 성능을 높이기 위한 개보수 사업의 일환으로 지열 열펌프 시스템을 설치하여 연평균 53%의 에너지 절감효과와 2,300m^2의 기계실 면적 절감효과를 본 것으로 보고 되었다.

미국 내에서 지열 열펌프 시스템이 가장 많이 설치된 지역은 미국 루이지애나 주의 Fort Polk시로, 약 4,000대를 설치하여 현재도 운영하고 있다. 미국 에너지정보협회가 2004년에 발간한 자료에는 전체 76만 대의 지열 열펌프 유닛이 설치되었으며, 이 자료를 바탕으로 2006년에는 약 85만 대의 지열 열펌프 유닛이 시공될 것이라고 추정하고 있다.

1994년과 2004년 사이 인플레이션 조정으로 상업용 건물 건설수요가 줄어들면서 지열 열펌프 시장이 침체기를 보였다. 하지만 지속적인 투자로 인해 시장이 다시 활성화되었으며, 지열 시스템은 가정용보다 산업용으로 사용하며 초기비용이 훨씬 경제적인 규모가 큰 빌딩, 오피스빌딩, 학교, 병원 등에 큰 용량을 설치하고 있다.

② 지열발전

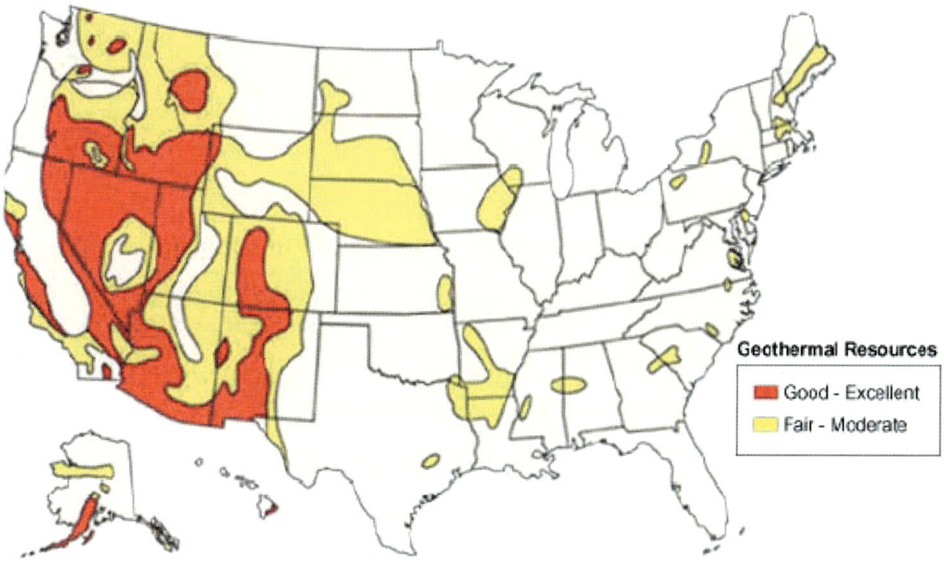

그림 4-33 미국 내 지하 열자원 분포 특성

지난 60년 동안 미국의 지열발전 산업은 세계에서 가장 크게 성장하였다. 1960~1980년대에는 dry steam 자원을 활용한 단일 시설개발이었고, 1983년 후로는 독립 전력 공급자들과 water-dominated 지열원으로 지열발전 성장원이 이동되었다. 1960년부터 1979년까지의 지열발전은 The Geysers에서의 활동이 미국 지열발전 산업을 주도하였다.

The Geysers의 생산량은 1988년에 최고에 도달하였고, 저류층의 압력 저하가 이곳의 추가적인 확장을 제한하였다. 하지만 2006년 12월 55MW의 Bottle Rock Geothermal Power Plant

표 4-10 Proposed projects in U.S.A

State	Unconfirmed	PHASE 1 (Identifying site, secured rights to resource, initial exploration drilling)	PHASE 2 (Drilling and confirming)	PHASE 3 (Securing PPA and final permits)	PHASE 4 (Under Const.)	TOTAL* (PHASE 1to PHASE 4)
	Number of sites and MW-range "# of sites/#MW"					
AK	1/15 MW	1/20 MW			1/0.6 MW	2/20.6 MW
AZ		1/2-20 MW				1/2-20 MW
CA		5/320-330 MW	3/326.8 MW	5/139.5 MW	2/35-73 MW	15/821.3-869.3 MW
HI		1/30 MW		1/8 MW		2/38 MW
ID	2/200 MW		1/26		1/10 MW	2/36 MW
NM			2/21 MW			2/21 MW
NV	5/72-102 MW	7/304-393 MW	3/49-64 MW	6/157-167 MW	3/37 MW	19/547-661 MW
OR		3/86-91 MW	1/40-60	2/60.2 MW		6/186.2-211.2 MW
UT	2/135 MW		1/36.6 MW		1/11 MW	2/47.6 MW
Total	**10 projects 422-452 MW**	**18 projects 762-884 MW**	**11 projects 499.4-534.4 MW**	**14 projects 364.7-374.7 MW**	**8 projects 93.6-131.6 MW**	**51 projects 1719.7-1924.7 MW**

Phase 1 : Identifying site, secured rights to resource, initial exploration drilling
Phase 2 : Drilling and confirmation being done, PPA not secured
Phase 3 : Securing PPA and final permits
Phase 4 : Under Construction
Unconfirmed : proposed projects that may or may not have secured the rights to the resource, but some exploration has been done on the site

※ 출처: GEA(2007)

가 1990년 폐쇄 후, 재오픈한다고 선언하여 The Geysers의 개발이 완료된 것으로 보기는 어렵다.

지열정 시추는 1980년대 이후로 감소 추세지만, 계획된 새로운 지열발전 후보지역은 Hawaii, Cascade Mountains of Washington, Oregon and northern California 등이 있다. 현재 약 60여 개의 지열발전 plant 건설이 계획, 시공 중에 있다. 미국 지열산업계는 전반적으로 미래의 산업 확장에 대해 낙관적인 의견을 가지고 있다.

그림 4-33은 미국 내 지하 열자원 분포 특성을 나타낸 것이다. 미국 중서부 지역이 지열발전에 타당한 지역임을 그림에서 볼 수 있다. 따라서 주로 이 지역에 지열발전소들이 건설되었다.

표 4-10은 미국에서 최근에 제안된 지열발전 프로젝트 목록을 정리한 것이다. 표에서 보듯이 각 단계(Phase 1~Phase 4)별로 해당 기술을 개발하고 있다.

5) 장기 시장 전망

① 지열 냉난방

미국 에너지부(DOE)의 세금 우대나 리베이트(지불금액을 일부 환불)와 같은 정부 지원에 힘입어 향후 설치 사례는 지속적으로 증가할 것으로 예상된다. 초기 투자비가 저렴한 기존의 공기열원 열펌프 시스템으로 인해, 지열 시스템이 시장 점유율을 높이는 데 다소 차질이 있을 것이라는 예상도 있다. 하지만 미국 DOE와 에너지정보협회(EIA : Energy Information Association)는 매년 16% 이상의 증가율을 예상하고 있다.

미국이 2004년에 수출한 냉동·공조 제품 중 9%가 지열 열펌프 유닛이며, 수입은 거의 없었

표 4-11 미국 내 지열 열펌프 생산 현황

항목	1994	1999	2004	2009	2014
Heat Pump Shipments (000units)	1036	1335	1921	2538	3240
% geothermal	2.7	3.1	1.8	1.5	1.2
Geothermal Heat Pumps (000units)	28	42	35	38	40
$/unit	1390	1450	1570	1580	1630
Geothermal Heat Pumps (mil $)	39	61	55	60	65
% geothermal	4.8	5.8	3.6	2.9	2.4
Heat Pump Shipments (mil $)	819	1056	1540	2060	2665

출처 : Freedonia heating equipment-HVAC equipment to 2009.

다. 지열 열펌프 유닛 생산은 매년 1.7% 증가하여 2009년에는 38,000대로 예상된다. 표 4-11은 미국 내 지열 열펌프 생산 현황을 정리한 것이다.

② 지열발전

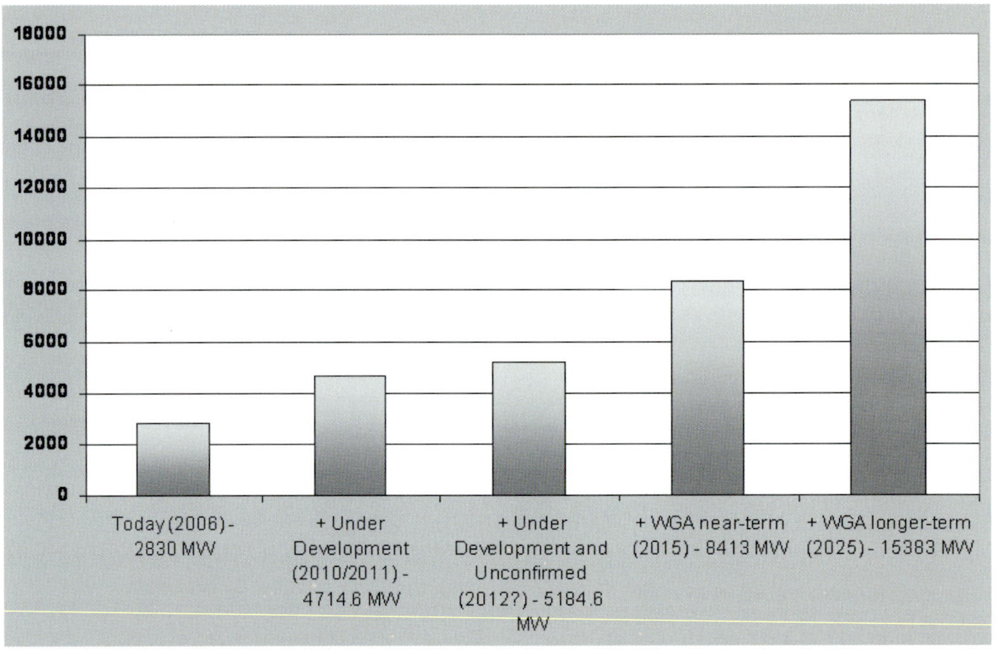

그림 4-34 미국 내 지열발전 성장 전망 - 출처 : GEA(Geothermal Energy Association)

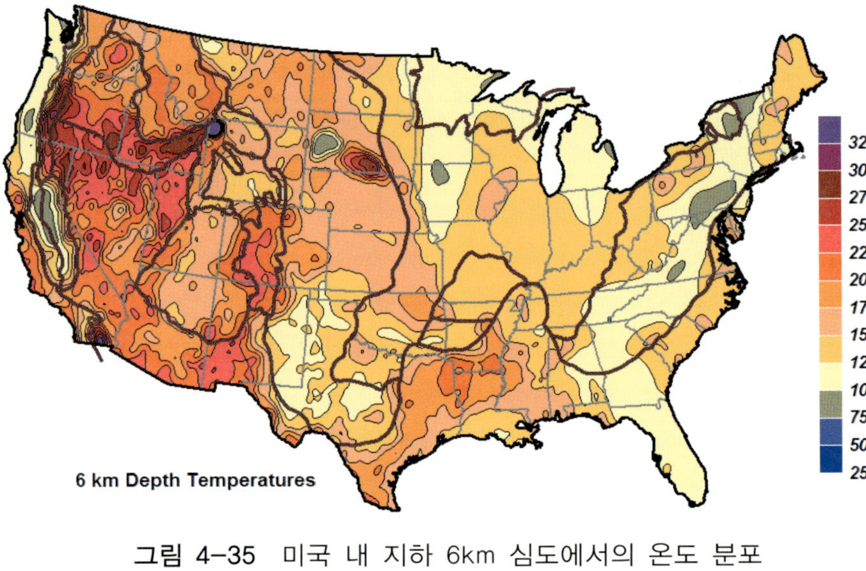

그림 4-35 미국 내 지하 6km 심도에서의 온도 분포

지열발전 분야의 목표로는 10년 안에 현재의 약 3배 이상 발전량을 예상하고 있다. 특히 EGS 기술을 적요한 지열발전에 큰 기대를 걸고 있으며, 2050년에 이르면 미국의 1차 에너지 소비량의 약 10% 정도를 지열발전 분야가 담당하는 것을 목표로 세우고 있다. 따라서 EGS를 활용한 지열발전 분야는 향후 전 세계에서 거대시장을 형성할 것으로 기대된다.
참고로 그림 4-35는 미국 내 지하 6km 심도에서의 지중온도 분포를, 그리고 그림 4-36은 추정 EGS 자원량과 개발 가능량을 나타낸 것이다.

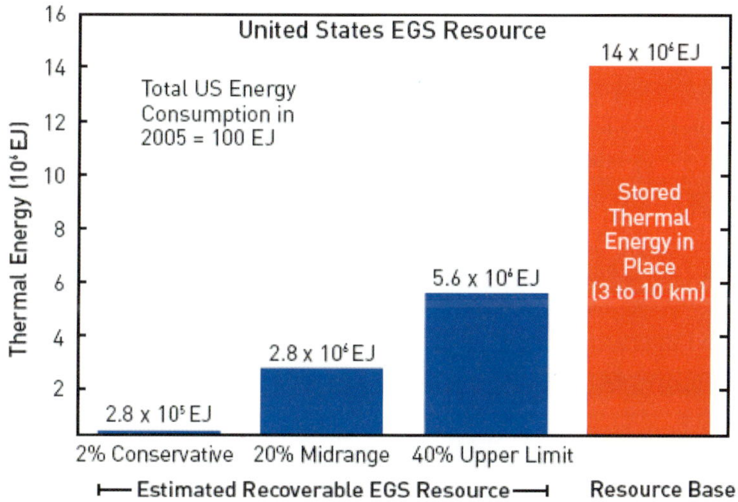

그림 4-36 미국의 추정 EGS 자원량과 개발 가능량

6) 주요 선도 기업 현황

① 지열 냉난방

현재, 지열 열펌프 시스템에 사용되는 열펌프는 주로 미국의 전문 업체들이 제작하여 세계시장에 공급하고 있다. 주요 제조사로는 ClimateMaster, Carrrier, Econar, FHP, Trane, WaterFurnace 등이 있다. 처음에는 물 대 공기 방식 열펌프를 주로 생산하였으며, 아시아 시장을 겨냥하여 물 대 물 열펌프의 생산량도 점차 늘리는 추세다.

- 트레인 - ground source heat pump
- AAF-McQuay - 수평(Horizontal) 열펌프. 2004년 MCQUAY ENFINITY line of vertical water source geothermal heat pumps http://www.mcquay.com/McQuay/home/homepage
- 캐리어 - AQUAZONE water source heat pumps

- Fedders - water source heat pumps 2004년 Addison Products 사를 인수함 (http://www.fedders.com/)
- Nortek's Mammoth 자회사 - 산업용 water source heat pumps
- Climate Master 오클라호마 지역 지열 열펌프 제조사 http://www.climatemaster.com
- WaterFurnace International(www.waterfurnace.com)

② 지열발전

Calpine

Calpine은 북아메리카의 지열발전 공급 분야에서 선두를 달리는 기업이다. 이 기업은 The Geysers와 Sonoma의 지열발전 시설 22개 중 19개를 운영하고 있다. 순 생산 용량은 750MWe에 달한다. 또한 총 26,459MWe 용량의 천연가스 발전소도 73개 보유하고 있다.

CalEnergy

CalEnergy는 MidAmerican Energy Holdings Company의 자회사로 캘리포니아에 있다. 1971년 설립되었으며, 지열발전소 건설에 대한 컨설팅과 발전 서비스를 제공하고 있다. CalEnergy Generation은 지열을 포함하여 천연가스, 수력 등이 여러 가지 자원으로부터 에너지를 개발 생산하는 국제적(미국, 필리핀) 운영자다. 1994년 CalEnergy Generation은 Magma Power Company의 자산을 획득하였다. 위 회사는 1,900MWe 이상의 전기발전과 증기 생산 시설을 미국과 필리핀에 가지고 있다. 미국 안에서는 10개의 지열발전소와 천연가스 발전소를 가지고 있다. 아울러 필리핀 Leyte섬에 2개의 지열발전소를 가지고 있었으며, 필리핀 Luzon의 북부지역에 세 번째 발전소를 건설하여 2001년 말부터 운영하고 있다.

Unocal

2005년 8월 Chevron Corporation을 합병하여 전체소유의 자회사로 만들었다. 서부 미국에서 가솔린 소매업에서 두각을 나타낸 후 독립적인 유류와 가스 탐사와 생산 회사로 미국 내 최대기업이다. 인도네시아와 필리핀에서 지열발전 사업을 하고 있으며, Chevron Geothermal Indonesia, Ltd.(CGI)가 350MWe, Darajat(west Java). Chevron Geothermal Philippines Holdings, Inc.(CGPHI)가 증기자원을 National Power Corporation(NPC)를 위해 개발. CGPHI가 2021년 까지 운영. 총 Unocal의 지열발전량은 필리핀에서 2006년 현재 632MWe다.

Caithness Energy

지열자원(재생에너지 전반) 개발, 획득, 운영, 유지관리 등의 분야를 주력으로 하는 기업이다. 현재 360MWe의 지열발전 시설을 보유하고 있다.

아울러 미국 내에서 재생에너지를 이용하여 전기를 생산하는 기업 중 가장 큰 기업 중 하나다. 지열발전 시설 외에 160MWe의 태양광, 345MWe의 풍력발전 설비를 운영하고 있다.

● Ormat

미국 네바다 주에 본사가 있으며, 업계 3위의 지열발전 공급 기업이다. 지열자원 개발, 건설, 소유, 운영 등 지열발전의 모든 분야에 걸쳐 시장을 선도하는 기업이다. 모든 분야를 통합하여 운영하는 유일한 회사이며, 이스라엘, 필리핀, 과테말라, 케냐, 니카라과 등에서도 사업을 하고 있다.

지열발전 설비 분야에서는 Ormat와 GE/Nuevo Pignone 등이 있으며, 이들 기업은 지열발전소의 핵심 요소 중 하나인 터빈을 생산하고 있다.

나. 캐나다

1) 기술수준 및 R&D 동향

캐나다는 기후특성 상 주로 건물난방에 지열 열펌프 시스템을 활용하고 있다. 미국과 인접해 있다는 지리적 특성 상, 캐나다의 지열 열펌프 관련 기술수준은 거의 미국과 동일한 수준을 보이고 있다. 이는 캐나다 정부(Natural Resources Canada)가 신·재생에너지를 적극적으로 보급한 결과이기도 하다.

그림 4-37 RETScreen International 웹사이트 화면

그림 4-37은 캐나다 정부의 이런 노력을 보여주는 웹사이트(http://www.retscreen.net)다. 이 사이트는 지열 열펌프 시스템을 비롯하여 각종 신·재생에너지원에 대한 시스템 설계와 경제성 분석도구를 영어와 프랑스어 그리고 한국어 등 19개 언어로 제공하고 있다. 아울러 전 세계 220개국 약 12만 명의 사용자를 보유하고 있을 정도로 활용성면에서도 우수하다고 할 수 있다.

캐나다 역시, 지열 열펌프 시스템의 신뢰성 확보와 초기 시공비 절감 그리고 핵심 설계 데이터의 확보 등이 선결되어야 지열 시스템을 더욱 널리 보급할 수 있다는 것을 인식하고, 1980년대 이래로 지금까지 이에 대한 연구개발에 많은 노력을 기울이고 있다. 또한 지열 열펌프 시스템의 핵심 기기인 열펌프 분야에서는 다양한 열원(토양, 지하수, 지표수 등)의 폭넓은 온도범위를 감당할 수 있는 열펌프를 개발하는 데 많은 연구비를 지원하고 있다.

2) 주요 기술개발 Project

● RetScreen International-Clean Energy Project Analysis Software

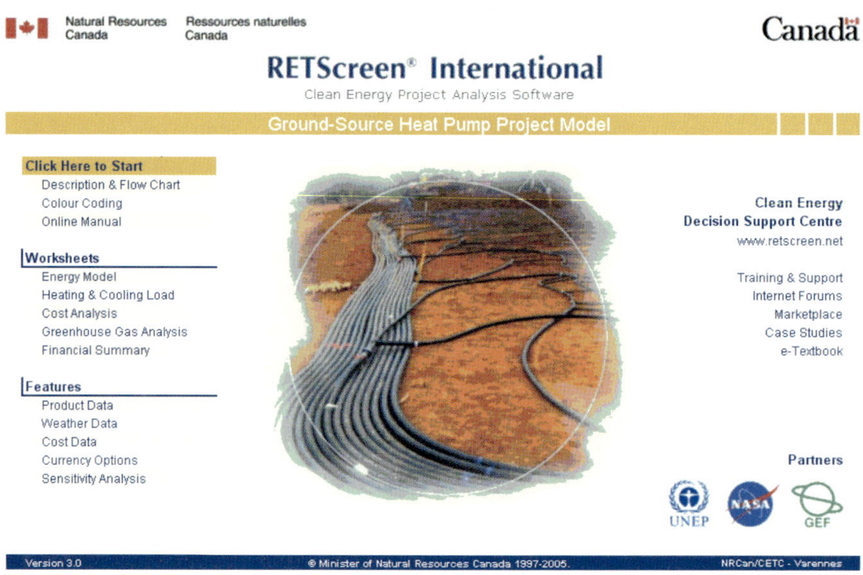

그림 4-38 RETScreen의 지열 열펌프 프로젝트 모듈 초기 화면

그림 4-38은 RETScreen 중 지열 열펌프 시스템 프로젝트 모델(Ground-Source Heat Pump Project Model)의 초기 화면을 나타낸 것이다.

앞서도 언급하였듯이, RetScreen은 캐나다 정부기관과 관련 업체의 전문가들로 구성된 CEDRL (CANMET Energy Diversification Research Laboratory)이 개발한 프로그램으로 지열 열펌프 시스템을 포함하여 총 8개의 신·재생에너지원에 대한 성능평가와 경제성 분석 도구를 제공하고 있다. 아울러 이 프로그램은 프로젝트(설치 사업) 시행에 앞서, 타당성과 경제성 등을 분석한 후 사업시행 결정을 내리는 데 도움을 준다.

RETScreen은 상용 Excel프로그램이 기반이며, 사전 의사결정을 위해 다섯 단계의 독립기능과 관련 데이터베이스를 포함하고 있다(그림 4-38의 왼쪽에서 'Worksheets'와 'Features' 참조). 각각의 독립 기능을 간략히 설명하면 다음과 같다.

■ **Energy Model**

프로젝트명, 설계 냉난방 부하, 지열 열펌프 시스템의 특성(지중열교환기 형식, 열펌프의 냉난방 성능계수와 용량 등), 경제성 비교를 위한 기존 냉난방 설비의 성능 등을 입력.

■ **Heating & Cooling Load**

지열 열펌프 시스템을 설치하려는 건물의 냉난방 부하를 계산한다. 이때 기상 데이터는 미국 항공우주국(NASA)이 제공하는 데이터를 이용한다. 하지만, 국내 데이터는 서울, 강릉, 대구, 목포, 제주 등 다섯 도시에 대한 데이터만 있는 것이 단점이다.

■ **Cost Analysis**

지열 열펌프 시스템의 경제성을 평가하기 위해 초지 투자비, 연간 운영비(에너지 사용비용, 유지·관리비 등)를 입력한다.

■ **Greenhouse Gas Analysis**

위의 'Energy Model'에서 입력한 기존 냉난방 설비와 지열 열펌프 시스템이 연간 배출하는 온실가스량을 계산하여 보여준다.

■ **Financial Summary**

생애주기비용(life-cycle cost), 연간 현금흐름(yearly cash flows), 내부수익률(IRR), 투자회수기간(payback period) 등 지열 열펌프 시스템의 경제성을 평가할 수 있는 결과를 보여준다.

앞서도 언급하였듯이, 캐나다에서 지열 열펌프 시스템에 대한 기술개발은 시스템의 신뢰성 확보와 초기 시공비 절감, 핵심 설계 데이터 확보, 다양한 건물에 적용하기 위한 실증연구, 열펌프 개발 등에 중점을 두고 추진하고 있다. 이러한 연구는 캐나다 정부가 주로 주도하고 있으며, 여기에 민간 전력회사 및 연구기관(research consultants), 관련 학·협회, 대학 등에서도 자체적으로 연구비를 지원하거나 또는 각 기관들이 유기적인 협력 네트워크를 형성하여 연구를 수행하고 있다. 현재 정부주도의 연구개발이 주로 이루어지는 우리의 상황과 비교했을 때, 캐나다의 이런 연구개발 노력은 참고할 만하다.

캐나다에서 연구개발 전략(research strategy) 수립 시, 고려하는 사항들을 정리하면 다음과 같다.

- Kyoto Protocol
- Sustainable development(Energy and environmental concerns)
- Increasing energy costs
- Depletion of fossil fuel resources
- Synthetic refrigerant regulations
- Canadian climatic conditions

다음은 캐나다의 주요 기술개발 프로젝트를 정리한 것이다. 캐나다에서 수행된 모든 연구개발 결과를 정리한다는 것은 사실상 곤란하기 때문에, 현재까지 공개된 자료를 정리하였다.

Integrated systems for zero-net energy homes(ZNEH)

이 프로젝트는 캐나다 단독주택의 온실가스 배출량 저감을 위한 연구개발 프로젝트다. 단독주택에서 사용하는 에너지를 최소화하고, 지열 열펌프와 축열조를 건물에 통합하는 기술을 개발하는 데 초점을 맞추고 있으며, Ecole Polytechnique Montreal 대학이 주관기관이며 이 대학의 Bernier교수(michel.bernier@polymtl.ca)가 연구책임자다.

Ground source heat pump applications at a Canadian school

이 프로젝트는 캐나다의 학교에 지열 열펌프 시스템을 적용하기 위한 실증연구로, 시스템 설계, 성능분석, 에너지 분석 등을 다루고 있다. Hydro-Quebec연구소가 수행하였다.

Ground source heat pump applications at a Canadian retail store

이 프로젝트는 캐나다의 상가에 지열 열펌프 시스템을 적용하기 위한 실증연구로, 시스템 설계, 성능분석, 에너지 분석 등을 다루고 있다. 역시, Hydro-Quebec연구소가 수행하였다.

Integrated systems and new efficient ground heat exchangers/residential ground source heat pump applications

이 프로젝트는 캐나다의 주거용 단독주택에 고효율 지중열교환기를 시공하기 위한 기초연구로 앞서 언급한 Hydro-Quebec연구소가 프로젝트를 수행하였다. 실험실 규모의 성능실험과 시뮬레이션이 주된 내용을 구성하고 있다.

Special applications of industrial heat pumps - Several projects

산업현장에서 적용할 수 있는 열펌프를 개발하기 위한 프로젝트다. 위에서 언급한 Hydro-Quebec연구소가 프로젝트의 주관기관이다.

● Novel industrial refrigeration technologies – CO_2 secondary loop

자연냉매인 이산화탄소를 적용한 열펌프의 개발을 주 목적으로 한 연구개발 프로젝트다. 증발기와 응축기 등을 포함하여 열펌프의 각 구성요소에 대한 실험 및 시뮬레이션을 통해 CO_2의 열펌프 적용 가능성을 평가하였다. 개발된 열펌프는 현재 실증연구 중에 있다.

● Software development – GS2000 Version 2.0

GS2000은 캐나다의 민간 연구기관인 Caneta Research Inc.가 개발한 프로그램으로 지열 열펌프 시스템의 지중열교환기 사양을 설계할 수 있다. 프로그램은 1991년부터 개발하기 시작하였으며, 2000년에 최종 버전을 출시하였다. 현재 무료로 내려받아 사용할 수 있다.

이상에서 언급한 개별 연구 외에도 일반인과 건물 설계 엔지니어를 위한 각종 가이드를 제작하여 배포하고 있다(그림 4-39).

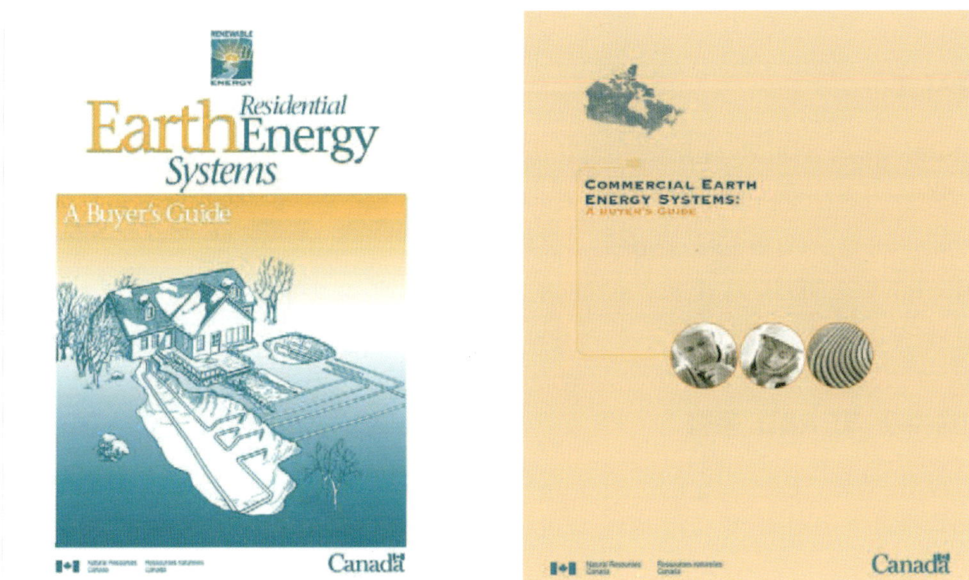

(a) 주거용 시스템 가이드 (b) 상업용 시스템 가이드

그림 4-39 캐나다의 지열 열펌프 시스템 가이드북

3) 보급현황 및 생산 실적

캐나다는 몬트리올 엑스포에 사용하였던 건물을 보수하여 박물관으로 활용하고 있으며, 이 건물에 지열 열펌프를 설치하여 운전한 결과 약 21%의 에너지 절감 효과를 보았다는 보고가 있다. 캐나다에서 지열 열펌프 시스템은 주로 마니토바(Manitoba)와 온타리오(Ontario) 주에 설치되고 있다. 이 중 온타리오 주에만 50여 개의 학교를 포함하여 주거용과 상업용

건물에 지열 열펌프 시스템을 설치하여 운용하고 있다.

캐나다에서 지열 열펌프 시스템 설치장소의 1/3은 상업용, 공공시설, 복합주택(multiple residential)이다. 일반적으로 덕트가 설치되어 있는 빌딩에 물 대 물 열펌프 유닛을 설치하고 있다.

4) 최근 시장 동향 및 장기 시장 전망

캐나다의 지열 열펌프 시장은 2000년부터 매년 10～15% 비율로 증가한 것으로 조사되었다. 지열 열펌프 시스템은 약 36,000대(435MWe)가 설치되었으며, 이를 통해 2004년까지 매년 약 600백만 kWh(2,160TJ/년)의 에너지 절감과 약 20만 톤의 온실가스 배출을 줄인 것으로 조사되었다.

지열 열펌프 시스템의 시공비용은 열원과 건물위치 그리고 보어홀 천공 비용 등에 따라 다르지만, 대략 C$22～C$165였다. 평균 시공비용은 제곱미터당 C$85이며, 지열 시스템을 이용할 경우 평균 20%의 냉난방 에너지를 절약할 수 있다고 캐나다 정부는 밝혔다.

다. 멕시코

멕시코는 미국, 필리핀 다음으로 지열발전을 많이 하는 나라다. 이는 지질학적으로 높은 지열분포를 가지는 지역에 속하기 때문이다. 따라서 EGS보다는 자연환경에 의해 솟아오르는 증기를 이용한 지열발전에 관심이 집중되어 있다.

멕시코는 약 1,500여 개의 hot spring이 있고 지열의 직접이용이 산업세탁, 냉방, 지역난방, 과일과 목재의 건조 등 다양하게 적용되고 있다.

1) 기술수준 및 R&D 동향

멕시코의 경우 미국의 영향을 많이 받아 기술수준도 상위권에 속하는 것으로 보고 있다. 1990～1999년 사이에 약 4천5백만 달러의 연구개발 투자가 있었으나, 2000년 이후에는 거의

표 4-12 멕시코의 지열발전 및 직접 이용 분야에 대한 투자 현황(2004)

Period	R&D, Including surface exploration and exploration drilling(Million US$)	Field Development, Including production drilling & surface equipment(Million US$)	Utilization (Millioin US$)		Funding Type (%)	
			Direct	Electrical	Private	Public
1990～1994	33.0	245.6	0.0	278.7	0	100
1995～1999	11.5	385.8	0.0	397.3	0	100
2000～2004	0.0	415.0	0.0	415.0	0	100

투자가 없는 것으로 조사되었다. 표 4-12는 멕시코에서 지열발전 분야와 지열 에너지 직접 이용 분야에 대한 연구개발 투자현황을 정리한 것이다. 세계에서 세 번째로 지열발전을 하는 나라답게 지열발전에 대한 연구개발 투자가 지속적으로 증가하는 것을 확인할 수 있다.

표 4-13은 멕시코의 지열분야 인력 현황을 정리한 것이다. 멕시코에서 지열분야에 종사하는 인력의 수가 폭발적으로 증가하지는 않지만, 매해 안정적인 인력을 확보하고 있음을 볼

표 4-13 멕시코의 지열분야 인력 현황

Year	Professional Person - Years of Effort					
	(1)	(2)	(3)	(4)	(5)	(6)
2000	3	103	39	0	0	80
2001	3	103	41	0	0	80
2002	3	110	42	0	0	80
2003	3	110	44	0	5	70
2004	3	120	44	0	10	50
Average	3	109	42	0	3	72

(1) Government
(2) Public utilities
(3) Universities
(4) Paid foreign consultants
(5) Contributed through foreign aid programs
(6) Private industry

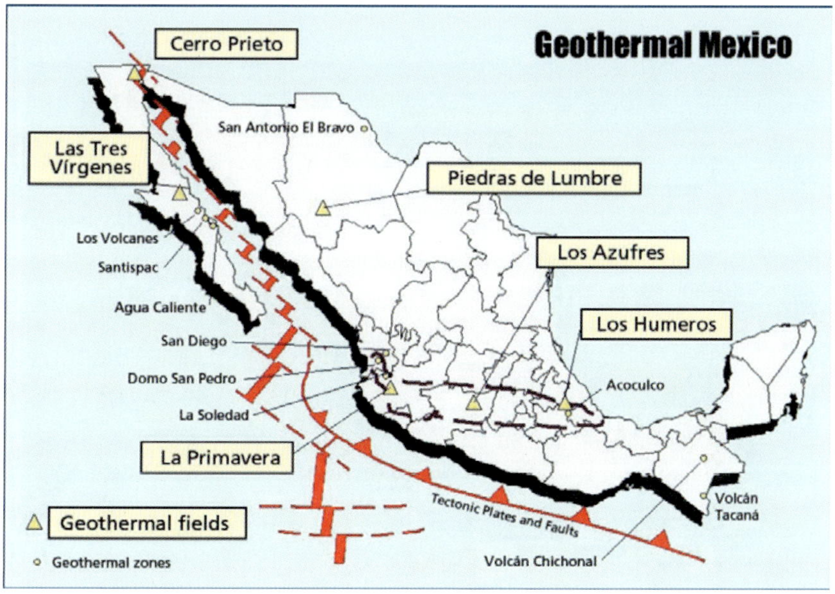

그림 4-40 멕시코의 지열지대 현황 - 출처 : World Geothermal Congress

수 있다. 참고로, 그림 4-40은 멕시코의 지열지대 현황을 나타낸 지도다. 지도에서 보듯이 태평양 연안 즉, 화산지대가 발달한 지역에서 지열 에너지를 활용하고 있다.

2) 보급현황 및 생산 실적

멕시코는 지열발전 분야에서 가장 활발한 활동을 하는 국가 중 하나다. 멕시코에서 처음으로 건설된 지열발전 플랜트는 Cierro Prieto 지열발전소로 1973년에 건설되었다(그림 4-41). 이곳은 4,000m 깊이에서 고온수(280～360℃)를 끌어올려 터빈을 돌리고 있으며, 현재 720MW를 생산하고 있다. 또한 이 지역에서는 1995년부터 1999년 사이에 총 42개의 지열정이 시추되었으며, 이 중 41개는 생산을 위해 나머지 한 개는 주입을 위해 이용되고 있다. 이외에 Los Azufres지역에서 88MW, Los Humeros지역에서 42MW를 생산하고 있다.

멕시코의 지열발전 총 시설용량은 953MWe이며, 2005년을 기준으로 모두 정상적으로 운전되고 있다. 연평균 운전지수(operational factor)가 86%에 이를 정도로, 지열발전 플랜트가 연중 운전되고 있다. 특히, 2000년 이후에는 8개의 새로운 single flash 플랜트가 운전되고 있다.

3) 최근 시장 동향

멕시코는 세계적으로 지열 생산의 성장이 빠른 국가라고 할 수 있으며, 75MWe급과 50MWe급의 플랜트 건설을 계획하고 있다. 지역으로 살펴보면 Los Humeros 지역에서 50MWe급, La Primavera 지역에서 75MWe급의 지열발전 플랜트 건설을 계획 중이다.

그림 4-41 Cierro Prieto 지열발전 플랜트

표 4-14 멕시코의 지열발전 시설 현황(2004)

Location	Power Plant Name	Year	No. of Units	Status[1)]	Type of Unit[2)]	Total Installed Capacity (MWe)	Annual Energy Produced in 2003(GWh/yr)	Total Under Construction or Planned(MWe)
Cerro Prieto	CP-Ⅰ U-1	1973	1		1F	37.5	279.12	
	U-2	1973	1		1F	37.5	274.07	
	U-3	1979	1		1F	37.5	300.55	
	U-4	1979	1		1F	37.5	296.47	
	U-5	1982	1		2F	30.0	34.49	
	CP-Ⅱ U-1	1986	1		2F	110.0	760.13	
	U-2	1987	1		2F	110.0	751.21	
	CP-Ⅲ U-1	1986	1		2F	110.0	729.27	
	U-2	1987	1		2F	110.0	863.92	
	CP-Ⅳ U-1	2000	1		1F	25.0	183.96	
	U-2	2000	1		1F	25.0	202.50	
	U-3	2000	1		1F	25.0	203.19	
	U-4	2000	1		1F	25.0	232.83	
Los Azufres	U-2	1982	1		O	5.0	43.90	
	U-3	1982	1		O	5.0	38.77	
	U-4	1982	1		O	5.0	43.70	
	U-5	1982	1		O	5.0	28.75	
	U-6	1986	1		O	5.0	43.79	
	U-7	1988	1		1F	50.0	253.66	
	U-9	1990	1		O	5.0	39.61	
	U-10	1992	1		O	5.0	44.13	
	U-11	1993	1		B	1.5	4.55	
	U-12	1993	1		B	1.5	0.00	
	U-13	2003	1		1F	25.0	82.12	
	U-14	2003	1		1F	25.0	39.87	
	U-15	2003	1		1F	25.0	94.40	
	U-16	2003	1		1F	25.0	94.48	
Los Humeros	U-8	1989	1		O	5.0	42.60	
	U-2	1990	1		O	5.0	43.92	
	U-3	1991	1		O	5.0	45.57	
	U-4	1991	1		O	5.0	23.96	
	U-5	1992	1		O	5.0	44.05	
	U-6	1994	1		O	5.0	43.74	
	U-7	1993	1		O	5.0	41.57	
	U-8,U-9	2008	2	N	1F		0.00	50.0
Las Tres Virgenes	U-1	2002	1		1F	5.0	25.13	
	U-2	2002	1		1F	5.0	7.70	
La Primavera	U-1,U-2	2006	2	N	1F		0.00	50.0
	U-3	2008	1	N	1F		0.00	25.0
Total			43			953.0	6,281.66	125.0

1) N = Not operating, R = Retired, Otherwise leaves blank if presently operating
2) 1F = Single flash, B = Binary, 2F = Double flash, O = Other(Back-pressure)

2. 아시아

가. 일본

1) 기술수준 및 R&D 동향

① 지열 냉난방

일본에서는 온천과 발전을 중심으로 지열을 이용하고 있다. 일본 정부는 지구 온난화를 억제하는 노력의 일환으로 지열 열펌프 시스템을 적용하는 프로그램을 시작하였으며, 이 프로그램에 따라 고효율 지열 열펌프를 병원, 도서관, 시청 등 공공시설 60여 곳에 시범적으로 적용하였다. 추진 부서인 일본 환경청은 건물 냉방에 지열 열펌프를 적용할 경우, 약 40%의 냉방 에너지를 절감할 수 있다고 밝혔다. 또한 일본 경제산업성 산하기관인 NEDO (New Energy and Industrial Technology Development Organization)는 가정용 지열 열펌프 시스템을 개발하고 약 40곳에 보급하였다.

지열 에너지 활용의 궁극적인 개념의 하나로 2003년 Niitsuma와 Nakata가 제시한 개념이 EIMY(Energy In My Yard)이다(그림 4-42). 이는 일본의 신·재생에너지관련 연구자들이 모여 만든 연구그룹이 제안한 개념으로, 풍력, 태양광, 태양열, 수력, 바이오매스 및 지열 등 모든 이용 가능한 신·재생에너지의 적절한 조합을 통해 일반 가정에서 외부로부터 추가적인 에너지의 유입 없이, 독립적으로 에너지의 자립을 이룰 수 있는 시스템을 구축하는 것이 신·재생에너지 활용의 궁극적인 목표가 되어야 한다는 것이다.

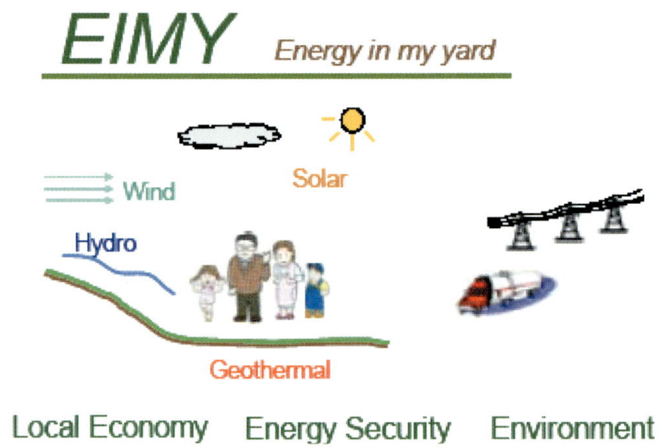

그림 4-42 EIMY의 개념[Niitsuma와 Nakata(2003)]

그들은 이러한 EIMY 모델에서 지열이 열원과 축열원으로서 주역을 담당할 것이며, 열펌프 기술은 재주입 기술, 고온암체 기술, 바이너리 발전 기술과 더불어 가중 중요한 기술이 될 것으로 전망하였다.

이 그룹은 또한 일본의 일부 지역에 이와 같은 시스템을 적용하기 위한 타당성 검토를 수행하였으며[Asanuma 등(2005)], 이 시스템을 이용할 경우 에너지 절약에 의한 운영비용 절감은 물론이고 이산화탄소 배출량도 약 38% 절감될 것이며, 이중 지열이 차지하는 비중은 13%가 되어 지열 이용의 중요성을 역설했다.

일본에서도 과도한 시추비용(약 80$/m)이 지열 열펌프 시스템 보급에 가장 큰 걸림돌이다. 따라서 시스템의 효율을 증대시켜 과다한 시추비용에 의한 초기투자비의 회수기간을 줄이려는 노력이 경주되고 있다. 일본의 경우, 지하수가 풍부하여 이를 열원으로 직접 이용하거나 지중에서 지하수의 흐름 등이 있을 경우의 지열 시스템 성능 등에 대한 연구가 이루어지고 있다[Niibori 등(2005)].

② 지열발전

일본 천연자원 에너지 관리청(ANRE)은 국가 에너지 공급 정책을 확립하고 보조금 지급을 포함하여, 지열의 개발 및 활용에 핵심적 역할을 수행하고 있다. 일본 신에너지산업기술종합개발기구(NEDO)는 실제적인 지열개발을 지원하는 데 있어 중심적 역할을 수행한다. 1980년 조직된 NEDO는 산업기술의 연구개발에 더하여, 새로운 에너지를 개발 및 소개하기 위한 경제산업성(METI)의 특별 산하위원회이다. 석유의 대체 에너지로서 지열에너지를 도입 및 촉진하는 것이 이 위원회의 주요 임무이다. 이 조직은 또한 지열 엔지니어링과 관련된 국제협력을 촉진하고 있다.

NEDO는 과거에는 지열에너지를 그다지 지지하지 않았으나, 이는 새로운 통합형 재생가능식 시스템이 계획됨에 따라 이제 바뀌고 있는 중이다. 2004년에, NEDO는 일본 전역을 통해서 통합된 시스템의 창설을 목표로 하는 지열발전 프로모션 서베이를 개시했다.

10MWe 이하의 바이너리 타입 발전소에 적합한 제안된 잠재 후보지에 덧붙여, 경제적 사회적 측면에 기초하여, 세 곳의 새로운 대상지역이 선정되었다. 용량은 상대적으로 작지만, 각 지역은 시당국의 적극적 지원을 통하여 해당 지역 내에서 지열에너지의 활용을 촉진할 수 있다는 독특한 특징을 갖고 있다. 조사 결과는 2006년 3월 말까지 평가될 예정이다.

21세기에 예상되는 환경 수요에 부합하는, EIMY: Energy In My Yard라 불리는 지열에너지 개발 전략이 일본에서 제안되었다. 지열 에너지는 EIMY 시스템에서 핵심적 역할을 담당할 것이다. 열펌프는 재분사, HDR/HWR, 및 바이너리 시스템 기술과 함께 핵심적 중요성을 가지고 있다.

2) 주요 기술개발 Project

① 지열 냉난방

다음 그림 4-43에서 그림 4-45는 일본에서 수행된 주요 기술개발 결과를 나타낸 것이다. 일본에 지열 열펌프 시스템이 도입된 것이 거의 우리와 비슷한 시기지만, 공조·냉동산업과 열펌프 기술이 발달한 나라답게 최근 들어 높은 보급률을 보이고 있으며, 많은 연구개발 결과들이 발표되고 있다. 일본 역시 다른 선진국들과 다름없이, 지열 시스템의 초기 투자비를 줄일 수 있는 기술과 시스템의 성능과 신뢰성을 향상시킬 수 있는 기술 그리고 각종 기준 등을 마련하는 연구에 많은 투자를 하고 있다. 아울러 위에서 언급한 지열 연구그룹은 지열 열펌프 시스템 설계 및 시공기준 등을 마련하여 현장에 적용하고 있는 것으로 조사되었다.

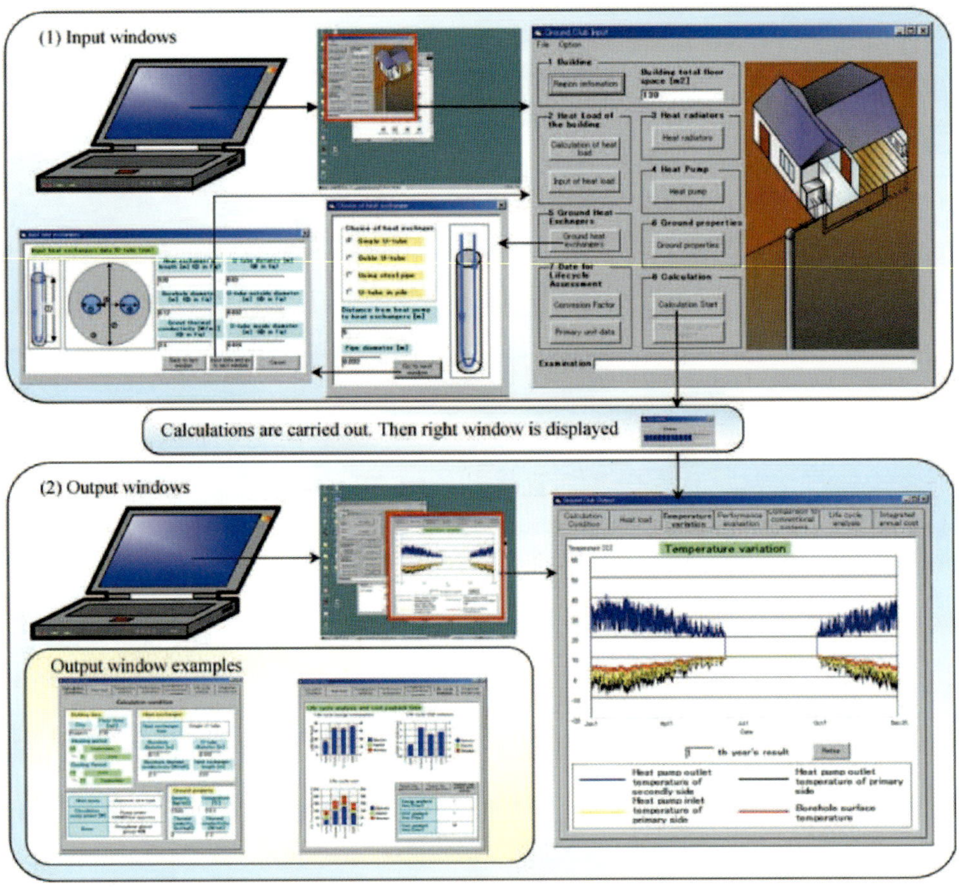

그림 4-43 일본에서 개발된 지열 열펌프 시스템 설계 및 성능 예측 프로그램

그림 4-43과 그림 4-44에서 보듯이, 일본의 기후와 지중조건, 대상 건물의 부하 특성 등에 적합한 설계도구와 지중열전도 측정 장비 등이 최근에 개발되었으며, 그림 4-45의 단독주택용 소형 지열 열펌프도 개발되어 실용화 단계에 이르렀다.

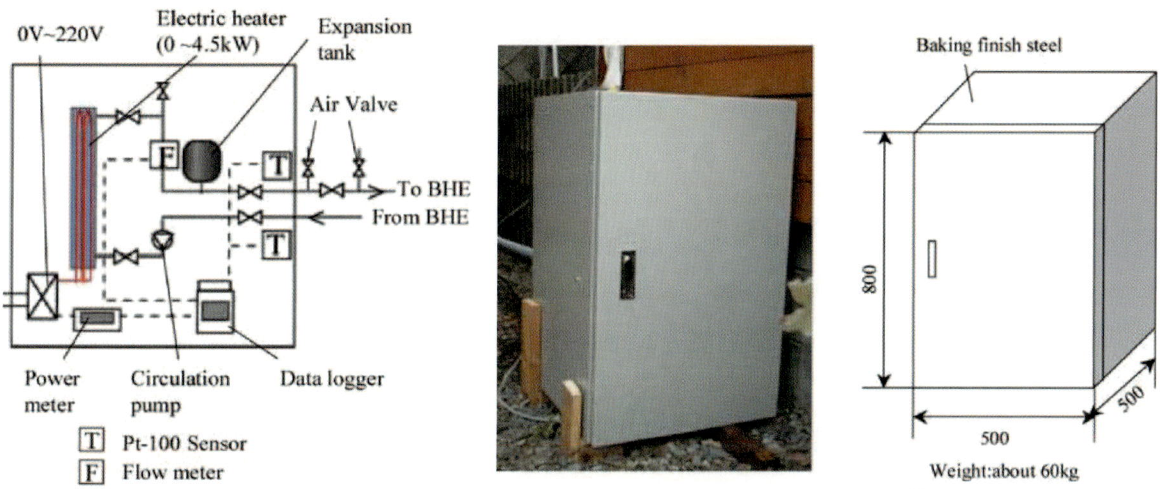

(a) 열응답 시험장치 내부 구성

(b) 열응답 시험장치 외관 및 크기

그림 4-44 일본에서 제작된 지중 열전도도 측정 장비

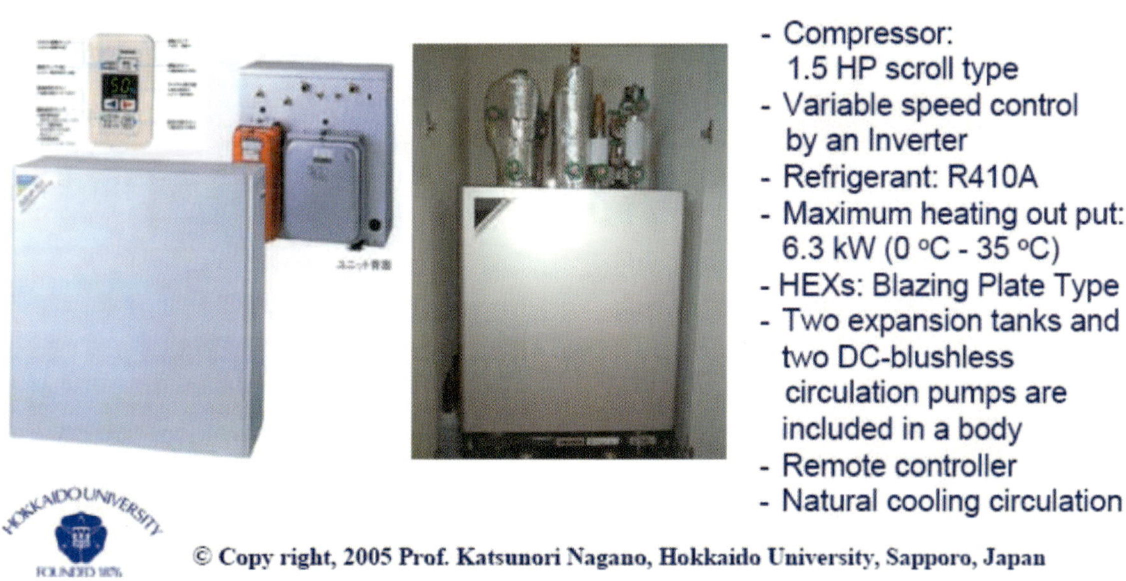

그림 4-45 일본에서 첫 대량 생산된 소형 지열 열펌프

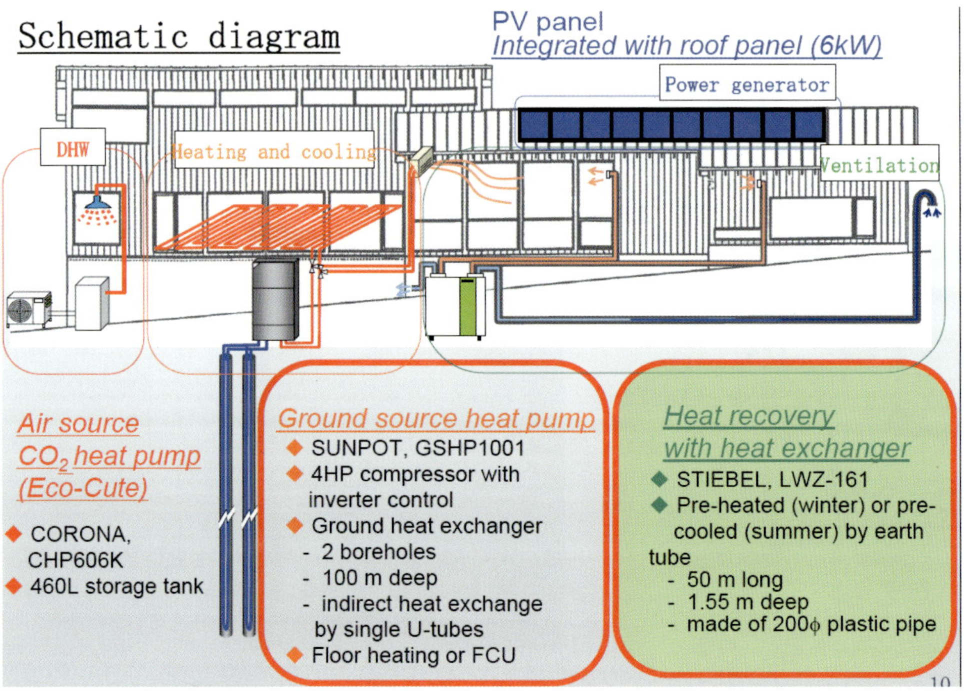

그림 4-46 저에너지 주택 개념도[Katsunori(2007)]

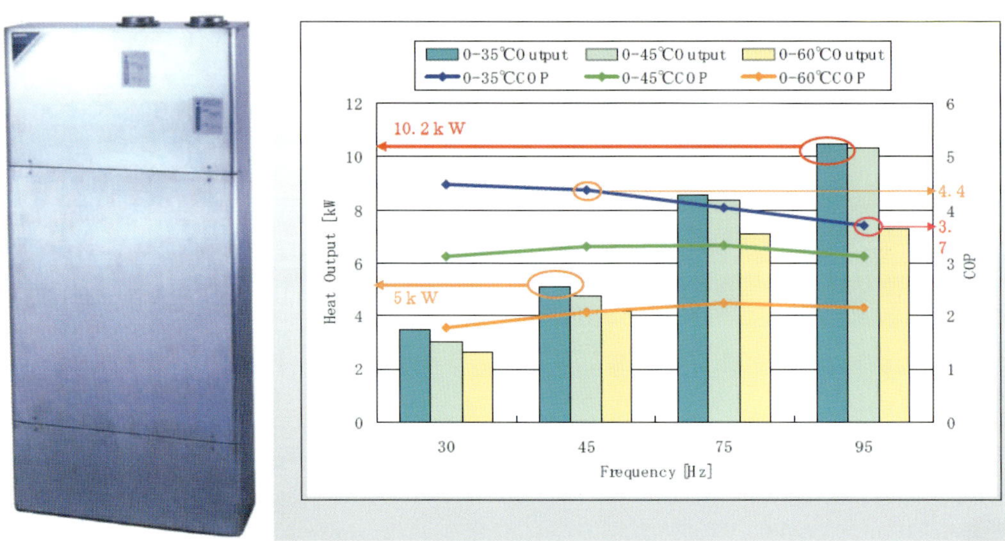

그림 4-47 저에너지 주택에 설치된 지열 열펌프 시스템의 난방 성능[Katsunori(2007)]

그림 4-46과 그림 4-47은 지열 열펌프 시스템을 비롯하여 다양한 신·재생에너지 이용설비를 건물과 통합하는 기술의 개념도와 이때 지열 시스템의 난방 성능결과를 나타낸 것이다.

이 시스템은 4마력의 압축기를 사용하고 있으며, 이 압축기는 인버터 제어에 의한 용량조절이 가능한 압축기다. 지중열교환기로는 2개의 수직형 보어홀을 적용하였으며, 깊이는 각각 100m다. 실내 난방을 위해 바닥난방 코일이나 팬코일유닛(FCU)을 적용하였다.

② 지열발전

METI 산하의 산업기술종합연구소(AIST)가 과학기술을 담당하고 있다. AIST 하부의 15개 연구조직 가운데, 지질학연구소(GSJ)와 자원환경종합연구소(NIRE)가 지열개발에 가장 밀접하게 관여하고 있다.

NEDO 주관하에 기술개발 전략 Map 2007을 제작하여 공람하고 있으며, 지열발전 분야는 다음의 표와 같다. 로드맵에서 연구개발단계는 연구 개발에 의해, 각 요소 기술이 거의 확립 혹은 프로젝트 등이 완결되는 시기를 말하며, 도입단계는 기술이 실현되어, 설비 · 제품이 양산화 되어 시장에 도입되는 시기, 통상의 도입 지원책을 전제로 하여 경제성, 기술의 실현 가능성 등이 종합적으로 고려된 시기, 산업부문 등의 대형 설비는 1호기 도입, 민생 · 운수 부문 등에서는 시장에서 경합 할 수 있는 시기 등을 나타낸다.

표 4-15 일본의 지열발전에 대한 기술개발 전략[NEDO(2007)]

지열 발전 \ 년도	2010	2015	2020	2025	2030
바이너리 지열 발전	연구개발단계		도입단계	보급단계	
	1. 지열자원 탐사 및 평가기술				
	2. 저비용 굴착기술				
	3. 열저류 지층 모니터링 및 관리기술				
	4. 유지관리 기술				
	5. 환경영향 평가기술				
고온암체 발전	연구개발단계				도입단계
	1. 지하심부 지열탐사 기술				
	2. 지열저류층 고정밀 평가기술				
	3. 지열정 굴착기술				
마이크로 지열발전	연구개발단계			도입단계	보급
	1. 지열자원 탐사 및 평가기술				
	2. 저비용 굴착기술				
	3. 유지관리 대책기술				
	4. 환경영향 평가기술				

3) 보급현황 및 생산 실적

① 지열 냉난방

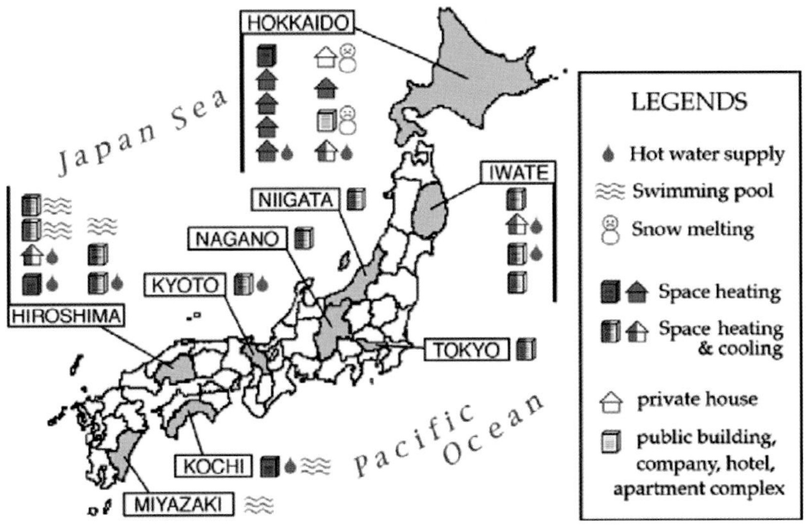

그림 4-48 일본의 지열 열펌프 시스템 설치 현황(2002년)

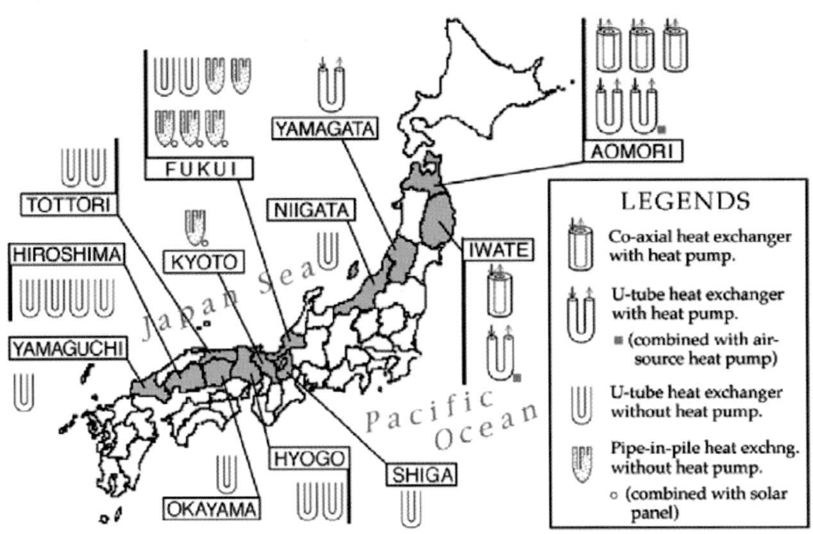

그림 4-49 일본의 도로 융설 시설 설치 현황(2002년)

일본에서 연간 열펌프 시장이 7~8백만 대인 것에 반해, 지열 열펌프 시장의 성장은 다소 느린 편이라고 할 수 있다. 현재까지 지열 시스템 설치 수는 약 130~140개 정도이지만 최근 몇 년 사이에 빠른 성장세를 보이고 있다.

특히, 2002년부터 2005년 사이에 큰 성장세를 보였다. 그림 4-48과 그림 4-49는 2002년까지 일본에서 설치된 지열 열펌프 시스템 및 도로 융설 시설 현황을 나타낸 것이다.

그림 4-50은 일본의 지열 열펌프 적용 현황을 나타낸 것이다. 일본의 NEDO에서 보급한 가정용 지열 시스템은 그 성능(EER)이 11로, 2005년에 일본 환경성 장관상을 수상하기도 하였다.

② 지열발전

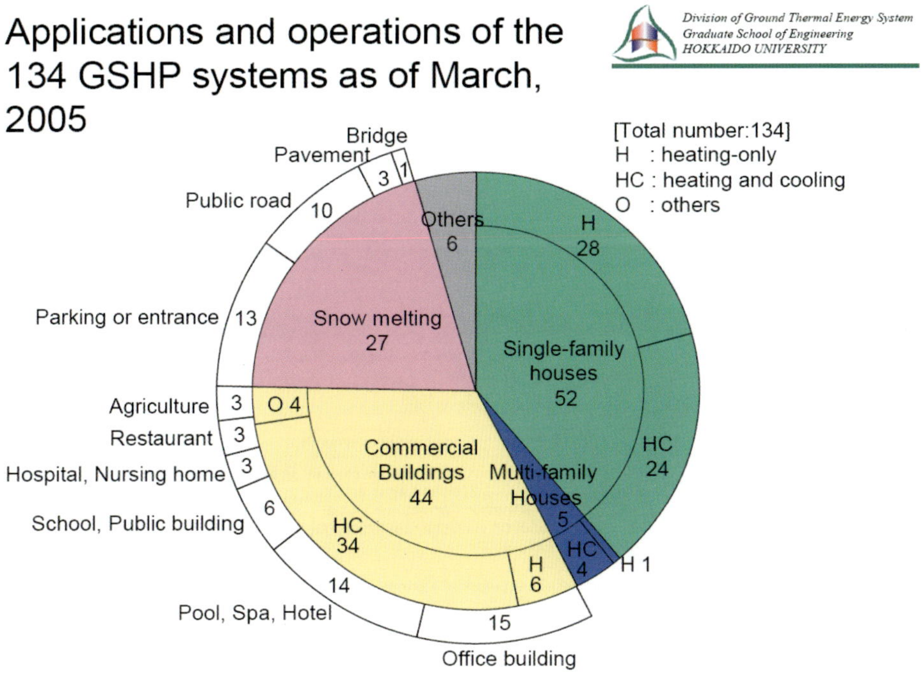

그림 4-50 일본의 지열 열펌프 적용 현황

출처 : IEA Heat Pump IA Annex29 Expert meeting-Status Report Japan(2006)

일본은 535MWe의 설비 용량 가운데 530MWe가 가동 중인 6번째로 큰 지열발전국가이다. 16곳의 지열발전소가 가동 중이며, 대부분은 Tohoku와 Kyushu 지역에 위치해 있다. 모든 지열발전소의 총 설비용량은 535MWe에 달한다. 그러나 재정 지원 및 규제완화의 부족으로 말미암아, 최근 수년간 일본에서는 대형 지열발전소 개발이 없었다. 다만 2004년 2월 2MWe급의 소형 바이너리 설비한 식이 Hatchobaru 지열발전소에 설치되었다. 이는 일본 최초의 바이너리 사이클 지열발전소이다.

일본 최초의 실험적 지열발전은 1925년에 Oita, Beppu에서 발생하였다. 연구개발 프로젝트는

2차 세계대전 동안 중단되었다가 다시 속개되었다. 일본 최초의 종합 지열발전소인 Matsukawa 지열발전소는 1966년 가동이 시작되었다. 일본의 지열발전의 설비용량은 546.9MWe이며, 2000년에 3,532GWh를 발전하여 전 세계에서 6위를 차지하였다.

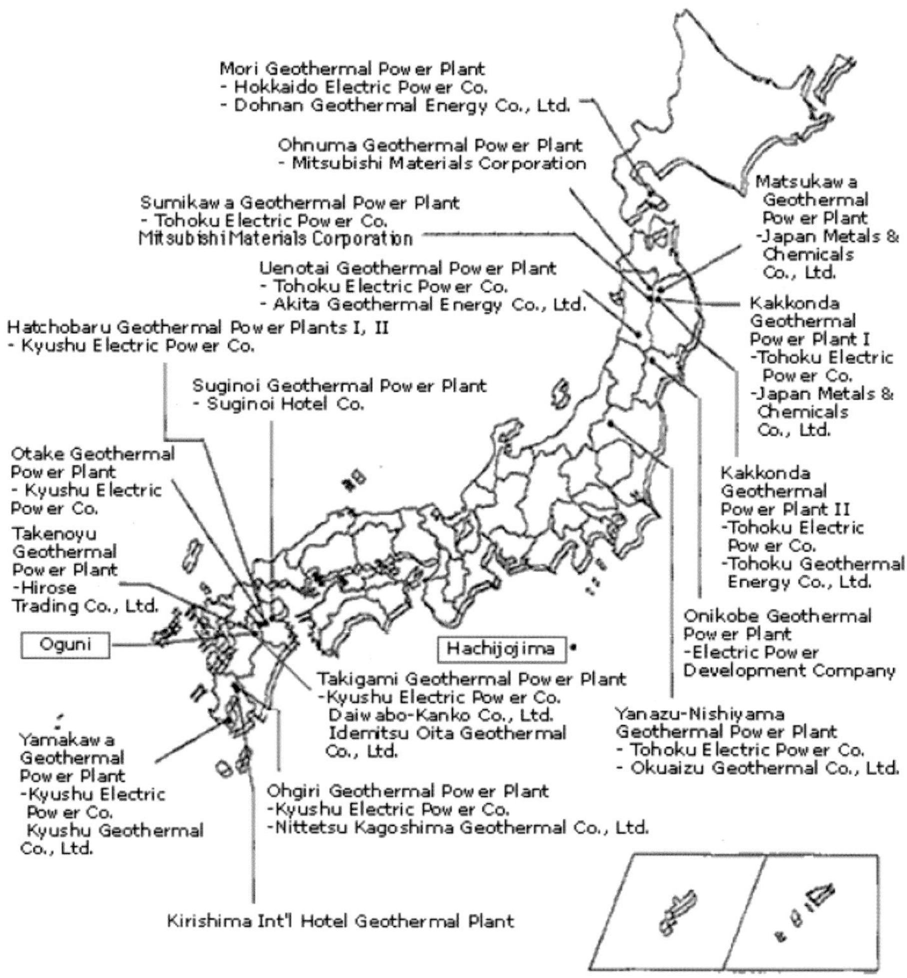

Source: Agency for Natural Resources and Energy, Japan

그림 4-51 일본의 지열발전 플랜트 위치

발전소의 규모는 65MW Yanaizu-Nishiyama 설비부터 Kyushu, Beppu의 100kWe Kirishima 국제호텔 후압 발전기에 이르기까지 다양하다.

1995년 3월, Yamagawa에서 30MWe 싱글 플래시 발전소가 가동되었다. 같은 달, Akita현의 Sumikawa에서 50MWe 싱글 플래시 발전소가 가동이 개시되었다. 이 사이트에서는, 단일 패드로부터 여러 개의 관정을 굴착하였으며, 발전소 건물 주위의 눈을 녹이는 데 따뜻한 폐수가 사용되었다. 1995년 5월에는, 65MWe Yanaizu-Nishiyama 발전소가 건설되었다.
이 시설은 가능한 한 단순하게 설계되었으며, 근처의 시영 온실단지의 저류(底流)를 캐스케이드 방식으로 활용하여 그 효율성을 증가시켰다.

표 4-16 일본의 지열발전소 현황(2001)

Name of supplier	Name of power plant	Location	Capacity MW	Start of operation
Japan Metals & Chemicals Co., Ltd.	*Matsukawa	Matsuo Mura, Iwate Pref.	23.5	October, 1996
Kyushu Electric Power Co.	Otake	Kokonoe Town, Oita Pref.	12.5	August, 1967
Mitsubishi Material Corporation	*Ohnuma	Kazuno City, Akita Pref.	9.5	June, 1974
Electric Power Development Co., Ltd.	Onikobe	Naruko Town,	12.5	March, 1975
Kyushu Electric Power Co.	Hacchobaru I	Kokonoe Town, Oita Pref.	55	June, 1977
Japan Metals & Chemicals Co., Ltd.	Kakkonda I	Shizukuishi Town, Iwate Pref.	50	March, 1978
Suginoi Hotel Co., Ltd.	*Suginoi	Beppu City, Oita Pref.	3	March, 1981
Hokkaido Electric Power Co.	Mori	Mori Town,Hokkaido	50	November, 1982
Taiwabo-kanko Co., Ltd.	*Kirishima Int'l Hotel	Makizono Town Kagoshima Pref.	100	February, 1984
Kyushu Electric Power Co.	Hacchobaru II	Kokonoe Town, Oita Pref.	55	June, 1990
Hirose Trading Co., Ltd.	*Takenoyu	Okuni Town, Kumamoto Pref.	105	October, 1991
Tohoku Electric Power Co.	Uenotai	Yuzawa City,	28.8	March, 1994
Tohoku Electric Power Co.	Sumikawa	Kazuno City	50	March, 1995
Kyushu Electric Power Co.	Yamakawa	Yamakawa Town,	30	March, 1995
Japex Geothermal Co.		Kagoshima Pref.		
Tohoku Electric Power Co.	Yanaizu Nishiyama	Yanaizu Town,	65	May, 1995
Okuaizu Geothermal Co.		Fukushima Pref.		
Tohoku Electric Power Co.	Kakkonda II	Shizukuishi Town, Iwate Pref.	30	March, 1996
Kyushu Electric Power Co.	Ohgiri	Makizono Town,Kagoshima Pref.	30	March, 1996
Kyushu Electric Power Co.	Takigami	Kokonoe Town, Oita Pref.	25	November, 1996
Tokyo Electric Power Co.	Hachijojima	Hachijo-jima, Tokyo	3	March, 1999
	19 Locations		546	

Source: Agency for Natural Resources and Energy, Japan

Note: * Geothermal Power Plants for own use

또 1995년 5월, 30MWe 싱글 플래시 Kakkonda 제2호 기의 가동이 개시되었다. 이 현장에 열을 공급하는 관정은 Kakkonda 제1호기가 사용하는 저장소보다 훨씬 아래인 약 3,000m 깊이의 저장소를 활용한다. 1996년 3월, Kagoshima현 Ogiri에 30MWe 싱글 플래시 발전소가 건설되었다. 이 발전소는 설계면에서 Otake, Hatchobaru, Yamagawa 발전소와 유사하다.
1980년대 초반 이래 탐사되었던 Takigami 발전소는 싱글 플래시 사이클을 통한 25MW 발전으로 1996년 11월 가동이 개시되었다. 이 발전소는 두 개의 소형 민영 발전소인 Otake, Hatchobaru와 같은 지역에 위치하기 때문에, 이 지역을 일본에서 가장 두드러진 지열발전 구역으로 만들어주었다. 마지막으로, 1999년 3월, Tokyo현 Hatchijojima 소도에 3.3MWe 건조 증기 발전소의 가동이 개시되었다. 이 열자원은 전력 공급 외에도 온실 가열 및 다른 직접적 용도에 유용하게 사용된다.
Uenotai 발전소의 산출량이 27.5MWe에서 28.8MWe로 개선됨에 따라, 17곳의 지열 현장에 건설된 19곳의 발전소를 통하여 총 546.9MWe의 지열발전 용량이 설비된 상황이다. 이 용량은 일본의 모든 전력원의 총설비용량의 0.2%에 해당하나 1998 회계 연도에 발전된 3,531.6GWh는 그 기간에 일본에서 생산된 전력의 0.4%를 차지하였다. 후자의 이익은 부분적으로 과거 5년간 일본 지열발전소에 대하여 보고된 상대적으로 높은(80.7%) 평균 이용 계수 덕분이다.
1995~1999년에 일본 정부기관에 의한 보고된 투자액은 미화 4억 6,710만 달러였으며, 이는 1990~1994년의 미화 6억 3,200만 달러 및 1985~1990년의 미화 7억 2,730만 달러에서 감소한 것이다.
현재는 Oguni가 일본에서 유일하게 진행 중인 지열 공사 현장이다. 이 현장이 자연공원 내에 위치하기 때문에 개발사인 Electric Power Development사는 환경과 풍광을 보호하는 데 집중하고 있다. Oguni 이후로는 이렇다 할 건설 계획이 없지만, 일본 정부와 민간에서는 지열발전에 필요한 유력 후보지를 지속적으로 조사하고 있다.

4) 최근 시장 동향

① 지열 냉난방

앞서도 언급하였듯이, 일본 정부의 노력과 전력회사 그리고 관련 연구기관들의 다양한 노력에 힘입어 일본의 지열 열펌프 시장은 해마다 성장하는 것으로 분석되었다. 이는 향후에도 지속적인 성장세로 이어질 것으로 전망된다. 한편 두 번째 석유파동 이후 일본 홋카이도에 일부 주택이나 병원 그리고 콘도 등에 지열 열펌프 시스템이 시범적으로 적용된 사례도 있다. 하지만 냉난방 에너지 가격이 내려가면서, 그 영향을 받아 지속적으로 설치되는 않는 경향도 보이고 있다. 그림 4-52에 일본의 지열 열펌프 시장 동향과 지중열교환기의 총 설치 길이 등을 나타내었다. 그림에서 보듯이 2000년대 초반 이후부터 급격한 성장세를 보이고 있음을 확인할 수 있다.

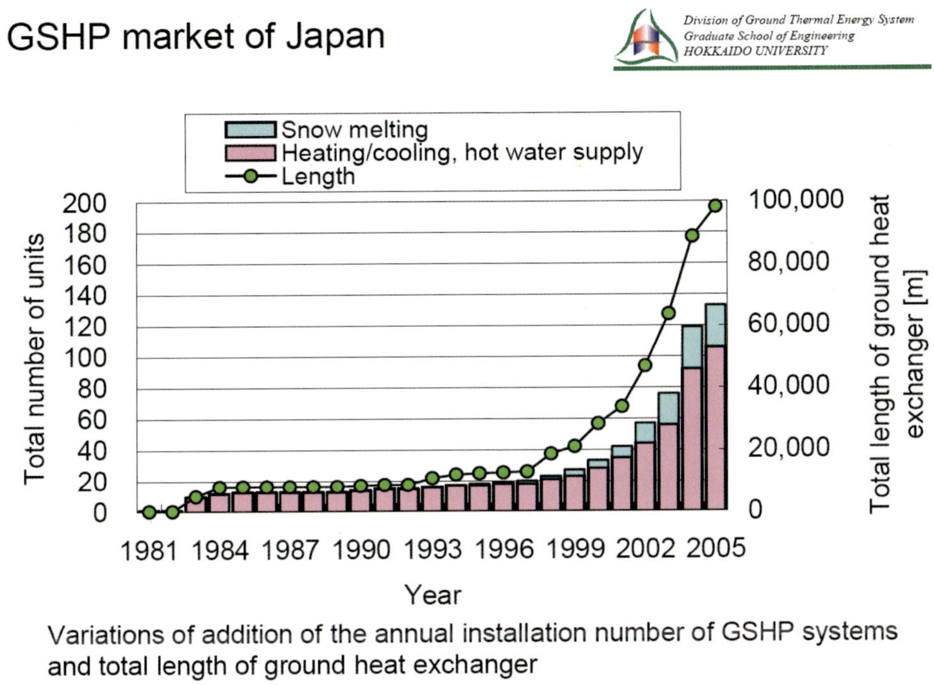

그림 4-52 일본의 지열 열펌프 시장 동향

출처 : IEA Heat Pump IA Annex29 Expert meeting-Status Report Japan(2006)

그림 4-53 인버터 압축기를 장착한 가정용 소형 지열 열펌프 유닛(GSHP701 Sunpot사)

출처 : IEA Heat Pump IA Annex29 Expert meeting-Status Report Japan(2006)

우리와는 달리, 일본은 주거용 단독주택(single family house)에도 지열 시스템을 널리 보급하고 있다. 약 52곳의 단독주택에 지열 시스템을 보급하였으며, 이중 41곳의 현장은 2002

년 이후에 설치된 것이다. 이처럼 최근 몇 년 사이 그 보급률이 급격하게 증가하고 있는 추세다.

특히, 2004년에는 지열 열펌프 패키지 유닛이 시장에 소개되었다. 주택건축 선도사가 rotating press-in steel pile 시스템을 소개하고 최근 11개 주택에 설치하였다. 2005년 지구온난화 방지를 위한 노력이 반영되어 일본 환경성으로부터 상을 받기도 하였다.

그림 4-53은 일본의 Sunpot사가 개발한 가정용 소형·소용량 지열 열펌프 유닛으로, 외부 케이스 안에 열펌프와 지중 순환펌프 등이 모두 있는 일체형 유닛이다. 최근 일본에서 제작되는 가정용 지열 열펌프 유닛은 인버터 압축기를 장착하여 성능을 향상시키고 있다. 열펌프가 부분부하 운전을 할 경우, 압축기의 회전수를 증가시키고, 동시에 ON-OFF 컨트롤을 줄임으로써 성능을 향상시킬 수 있었다. 또한 가정용 지열 열펌프의 크기를 줄여 설치 공간을 절약함으로써 소비자들로부터 큰 호응을 받고 있는 것으로 조사되었다.

<table>
<tr><td colspan="2">Zone</td><td>I II</td><td>III</td><td>IV</td><td>V</td></tr>
<tr><td colspan="2">Climate</td><td>Cold</td><td>Semi cold</td><td>Moderate</td><td>Warm</td></tr>
<tr><td colspan="2">Typical conventional system</td><td>Central</td><td>Individual</td><td colspan="2">Individual</td></tr>
<tr><td></td><td>Heating</td><td>Hot water boiler
(with oil or gas heater)</td><td>Oil or gas heater
(with Japanese kotatsu or air source split room air-conditioners)</td><td colspan="2">Air source split room air-conditioners
(with Japanese kotatsu or oil or gas heater)</td></tr>
<tr><td></td><td>Cooling</td><td>-</td><td>Air source split room air-conditioners</td><td colspan="2">Air source split room air-conditioners</td></tr>
<tr><td colspan="2">Proposed GSHP system</td><td>Central</td><td>Individual</td><td colspan="2">Individual</td></tr>
<tr><td></td><td>Heating</td><td>Ground source water(DX)-water heat pump</td><td>Ground source water(DX)-water split heat pump</td><td colspan="2">Ground source water(DX)-air split heat pump</td></tr>
<tr><td></td><td>Cooling</td><td>Natural cooling
(if needed)</td><td>Ground source water(DX)-water split heat pump or natural cooling
(if possible)</td><td colspan="2">Ground source water(DX)-air split heat pump</td></tr>
</table>

* DX: Direct Expansion

그림 4-54 일본 내 기후에 따른 최적 지열 열펌프 시스템 사양(단독주택)

그림 4-54와 그림 4-55는 일본 내 기후대별 최적 지열 열펌프 시스템의 사양을 보여준다. 일본에서는 추운 지방에 지열 열펌프 시스템이 공기열원 열펌프 시스템보다 더욱 대중적이다.

최근 압축기 없이 자연 냉방용 파이프를 장착한 가정용 지열 시스템은 에너지 절약 측면에서 우수하고 냉방을 간편하게 할 수 있다는 장점이 있어 많이 설치되고 있다.

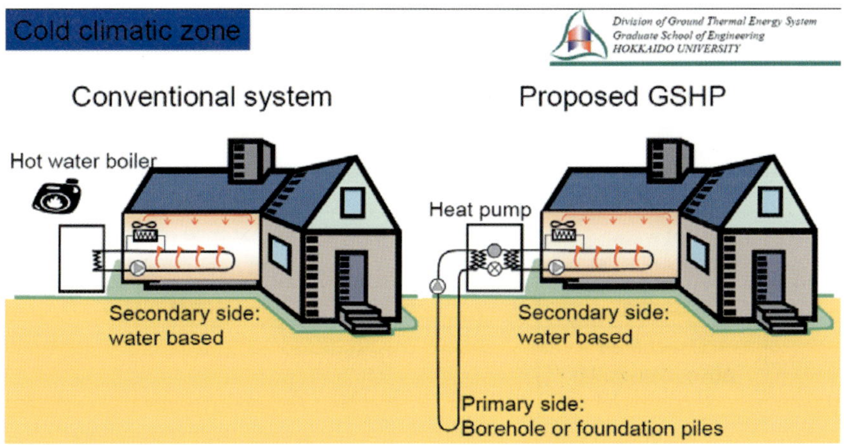

(a) 추운 지방

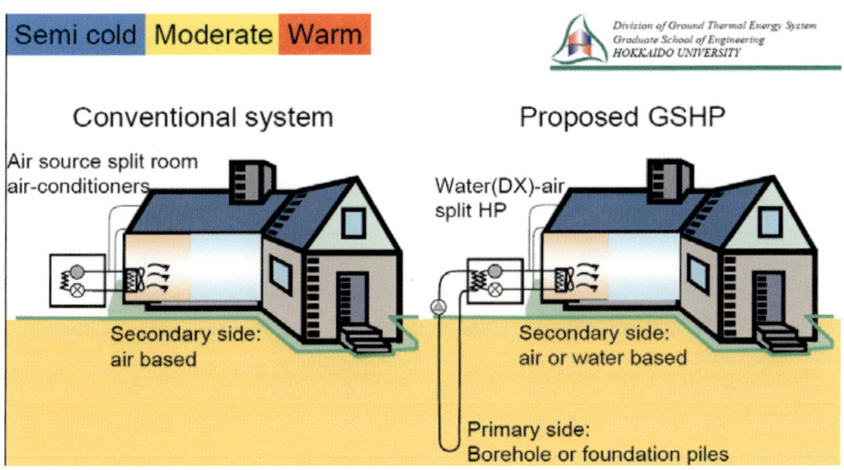

(b) 온화하거나 더운 지방

그림 4-55 일본 내 기후에 따른 최적 지열 열펌프 시스템 설치 개념도(단독주택)

반면, 온화하거나 더운 지방에서는 분리형 에어컨이나 공기열원 열펌프가 상대적으로 저렴한 가격 때문에 널리 사용되고 있는 추세다. 이러한 지역에서는 대부분의 가정이 하나 또는 그 이상의 에어컨이나 공기열원 열펌프를 설치하여 사용하고 있다. 결과적으로 지열 열펌프 시스템의 상대적으로 높은 초기 투자비로 인해, 온화하거나 더운 지방에서는 아직까지 많은 수의 지열 시스템이 보급되지 못하고 있다.

일본의 추운 지방에서는 중앙 기계실에 열펌프를 설치하는 중앙 냉난방 시스템(central

water circulation systems)과 바닥난방이나 팬코일유닛, 판넬 히터를 주로 적용한다. 브라인이나 물을 사용한 간접 열교환뿐만 아니라 직접 팽창(direct expansion)도 가능하며, 냉방이 필요할 경우, 외기도입을 통한 자연냉방(natural cooling)을 주로 수행하고 있다.

<table>
<tr><td colspan="2">Zone</td><td>I II</td><td>III</td><td>IV</td><td>V</td></tr>
<tr><td colspan="2">Climate</td><td>Cold</td><td>Semi cold</td><td>Moderate</td><td>Warm</td></tr>
<tr><td colspan="6">Typical conventional system</td></tr>
<tr><td rowspan="4"></td><td rowspan="2"><3000m²</td><td>Central</td><td colspan="3">Individual</td></tr>
<tr><td>Hot water boiler+Chiller</td><td colspan="3">Air source multi split heat pumps</td></tr>
<tr><td rowspan="2">>3000m²</td><td>Central</td><td colspan="3">Central</td></tr>
<tr><td>Direct fired absorption water chiller boiler or Hot water boiler+Chiller</td><td colspan="3">Direct fired absorption water chiller boiler or Air source heat pump chiller</td></tr>
<tr><td colspan="6">Proposed GSHP system</td></tr>
<tr><td rowspan="4"></td><td rowspan="2"><3000m²</td><td>Central</td><td colspan="3">Central</td></tr>
<tr><td>Ground source water-water(air) heat pump chiller</td><td colspan="3">Ground source multi water-air heat pumps</td></tr>
<tr><td rowspan="2">>3000m²</td><td>Central</td><td colspan="3">Central</td></tr>
<tr><td>Ground source water-water(air) heat pump chiller</td><td colspan="3">Ground source water-water heat pump chiller</td></tr>
</table>

그림 4-56 일본 내 기후에 따른 최적 지열 열펌프 시스템 사양(상업용)

아울러 분리형 룸 에어컨이 냉방용으로 많이 보급되어 있으며, 현재 개발 중에 있는 분리형 지열 열펌프 시스템도(물 대 공기 또는 물 대 물 열펌프 적용) 곧 상용화할 것을 예상된다. 그림 4-56과 그림 4-57은 일본 내 기후에 따른 최적 지열 열펌프 시스템 사양(상업용)을 나타낸 것이다. 이런 사양을 바탕으로 다양한 종류의 상업용 건물에 지열 열펌프 시스템이 보급되고 있다. 아울러 학교, 수영장 그리고 병원과 같은 공공건물에도 설치 사례가 꾸준히 증가하고 있는 추세다. 여기에 일부 프랜차이즈 식당에도 지열 열펌프 시스템을 적용하여 냉난방을 수행하고 있다. 상업용 건물에서는 주로 물 대 물 열펌프 유닛을 설치한 후, 실내에 설치한 덕트를 이용하여 건물의 냉난방을 수행하고 있다. 여기에 비닐하우스 냉난방이나 도로 융설(snow melting)에 지열 열펌프 시스템을 적용하고 있다.

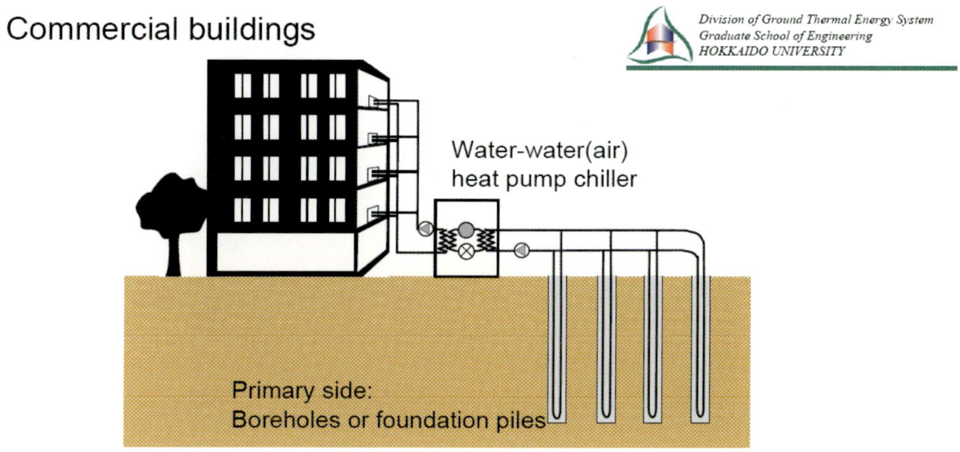

(a) 상업용 빌딩

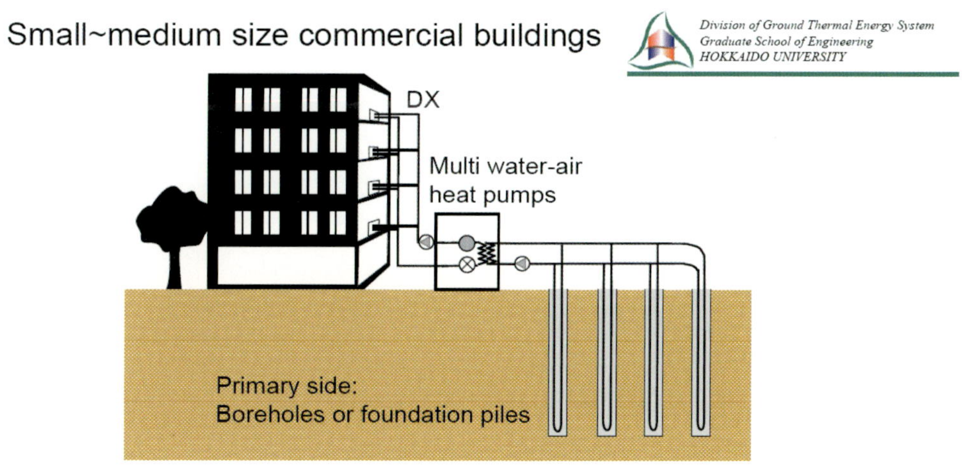

(b) 중소형 크기의 상업용 빌딩

그림 4-57 일본 내 기후에 따른 최적 지열 열펌프 시스템 설치 개념도(상업용 건물)

가정용 단독주택과 마찬가지로 추운 지방에서는 주사용은 순환수식 바닥난방 시스템과 전통적인 열공급용 히트펌프로써 지열 시스템과 조합하여 사용한다. 이때 지열 열펌프 시스템과 전통적인 공기열원 열펌프가 건물의 최대 냉난방 부하를 감당한다.

따뜻한 지방의 비교적 규모가 큰 건물에서는 순환수식 시스템이 일반적이다. 또한 중간 크기의 건물에는 상대적으로 높은 성능을 보이는 멀티 시스템 공기열원 열펌프(mutil-split air source heat pumps)가 주로 적용된다. 순환수식 시스템에서 직접 팽창 열교환기로 전환하면 기존 건물의 지열 열펌프 시스템으로도 활용할 수 있는 방법이다.

그림 4-58 대용량 상업용 지열 열펌프

출처 : IEA Heat Pump IA Annex29 Expert meeting-Status Report Japan(2006)

물 대 물 열펌프를 적용한 중앙 시스템 난방이나 냉방은 구조 상 단순하지만, 일본 내 거의 모든 지역에 규모가 큰 건물에 설치되어 있다. 반면 중·소규모 건물에서는 자연냉매가 운전비용을 줄이는 방법을 채택하고 있다. 이는 순환펌프 소비동력이 경우에 따라서는 시스템 운전비를 증가시키기 때문이다. 초기 투자비와 성능 면에서 멀티 분리형 지열 열펌프 시스템은 일본에서 가장 많이 사용하는 공기열원 열펌프 시스템과 견줄 정도로 많이 설치되고 있다. 그림 4-58은 일본에서 개발된 대용량 지열 열펌프 유닛으로 중·대형 건물에 설치되는 물 대 물 열펌프다.

일본에서 도로 융설 시설의 설치율은 거의 20%에 이를 정도로 매우 높은 편이다. 2002년 이후 설치 사례가 증가하였으며, 약 30여 개의 시설이 일본 전역에 설치되어 운전 중에 있다. 특히, 일본의 일부 지방자치단체에서는 지열 에너지를 이용할 경우 겨울철 눈이 많은 지역에서 시민 안전과 에너지 절약 문제를 동시에 해결할 수 있을 것이라는 판단 하에 1998년과 2002년 사이에 도로 융설 시설을 시공하였다.

② 지열발전

일본은 2010년도를 정부의 목표에서 2,800MWe의 설비용량을 계획하고 있다. 유형은 일본 최초인 2MWe 바이너리 사이클 설비가 Hatchobaru에 건설된 2004년 이후로 일본에서 대형 지열발전소가 건설되지 않고 있다.

주거 부문에서는, 지열 난방 설비가 시장에 출현하기 시작하는 중이다. 일본에서 설비의 비용이 하락함에 따라 인기를 얻을 것으로 예상되는 이러한 유형의 시스템에 대한 생산 및 이용 측면에서 유럽과 미국에 뒤쳐져 있다.

5) 장기 시장 전망

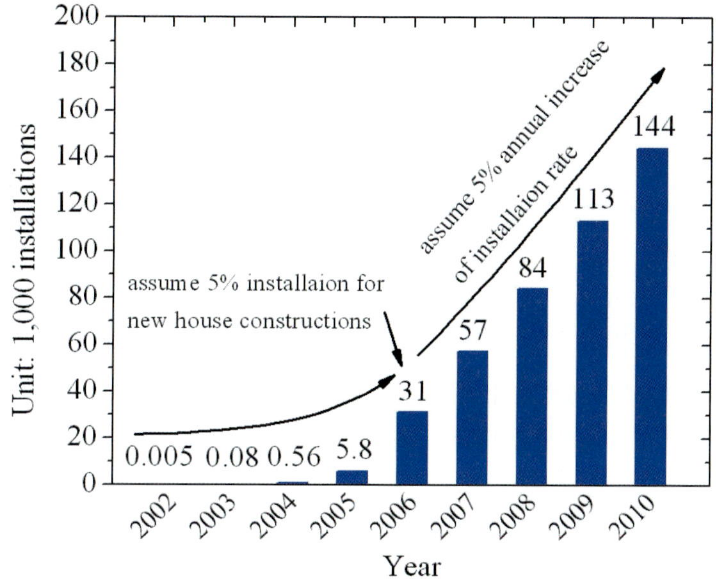

그림 4-59 일본의 지열 열펌프 시스템 보급 목표

일본에서는 에너지 절약과 환경보호 차원에서 고효율 냉난방 설비를 비롯하여 지열 열펌프 시스템의 사용을 적극 권장하고 있으며, 이에 따라 보급률도 지속적인 성장세를 보이고 있다. 여기에 지열 열펌프 시스템을 설치할 경우, 설치비의 일부를 지원하거나 관련 세금을 절감해주는 지열 시스템 설치장려 프로그램을 시행하고 있다. 또한 NEDO는 지열 열펌프 시스템이 가장 효율적인 냉난방 시스템임을 인식하고 보급을 장려하고 있다. 2004년에는 3개의 개인 회사가 홋카이도대학에 지열에너지시스템국을 설립하기도 하였으며, 이 기관은 지열 시스템과 관련된 각종 연구를 수행하고 있다. 아울러 홋카이도 전력회사는 지열 시스템을 알리기 위해 다양한 방법으로 지원하고 있다. 현재 NEDO나 도쿄, 오사카를 포함한 몇몇 지방 자치단체는 지열 시스템을 설치하는 데 금융지원을 하고 있으며, 일본 내 일부 건설회사는 독립적으로 지원하고 있다. 따라서 향후 일본 내 지열 열펌프 시스템의 보급률은 지속적으로 상승할 것으로 전망된다. 그림 4-59는 NEDO의 일본 내 지열 열펌프 시스템 보급 목표를 나타낸 것이다.

6) 주요 선도 기업 현황

일본에서는 주로 열펌프와 냉동기 제조사들이 일본의 지열 시장을 선도하고 있다. 이외에도 West Japan Engineering Consultant Inc.이나 Kyushu Electric Power Co. Inc. 등이 자체적으로 사업을 수행하고 있다.

지열발전 분야에서는 설비 제조사의 비중이 크다. Mitsubishi, Toshiba, Fuji의 순서로 시장을 점유하고 있다.

나. 중국

1) 기술수준 및 R&D 동향

① 지열 냉난방

지열 냉난방 시스템이 중국에 처음 도입된 것은 1990년대 초이며, 이후 지속적인 성장세를 보이고 있다. 중국 과학기술국과 미국 에너지부(DOE)는 1997년에 에너지 효율 향상과 신·재생에너지 분야의 기술개발을 위해 서로 협력하기로 조약을 체결하였다. 이 조약에는 중국의 지열 냉난방 시스템 시장 확대와 관련 기술개발을 위해 미국 정부의 재정지원과 미국 기업들의 중국 시장 진출을 허용하는 중국의 제도 지원과 같은 내용도 포함되어 있다. 이러한 양국의 노력과 재정지원에 힘입어 현재 합작으로 기술을 개발하고 있으며, 개발된 기술을 상업화하고 있다.

미국 DOE와 GHPC(geothermal heat pump consortium) 그리고 중국의 Beijing Jike사는 중국 내 지열 냉난방 시스템의 적용 가능성 분석을 위한 12개의 시험용 프로젝트를 공동으로 수행하였다. 이 프로젝트 중 하나가 Concordia International Apartment Building에 설치한 시스템이며, Beijing Jike사와 GHPC는 시스템의 냉난방 성능을 측정한 후, 지열 시스템의 경제성과 중국 내 적용 가능성을 확인하였다.

② 지열발전

중국의 지열 에너지 이용은 대략 1970년경에 시작되었다. 2005년 초까지 건설된 지열발전 플랜트의 용량은 28MWe이며, 현재 13기의 지열발전소를 가동하고 있다. 전체 지열 에너지 이용 중, 지열발전 분야는 상대적으로 저조한 것으로 보인다. 이는 중국에서 고온의 지중열자원이 집중적으로 분포된 곳은 티베트와 운남성 서부인데, 이곳은 수력자원 역시 풍부하여 지열발전을 위한 개발 필요성을 느끼지 못했기 때문이다. 굴착된 생산관정은 무상으로 최종 사용자에게 양도되었는데, 1980년대 중반 이후 경제의 민영화와 자유화 분위기로 인해 지하 열자원 탐사활동을 위한 중국 정부의 투자는 위축되었다.

중국에서 2000년과 2005년 사이에 새로 건설된 지열발전 플랜트는 없었으며, 중국 내 지열발전 플랜트의 30% 가량은 티베트에 있다. 실제 지열발전 플랜트의 운전 용량은 19MWe이고, 이를 통해 연간 96GWh의 전기를 생산하고 있다.

2) 주요 기술개발 Project

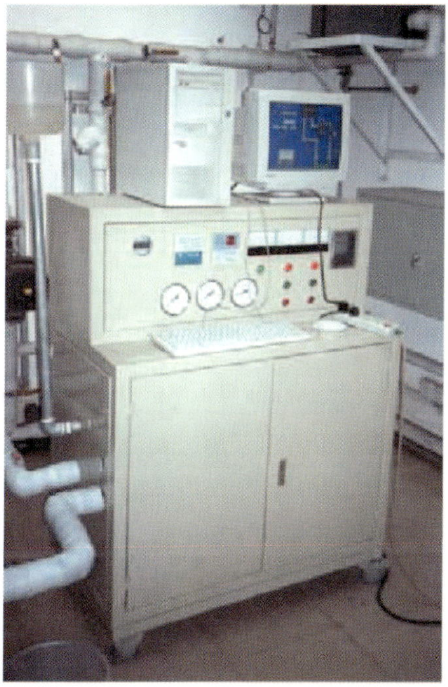

그림 4-60 중국의 지중열교환기 성능 실험용 장비

중국 내에서 지열 냉난방 시스템에 대한 연구는 주로 시스템의 성능 향상기술 개발, 건물 통합 지열 시스템 설계 기술 및 프로그램 개발, 지중열교환기 설계 및 시공 기술 개발, 현장 열물성 측정기술 개발, 친환경 냉매를 적용한 열펌프 개발 등에 집중되어 있다. 그림 4-60은 중국에서 개발한 지중열교화기 성능 실험 및 지중 열물성 측정 장비다.

혹독한 겨울기후를 갖는 중국 북동부의 Songliao 분지의 Daiqing 유전과, 물 부족으로 인해 많은 문제를 초래하는 중국 북서부의 Ordos분지의 Yingchuan 지역에서 심부지열 탐사작업이 수행되었다. 그 결과 이 두 지역 및 분지의 지열자원이 매우 방대한 규모임이 밝혀졌다. 핵심적인 현장으로 140~160℃의 얕은 저장소에 평균 깊이 200m의 관정 18곳이 굴착되어 총 용량 24MWe의 2단 플래시 설비 8곳으로 구성된 Yangbajain 현장을 들 수 있다. 연간 에너지 생산량은 대략 100GWh이며, 이는 티베트 수도인 Lhasa에서 필요한 양의 약 30%에 해당한다. 심부에서도 고온의 열저장소를 발견하였으며(1,500~1,800m 깊이에서 250~330℃가 측정됨), 잠재량은 약 50~90MWe로 추산된다. 이 현장은 아직 개발되지 않은 상태이며 2004년에는 1,000~1,300m의 심부에 도달하는 2,500m 깊이의 관정이 굴착되었다. 이 작업에 대한 연구 및 평가가 진행 중에 있다.

1990년대, 중국은 미국의 협조를 얻어 중국 내의 지열 열펌프 시스템 상용화를 위한 연구개발 사업을 추진하고 있다. 현재까지 DOE와 GHPC 컨소시엄과 Beijing Jike Energy New Technology Development Company(Beijing Jike)의 공동 노력으로 12개의 지열 시스템 데모 프로젝트가 수행되고 있다.

표 4-17 중국의 지열발전소 현황(2001)

	Capacity MW
Yangbajing (Tibet)	25
Dengwu (0.086*+0.386+0.300*)	0.77
Huitang	0.3
Langjiu	2.0
Quingshui*	3.0
Tuchang*	0.3
Nagqu	1.3
Tu Chang (Taiwan)	0.3

Source: World Geothermal Congress

*Currently not operating.

3) 보급현황 및 생산 실적

중국에서는 1995년 이래로, 발전소 가운데 5곳이 가동 중단되어 결과적으로 1998년 6월 현재 5곳의 지열발전소가 29.166MWe의 총 용량을 가지고 있으며, 매년 총 100GWh를 생산했다.

지난 5년간, Yangbajing 심층 저장소와 운남성 서부 자원에 대한 연구가 수행되긴 했지만, 신규 지열발전소 플랜트가 개통된 것은 없다. 지난 5년 동안, 저-엔탈피 및 중-엔탈피 자원의 개발이 강조되어 왔고, 이는 매우 급속히 전파되어 현재 1,620곳 이상의 직접 사용 현장이 가동 중이다.

중국 남서부의 오지인 운남성의 Tengchong 신생대 화산지에서 고온 지열자연에 대한 탐사 활동이 진행 중이다. 이 현장은 10MWe의 단일 설비를 갖는 지열발전소 공사에 필요한 자원을 공급할 것이다. 베이징에서는 88℃에 달하는 온도를 갖는 지열수가 발견된 사례도 있었으며, 중국의 지열발전소는 이제 막 30MWe를 넘어선 수준이다.

Table 1. Initial investment and operational costs of GHP system compared to a central air and heating system that runs on natural gas.

	GHP system		Natural gas-powered central air-conditioning and furnace	
	Unit price * CNY/m² USD/m²	Total cost (million=m)	Unit price CNY/m² USD/m²	Total cost (millions=m)
Equipment cost	CNY 224.0 USD 27.0	CNY 15.72 m USD 1.90 m	CNY 219.0 USD 26.46	CNY 15.34 m USD 1.85 m
Engineering cost	CNY 136.0 USD 16.4	CNY 9.52 m USD 1.15 m	CNY 147.0 USD 17.76	CNY 10.29 m USD 1.24 m
Total investment	**CNY 360.0 USD 43.5**	**CNY 25.24 m USD 3.05 m**	**CNY 366.0 USD 44.22**	**CNY 25.63 m USD 3.10 m**
Operational cost heating	CNY12.9 USD 1.6	CNY 1.50 m USD 181,353.00	CNY30.0 USD 3.63	CNY 2.64 m USD 318,968.00
Operational cost cooling	CNY 8.5 USD 1.0	CNY 748,000.00 USD 90,374.00	CNY 14.2 USD 1.72	CNY 1.25m USD 151,026.00
Cost of building space required for equipment	CNY 2500.0 USD 302.0	CNY 375,000.00 USD 45,308.00	CNY 2500.0 USD302.0	CNY 875,000.00 USD 105,719.00

* Conversion rate used: 1 USD = 8.28 CNY.

그림 4-61 중국에서의 지열 열펌프 시스템과 중앙 냉난방 설비의 초기 투자비 및 운전비용 비교

출처 : Renewable Energy in China By NREL National renewable Energy Laboratory

4) 최근 시장 동향

그림 4-61은 중국에서의 지열 열펌프 시스템과 중앙 냉난방 설비의 초기 투자비와 운전비용을 비교한 것이다. 에어컨이나 보일러 난방보다 초기 투자비용이 높음에도 불구하고 중국에서는 3년 안에 투자비를 회수할 수 있는 것으로 조사되었다.

중국에서는 2003년부터 전기 부족 현상이 나타났으며, 이는 경제발전에 따른 여름철 에어컨 사용 증가가 주된 원인이다. 2000년 이후부터 냉방용 전기를 절약할 수 있는 지열 열펌프 시스템을 활발하게 보급하고 있다. 최근 몇 년 사이에 중국에서는 가정용 에어컨 수입이 줄어든 반면, 미국의 지열 열펌프와 고효율 에너지 제품을 수입하는 비율이 지속적으로 증가하고 있다.

Table 2. Forecasted sales of GHP systems and units in public buildings over a five-year period in 14 provinces of China. Sales are in millions (m) or billions (bn).*

	2005	2006	2007	2008	2009	2010
GHP systems	CNY3.93 bn	CNY5.19 bn	CNY7.48 bn	CNY9.08 bn	CNY10.50 bn	CNY10.92 bn
	USD474.83 m	USD627.06 m	USD903.74 m	USD1.10 bn	USD1.27 bn	USD1.32 bn
GHP units	CNY1.57 bn	CNY2.08 bn	CNY2.99 bn	CNY3.63 bn	CNY4.20 bn	CNY4.37 bn
	USD189.69 m	USD251.31m	USD361.26 m	USD438.58 m	USD507.46 m	USD528.00 m

* Conversion rate used: 1 USD = 8.28 CNY.

그림 4-62 중국의 공공건물 부문에서 지열 열펌프 시스템과 지열 열펌프 예상 판매량

출처 : Renewable Energy in China By NREL National renewable Energy Laboratory

Table 3. Forecasted sales of GHP systems and units in commercial buildings over a five-year period in 14 provinces of China. Sales are in millions (m) or billions (bn). *GHP units include GHP equipment; GHP systems include closed-loop heat exchangers, pump, pipelines, etc.

	2005	2006	2007	2008	2009	2010
GHP systems	CNY449.0 m	CNY566.0 m	CNY808.0 m	CNY1.00 bn	CNY1.18 bn	CNY1.35 bn
	USD54.25 m	USD68.38 m	USD97.63 m	USD121.31 m	USD142.93 m	USD163.47 m
GHP units	CNY180.0 m	CNY226.0 m	CNY323.0 m	CNY402.0 m	CNY473.0 m	CNY541.0 m
	USD21.75 m	USD27.31 m	USD39.03 m	USD48.57 m	USD57.15 m	USD65.36 m

* Conversion rate used: 1 USD = 8.28 CNY.

그림 4-63 중국의 상업용 건물 부문에서 지열 열펌프 시스템과 지열 열펌프 예상 판매량

출처 : Renewable Energy in China By NREL National renewable Energy Laboratory

5) 장기 시장 전망

Beijing Jike사의 시장 조사에 따르면 지열 시스템과 건물 시스템의 판매에 있어 상당한 성장이 예상되며 2005년과 2010년 사이에 지열 시스템 및 설비의 판매는 연간 약 17% 이상 증가할 것으로 나타났다. 2010년에 이르면 76억 5천만 위안(미화 약 10억 달러)의 지열 시스템이 판매될 것으로 전망되었다. 그림 4-62는 중국의 공공건물 부문에서 지열 열펌프 시스템과 지열 열펌프의 예상 판매량을 그리고 그림 4-63은 상업용 건물 부문에서 지열 열펌프 시스템과 지열 열펌프의 예상 판매량을 보여주고 있다. 아울러 중국 정부는 지열 열펌프 시스템의 보급 활성화를 위해 세금우대, 보조금 지원 정책 등을 시행하고 있어 향후 중국 시장은 더욱 활성화될 것으로 전망된다.

다. 필리핀

1) 기술수준 및 R&D 동향

6곳의 현장에서 1,900MWe 용량의 지열발전이 이루어지고 있다. Makban의 426MWe(총 국가 지열발전소 용량의 22%를 차지), Tiwi의 330MWe(17%), Bacman의 150MWe(8%), Leyte의 698MWe (37%), Palinpinon의 193MWe(10%), Mt. Apo의 104MWe(6%)가 포함된다. 이 가운데에서, NPC가 1,211MWe(64%)를 소유 및 운영한다. 나머지 689MWe(36%)는 PNOC-EDC와의 BOT 계약을 보유중인 민간 부문의 회사들이 소유 및 운영한다. 689MWe에 대한 소유권은 현재 CalEnergy가 536MWe(28%), Ormat가 49MWe(3%), Oxbow가 104MWe(5%)를 보유중이다. 이 발전소들에 대한 소유권은 10년간의 BOT 계약기간 종료시 PNOC-EDC에 귀속되도록 되어 있다.

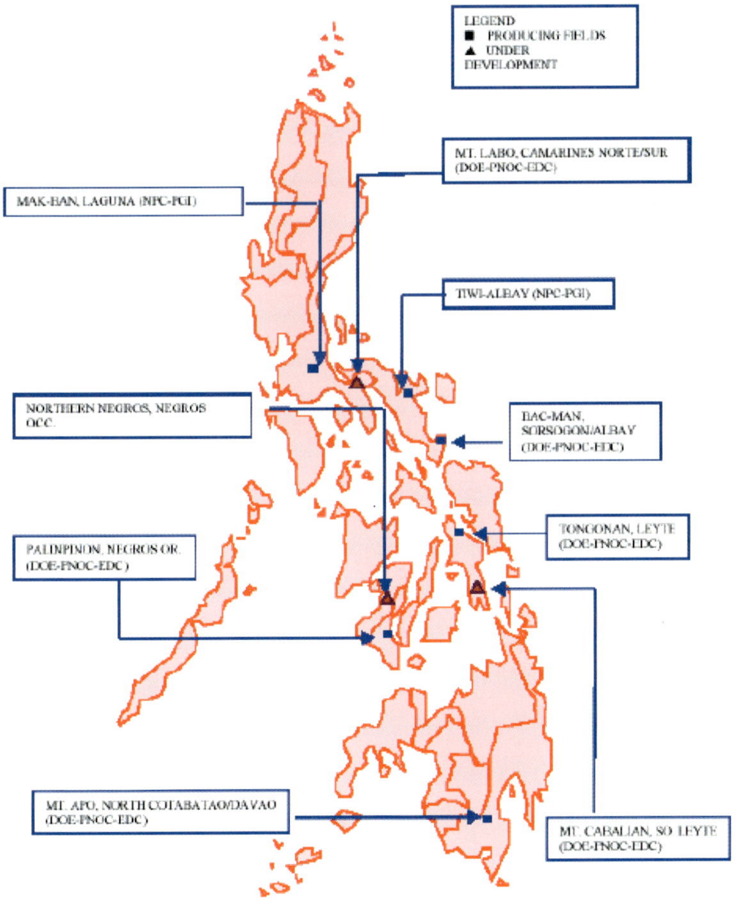

Source: World Geothermal Congress

그림 4-64 필리핀의 지열발전 서비스 계약 지역

2) 주요 기술개발 Project

신규 지역은 500MWe 이상의 신규용량을 목표로 하여 현재 연구 중이다. 2004년 3월, 필리핀은 Napocor의 지열 부문 자산을 매각하여 신규 프로젝트에 민간 투자자를 끌어들이기 위하여(프로젝트명 : GEOTHERMAL 1) 에너지 관리부 지열 계약라운드를 발족시켰다. 이 과정의 일환으로, 현재 다수의 새로운 지열 전력 프로젝트가 개발이 진행 중인 단계에 놓여 있다.

표 4-18 필리핀의 지열발전소 추가 건설 계획

Project	Capacity (MW)	Year
Mt. Cabalian *	110	2007
Amacan	40	2007
Mt. Labo	20	2007
Batong-Buhay	120	2007
Buguias-Tinoc	120	2007
Bato Lunas	60	2008
Planned total	526	

Source: World Geothermal Congress

3) 보급현황 및 생산 실적

필리핀은 상당한 숫자의 고품질 지열자원을 보유하고 있다. 이것들은 모두 환태평양 지역에서 전형적으로 발견되는 것과 같은 호상열도(弧狀列島) 화산으로서 인도네시아와 일본의 지열 시스템과 밀접한 유사성을 보여주고 있다.

필리핀 지열자원의 폭넓은 분포 특성은 오랫동안 지열개발의 장애물이 되어왔다. Makban을 제외하면, 가장 생산성이 높은 현장들은 모두 Manila와 Cebu의 주요 부하중심부에서 상당히 멀리 떨어져 있어, 에너지 수요처인 시장으로부터 차단되어 있다. 그러나 Leyte의 허브를 통하여 Visayan 군도와 Luzon을 연결하는 일련의 섬간 해저 EHV 전송 프로젝트가 현재 완료된 상태이며 이는 필리핀의 지열전력 산업에 보다 확대된 시장을 제공하고 있다.

지열 개발 및 발전 분야에 대한 20년 이상의 경험을 통하여, 필리핀의 지열산업계는 현재 성숙단계에 진입한 상태이다. 현재 필리핀 에너지부는 9곳의 지열 서비스 계약 구역의 운영을 감독 중이다. 설비된 지열용량은 2005년 말 1,930MWe에 달했다. 현재 필리핀은 습식 증기소 용량 측면에서 전 세계를 선도하고 있으며 지열발전 부분에서는 미국 바로 다음에 위치한다.

현재 9곳의 지열 서비스 계약 구역이 존재하며, 이 중 6곳은 생산단계에 있으며, 나머지 3곳은 고급 탐사단계를 진행 중이다.

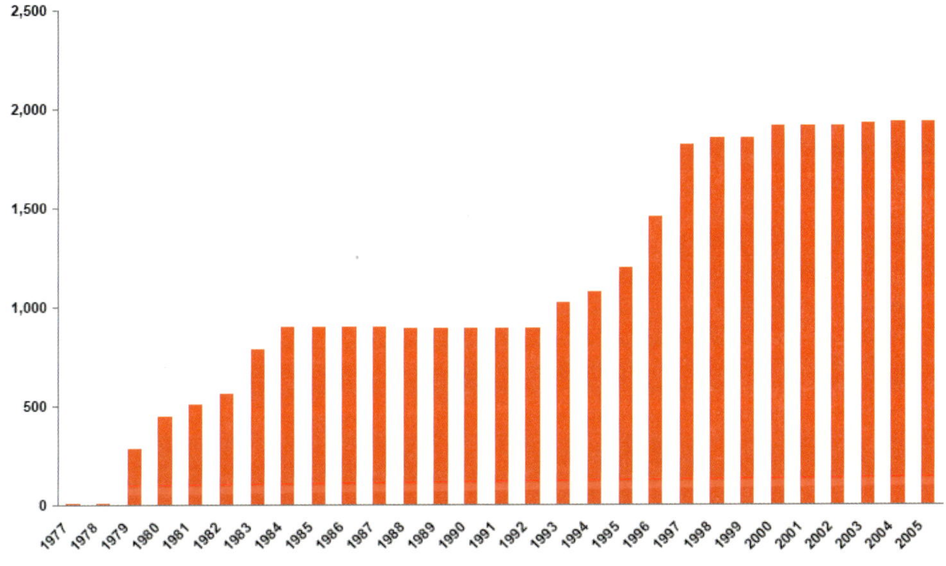

Source: World Geothermal Congress

그림 4-65 필리핀의 지열발전 설비용량 변화(MW)

4) 최근 시장 동향

일본 제조사들이 총 설비 용량의 82%를 공급하여 필리핀의 지열발전소용 터빈시장에서 주요 지분을 차지하고 있다. 개별적으로 보면, 이 회사 각각은 아주 비슷한 수준의 판매를 기록했는데, Mitsubishi가 총 용량의 30%, Toshiba가 27%, Fuji가 25%를 공급했다.

필리핀 시장에는 다른 3곳의 터빈 공급업체가 활동 중이다. Bacman에 2×55MW 압축 증기 터빈을 공급한 Annealed GIE, 자체제작 및 GE가 제작한 다수의 터빈을 공급한 Ormat, 이들은 각각 총 국가용량의 2.5%와 7%를 차지한다.

5) 주요 선도 기업 현황

- 필리핀 지열(주)(PGI)
- 필리핀 전력공사(NPC)
- CE Luzon Geothermal Power Company Inc : CalEnergy 자회사들이 완전 소유하고 있는 필리핀 회사로서 지열발전 건설 후 합의된 기간 동안 소유 및 운영권을 갖는다. 이 기간 종료 시, 소유권은 필리핀정부로 양도될 예정이다.

- Visayas Geothermal Power Company(VGPC) : CalEnergy 자회사들에 의해 간접적으로 완전 소유되고 있는 필리핀 합명회사로서 합의된 기간 동안 프로젝트를 소유 및 운영할 것이고, 그 기간 종료시 소유권이 필리핀 정부로 양도될 예정이다.
- CE Cebu Geothermal Power Company : CalEnergy가 간접적으로 소유하고 있는 필리핀 회사다.

라. 인도네시아

1) 기술수준 및 R&D 동향

인도네시아의 지열에 대한 개발은 매우 느리게 진행돼 왔으며 현재는 어려운 도전과 불확실성에 직면해 있다. 인도네시아는 2005년까지 20년에 걸쳐 20,000MWe의 지열 잠재량 가운데 약 4%에 달하는 797MWe만을 개발한 상태이다. 1998년에서 2002년 사이에 11건의 지열발전소 개발계약이 체결되었으나, 1997~1998년의 금융위기의 여파로, 정부는 9건의 전통적 발전 방식의 독립 전력 프로젝트(IPP) 및 7건의 지열 프로젝트를 중단시켰다.

2000년 이후로도 2002년에 궤도에 오른 Lahendong을 제외하고는 새로운 시설이 설치되지 않았다.

2001년 10월에 통과된 새로운 석유 및 가스법에서는 지열부문을 규제대상 영역에서 제외시킴으로써, 인도네시아 정부가 새로운 법적 기반을 신속히 확립할 것을 요구하고 있으나, 의회 위원회가 2001년 12월 제출된 인도네시아 지열 위원회의 지열법 초안을 검토 중이다. 이 법안의 기안자들은 지열개발의 새로운 전기가 마련되기를 기대하고 있다.

지열에너지의 자원기반은 도합 약 20,000MWe(90억 배럴의 석유에 상당)에 달한다. 이 잠재량 가운데 약 절반(8,000MWe)이 전기 수요가 가장 높은 최고의 인구밀집지역인 Java와 Bali 섬에 위치해 있다. 인도네시아에는 217곳의 지열 후보지가 있는 것으로 추산되며, 이 가운데 71곳이 Sumatra, 62곳이 Java, 52곳이 Sulawesi, 15곳이 Nusa Tenggara, 2곳이 Irian Java, 1곳이 Maluku에 위치한다. 214곳의 후보지에 대해 지질학적 조사가, 200곳에 대해서는 지구화학적 조사가, 그리고 45곳에 대해서는 지구물리학적 조사가 수행되었다.

Pertamina와 다른 정부기관에서는 10곳의 지열 후보지에 110곳의 관정을 굴착했다. Pertamina의 JOC 제휴사들은 8곳의 후보지에 261곳의 관정을 굴착했다. 탐사 결과 70곳의 지열 후보지가 발견되었다. 1989년부터 2000년까지 16곳의 탐사 관정과 56곳의 개발 관정을 굴착한 결과 2,245MW의 총 확인 매장량과 7,165MW의 총 가능 매장량이 확인되었다.

지열발전을 위한 높은 자본비용 및 이와 관련된 전기 요금은 여전히 핵심 문제로 남아있다. 게다가, 미해결상태인 지방분권 문제, 안전 및 계약상의 불확실성, 입안된 지열법안의 잠재적 규제변경 가능성 등이 지열 프로젝트에 대한 투자를 꺼리게 만든다.

장기적인 관점에서, 인도네시아는 여전히 세계에서 가장 매력적인 지열발전 지역 가운데 하나가 되겠지만, 인도네시아 정부는 반드시 그 잠재력을 극대화하기 위한 새로운 조치들이 필요한 실정이다.

2) 주요 기술개발 Project

2월 22일, Pertamina와 은행, 부동산, 텔레비전방송 등 다양한 부문에서 활약하는 인도네시아 지주회사인 Para Group은 세 곳의 지열발전 프로젝트를 개발하기로 하는 MOU를 체결했다. Kamojang 설비 6(Java 서부), Ulu Belu(Sumatra, Lampung), Lumut Balai(Sumatra 남부). 도합 1,060MW의 생산용량을 갖는 이 세 프로젝트는 보도에 의하면 미화 15억 달러의 가치를 갖는다고 한다.

2006년 8월, 자신의 완전 소유 자회사, Ormat International, Inc.(인도네시아 최대의 민간 석유가스 회사인) Medco Energi Internasional Tbk의 한 부문, 및 일본의 Itochu Corp으로 구성된 컨소시엄이 인도네시아 국영 공익사업체인 PT PLN(Persero)에 의해서 독립 전력 생산에 기반한 인도네시아 Sumatra 북부 Sarulla의 지열발전 개발 프로젝트의 낙찰자로 선정되었다. 이 Saruula 프로젝트는 현재까지 전 세계 지열산업계 최대의 단일 계약 지열개발 프로젝트를 대표한다.

Sarulla 프로젝트는 다음 5년간 각 단계가 110~120MW로 구성되는 총 3단계로 나누어 건설될 예정이며, 최초의 발전 설비는 자금조달 일로부터 30개월 내에, 그리고 최종 설비는 48개월 내에 가동될 예정이다. 발전소는 Ormat 지열 Combined Cycle 발전소가 될 전망이다. 이 프로젝트에 의해 전송되는 전력은 PLN의 Sumatra 북부 - Aceh 그리드 시스템의 기본 부하에 사용될 것이다. 3단계 완공 후, PPA에 따라 전기 판매로부터 예상되는 연매출은 약 미화 1억1천만 달러에 달한다.

인도네시아는 10년 전부터 지열의 직접 활용에 대한 개발을 시작했다. 지열 에너지는 가장 일반적으로는 수영장을 데우고 온천수를 공급한다. 3년 전, 정부 후원 연구기술 기관(BPPT)에 있는 일단의 연구원들이 지열 에너지를 농업 부문, 특히 버섯 양식에 사용되는 성장 매체를 소독하는 데에 적용하기 위한 방안을 연구했다.

3) 보급현황 및 생산 실적

인도네시아는 787MWe의 지열 설비용량 가운데 525MWe의 지열에너지를 사용하고 있다. 이 수치(787MWe)는 총 설비 전기 용량인 35,709MWe의 2.2%에 해당한다(이 중 PLN이 20,592MWe를, 민간 발전업체가 1,600MWe를, captive power가 13,519MWe를 생산한다). PLN이 총 지열 용량 가운데 380MWe를 건설했으며 Pertamina와 그 계약사들이 나머지 407MWe를 건설했다. 결과적으로, 인도네시아는 6,300 배럴/일의 석유에 상당하는 에너지를 절약하는 셈이다. 석유 및 가스 청장에 의하면, 인도네시아는 2000년에 3,760만 톤의 지열 증기를 생산했으며, 이는 4,696GWh의 전기로 변환된다.

표 4-19 인도네시아의 지열발전소 현황

Nr.	Working Area	Operator	Cap MW	Units Capacity	Remark
1.	KAMOJANG, West Java	PERTAMINA (Own Operation)	140	1 x 30 MW 2 x 55 MW	Commercially operated since 1983 Steam Sales Contract (SSC) PERTAMINA - PT PLN (Persero)
2.	SIBAYAK, North Sulawesi	PERTAMINA (Own Operation)	2	1 x 2 MW	Monoblock Power Plant Steam Sales Contract (SSC) PERTAMINA - PT PLN (Persero), under negotiation
3.	LAHENDONG, North Sulawesi	PERTAMINA (Own Operation)	20	1 x 20 MW	Binary Cycle Pilot Plant BPPT Research Plant
4.	SALAK, West Java	UNOCAL GEOTHERMAL OF INDONESIA (UGI)	330	6 x 55 MW	Commercially operated since 1994 Energy Sales Contract (ESC) PERTAMINA/UGI - PT PLN (Persero), for 2 x 55 MW Energy sales Contract (ESC) PERTAMINA/UGI - PT PLN (Persero), for 4 x 55 MW
5.	DARAJAT, West Java	AMOSEAS INDONESIA INCORPORATED (AI)	55	1 x 55 MW	Commercially operated since 1994 Steam Sales Contract (SSC) PERTAMINA/UGI - PT PLN (Persero)
7.	Wayang Windu	MAGMA POWER	110	1 x 110 MW	Commercially operated since 1998

Source: PLN

4) 최근 시장 동향

증기 및 전기의 가격책정은 인도네시아의 지열에너지 개발에 주요 장애물이다. 가격은 다른 에너지 대안과 비교하여 경쟁력이 있어야 하며 동시에 계약사나 생산자에게 매력적인 이익률을 제공해야 한다.

PLN에 의하면, 지열발전소가 생산하는 전기의 비용은 PLN 소유의 발전소의 경우 451.00루피아/kWh, 합의된 에너지 판매계약(ESC)의 경우 미화 0.042달러/kWh이며, 원래의 ESC 조항의 경우 미화 0.085달러/kWh 정도로 높다. PLN 소유 경우의 가격과 ESC 가격 간의 대조는 루피아화 절하에 따라 루피아화 표시 전기 가격이 상승했다는 사실 외에도 암묵적 보조금 또한 반영한다. PLN의 루피아화 판매가격이 현재 350루피아(미화 0.035달러)/kWh인 반면,

계약서상에는 달러화로 표시된다. 지열산업계에서는 VAT를 전기 판매에만 적용하여 생산 및 판매 활동이 통합될 수 있다면 가격이 보다 경쟁력 있게 될 것이라고 주장한다. 지열가에 영향을 미치는 중요한 요인은 전기 판매에 적용되는 34%의 세율이다.

PLN은 현재 전력 구매 계약(IPP)에서 합의된 미화 6~8₵/kWh에서 대략 미화 4₵/kWh로 가격을 낮출 의도를 가지고 다양한 지열 ESC에서 요율을 인하하기 위해 협상 중이다. 다음 도표는 PPA에서 체결된 원래 가격을 보여준다.

표 4-20 인도네시아 PLN의 ESC 가격

Power Plant	Selling prices US¢/kWh
1. Bedugul, Bali	7.15
2.Cibuni, West Java	6.90
3.Daradjat, West Java	6.95
4.Dieng, West Java	9.81
5.Kamojang, West Java	7.03
6.Karaha Bodas, West Java	8.46
7.Patuha, West Java	7.25
8.Salak Units 4,5 and 6	8.46
9.Sibayak, North Sumatra	7.10
10. Wayang Windhu, West Java	8.39

Source: PLN

5) 장기 시장 전망

인도네시아의 지열산업은 새로운 법적 기반을 필요로 하고 있다. 투자자들은 에너지와 천연자원에 관련된 기존의 법규 및 규정에 대한 즉각적인 재검토에서 시작하여 이것들을 지방자치와 재정적 지방분권화의 새로운 요건들에 일치시키는 것들을 포괄하는, 법규와 비즈니스 상의 확실성 보장해줄 것을 원하고 있다.

2001년 10월 23일 통과된 새로운 석유가스법에서는 지열을 석유가스 규제영역에서 제외시킴으로서 법규상의 변화로 인한 지열발전에 대한 투자의 규제가 만들어지게 되었다.

이에 의회에서 지열업계와 정부에 지열법의 제정을 요청하는 상황에 이르렀다.

1990년대 중반의 아주 매력적이었던 인센티브 법령이 2000년에 대통령령 제76호로 대체되면서, 지열발전에 대한 적용세율이 과거 PD의 34% 대신 47%로 바뀌게 되었다. PD 제76호(2000년)의 발효 후 탐사활동이 전혀 실행되지 않고 있으며, 지열업계에서는 PD 제76호(2000

년) 이래로 과세조건, 지역당국, 탐사 리스크 분담을 보다 영속적으로 확정하는 지열법의 제정을 위해 노력 중이다.

6) 주요 선도 기업 현황

- Pertamina : Pertamina는 1974년에 Kamojang에서 탐사활동을 시작했으며 1978년에 250KWe급의 비압축식 지열발전 터빈을 설치했다. 이 최초의 성공 후 PLN은 1982년 말 30MWe의 용량을 가진 인도네시아 최초의 상용 지열발전소를 건설했다.
- Unocal Geothermal Indonesia : Unocal Geothermal Indonesia는 서 Java, Gunung Salak의 117,650헥타르 구역을 망라하는 지열탐사 및 개발을 위한 첫 번째 공동 운영 계약(JOC) 및 에너지 판매 계약(ESC)을 체결했다. Unocal은 Pertamina에 증기 공급을 담당하고 있으며 이 증기는 전력생산을 위해 다시 PLN에 판매된다. PLN은 1994년에 2×55MWe급 지열발전소를, 1997년에 또 다른 55MWe급 발전소를 완공했다.
- Amoseas : Amoseas는 Java 서부 Daradjat의 56,65 헥타르 구역에 330MWe급의 지열에너지를 개발하고자 하는, Pertamina와의 JOC 및 PLN과의 ESC에 서명했다. 이 프로젝트의 시행사인 Amoseas는 55MWe급 발전소에 충분한 자원 및 최소 400MW의 잠재량을 확인했다. 55MWe 발전소 건설을 위해 미화 5,520만 달러를 투자한 후 PLN은 1994년 11월 Amoseas로부터 증기를 공급받아 상업용 가동을 개시했다. 1995년, Amoseas는 Darajat에 추가 설비를 건설하기 위하여 ESC를 재협상 및 개정했다. 이를 통하여 Amoseas는 설비 Ⅱ를 계획하고 향후 개발에 대비하여 17곳 이상의 개발 관정을 굴착하였다.
- California Energy : PT Himpurna Enersindo Abadi(10%)와 미국의 California Energy International(90%) 간의 조인트벤처인 Himpurna California Energy Limited(HCE)는 Java 중부의 Dieng 지열 프로젝트를 개발하는 계약을 체결했다.
- Asia Power Ltd : Mandala Magma Nusantara BV는 Java 서부의 Wayang Windu 지열 현장의 개발을 위한 총 용량 220MWe급의 총괄 프로젝트계약에 서명했다. Mandala Magma Nusantara BV는 인도네시아 회사이자(전 대통령인 Soeharto의 아들 Hutomo Mandala Putra가 소유한 회사인) Figears와 Oko Satrya Mandala 및 미국 회사인 Magma Power Co 사이의 조인트벤처였다. 그러나 California Energy와 Magma Power Company 간의 합병 후, 주 계약 당사자가 뉴질랜드의 Brierley Investments Ltd의 자회사인 Asia Power Ltd로 변경되었다.
- Asia Power는 가동 중단 전 발전소 지분의 95%를 보유했으며, 나머지는 인도네시아 회사인 Bumi Mandala Perkasa가 소유했다. 현재는, Unocal이 자회사인 Unocal Global Venture를 통하여 발전소 지분의 50%를 보유하고 있으며, 채권은행들이 지주회사인 Magma Nusantara Ltd.를 통하여 나머지 50%를 보유하고 있다.

마. 뉴질랜드

1) 기술수준 및 R&D 동향

뉴질랜드 지열 협회의 언급에 따르면 뉴질랜드에는 아직 미개발 또는 저개발된 상태여서 손쉽게 개발될 수 있는 다수의 지열 후보지가 존재한다. 허가 제한을 고려한 보수적인 추정치에 따르면 600MWe 이상의 신규 지열발전소가 설치될 수 있다고 한다.

고온의 지열 현장은 주로 Taupo 화산지대에 위치해 있으며, 또 다른 고온 현장은 Northland의 Ngawha에 위치한다. 중온에서 저온 및 초저온 시스템은 더 폭넓게 분포되어 있다. 이중 일부는 Northland, Hauaki 평지, Plenty 연안평지와 같은, 초기단계의 화산활동 지역과 관련되어 있다. 특히 South Island에 있는 다수의 온천은 단층 및 다른 지질구조상의 특징과 관련이 있다. 뉴질랜드에서 발견된 129곳의 지열구역 가운데 14곳이 70~140℃ 범위에 해당하고, 7곳은 140~220℃, 15곳은 220℃를 초과하는 온도 범위에 해당한다.

2) 주요 기술개발 Project

2000~2004년 동안, 3곳의 신규 발전소가 공사 중이었거나 완공되었다. 이 발전소들은 다음과 같다 : (ⅰ) Wairakei의 바이너리 발전소(15MWe)공사 시작 ; (ⅱ) Rotokawa에서 6MWe 추가 개통 ; (ⅲ) Mokai에서 30MWe 추가 공사 시작. 164MWe 용량을 갖는 Wairakei는 최대의 지열발전 현장이며, 그 뒤를 114MWe의 Ohaaki가 뒤따르고 있다.

그 다음에 Kawerau-Tasman Pulp & Paper 발전소(10MWe), Kawerau-Tarawera(6MWe), Rotokawa(25MWe), Ngawha(9MWe), McLachlan-Wairakei(55MWe), Mokai(55MWe) 등이 나타난다.

3) 보급현황 및 생산 실적

지열발전은 설비된 발전 용량의 5%를 차지하며 뉴질랜드의 총 에너지 수요 중 약 6.5%를 공급한다. 지난 5년간 신규 지열발전소에 대한 총 투자액은 약 2억 8,500만 뉴질랜드달러(미화 1억5천만 달러)로 추정된다.

2005년에, 뉴질랜드의 지열 전기 용량은 총 435MWe에 달했다. 이 용량은 국가 전체 전기 용량의 5.11%에 해당하며, 생산된 에너지는 국가 전체 에너지 산출량의 6.08%에 해당한다. 전력은 6곳의 현장에 설치된 32기의 설비를 통해 생산된다. 산출량의 범위는 1.2~55MWe까지 다양하며, 연간 총 에너지 산출량은 2,268GWh에 달한다.

표 4-21 뉴질랜드의 지열발전소 현황(2001)

Locality	Plant	Capacity MW	Units
Taupo	Wairakei	162.2	6 x 11.2 4 x 5 3 x 30
Taupo	McLachlan	55	1 x 55
Reporoa	Ohaaki	114.4	2 x 11.2 2 x 46
Kawerau	Asman P&P Co	15.9	1 x 10
Kaweru	Kaweru Binary	6	2 x 1.2 1 x 3.5
Taupo	Rotokawa	25.5	1 x 12 3 x 4.5
Northland	Ngawha	9	2 x 4.5
Taupo	Mokai	55	1 x 25 6 x 5
Total		437	

Source: Huttrer

4) 최근 시장 동향

지난 5년간 뉴질랜드의 지열개발은 평균 미화 110만 달러/MWe가 소요되어, 전 세계의 타 지역의 비용보다 상당히 낮은 편이다. 이러한 이점에도 불구하고, 뉴질랜드에서는 민간 전력개발이 상당한 과용량을 초래하였으며 이는 천연가스의 낮은 가격과 결합되어 예측 가능한 미래에 더 이상의 지열발전 개발을 저해할 수도 있다.

3. 유럽

국제지열협회(International Geothermal Association ; IGA)에서는 전 세계 각 나라의 지열 개발 내용과 활용 현황, 지하 열 자원 부존량 평가, 활용기술의 최근 연구개발 동향 등에 대한 정보 교류의 장을 마련한다는 차원에서 1995년부터 매 5년마다 세계지열회의(World Geothermal Congress : WGC)를 개최하고 있다. 2005년도 WGC2005는 지열을 가장 활발하게 이용하고 있는 나라 중 하나인 터키에서 개최되었다.

2005년 세계지열회의에서 발표된 논문들 중, 지열 에너지 직접 이용의 최신 기술동향에 대한 것은 단연 지열 열펌프 시스템 활용을 위한 지구과학적 접근을 꼽을 수 있다. 또한 한때 경제성에 의문이 있어 주춤했던 고온암체(Hot Dry Rock ; HDR) 기술이 좀더 포괄적인 의미의 Enhanced Geo-thermal System(EGS)이라는 기술로 차세대 지하 열자원 활용기술로 확실히 자리 매김한 것도 눈에 띄는 추세다.

천부 지열 에너지 활용분야를 보면, 주로 지속 가능한 지하 열자원을 개발하는 문제가 주로 다루어졌으며, 현장 열물성 측정 및 지하 대수층 수리상수 측정에 대한 많은 연구결과들

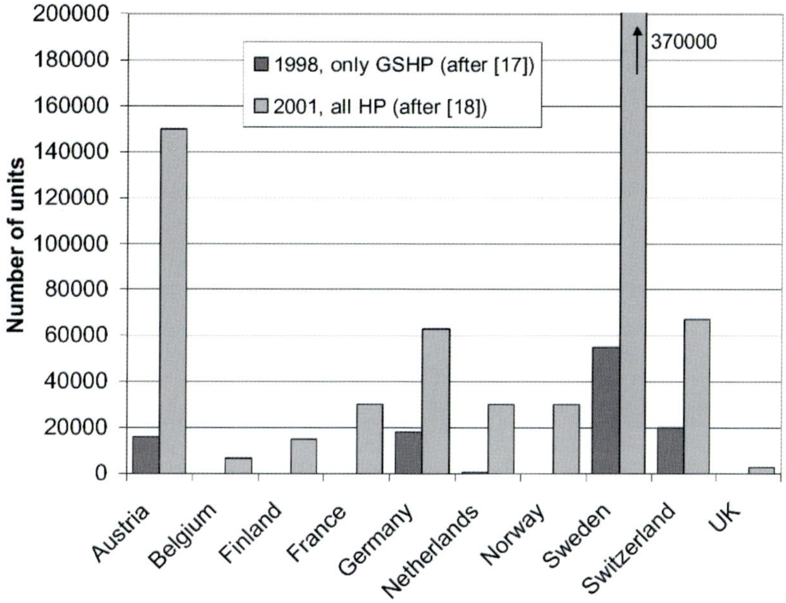

그림 4-66 유럽 주요 국가에서 지열 열펌프를 포함한 전체 열펌프 설치 현황

도 발표되었다. 또한 대수층 축열 방식(Aquifer Thermal Energy Storage ; ATES)을 포함한 지하 열저장(Underground Thermal Energy Storage ; UTES) 기술에 대한 사례도 중요하게 다루어졌으며, 지하로부터 열을 추출하거나 주입할 때, 지하의 지하수 및 열 거동을 정확하게 시뮬레이션 하기 위한 모델링 및 모니터링 분야도 발표되었다.

독일, 덴마크, 스위스, 오스트리아 그리고 북 유럽의 스웨덴, 노르웨이 등 일반적으로 난방, 급탕 및 항온·항습 등이 필요한 지역에서 상업용 건물과 일반 주택의 많은 부분에 지열 시스템을 활용하고 있다. 특히, 독일에서는 상업용 건물에 50~1,000kW급의 지열 열펌프 시스템을 활용할 정도로 활발하며, 이에 부응하여 성능 평가도 활발하게 이루어지고 있다.

유럽의 지열에너지 이용 역사는 수천 년 전 로마와 오토만의 목욕탕에서 사용되기 시작하여, 중세시대 프랑스에서는 난방으로 활용하였고, 1700년대에 이르러 이탈리아 Lardarello에서는 붕산염 분말을 채취하는 데 사용하였다. 최근엔 이탈리아와 아이슬란드의 전력생산과 같은 다양한 지열에너지를 활용한 프로젝트가 유럽에서 수행되었다.

아래 표는 유럽의 지열적용 현황을 나타내는 것으로 터키와 러시아 시베리아 지역이 포함되어 있다. 표에 따르면, 지열 적용은 유럽 28개국에서 보고되었다. 전력 생산이 가능한 고열원은 이탈이아와 아이슬란드에서만 조사되었으며, 유럽 대부분 국가들은 실내난방, 지역난방, 온실, 온천, 지열히트펌프와 같은 저온 지열원 직접이용방식을 선택하였다. 직접이용방식의 용량은 부하계수 0.39를 적용할 때, 전 세계 설치 용량의 41.5%에 이르며, 연간 에너지 소비량의 40.5%를 차지한다.

표 4-22 유럽의 지열 에너지 이용 현황

국가명	직접이용		전력생산		비고
	MWt	GWht/yr	MWe	GWhe/yr	
오스트리아	255	447			실내난방/지열히트펌프
벨기에	4	30			온실/지열히트펌프
불가리아	107	455			실내난방/온실
크로아티아	114	154			실내난방/온천
체코	12	36			온천/지열히트펌프
덴마크	7	21			지역난방/지열히트펌프
핀란드	80	134			지열히트펌프
프랑스	326	1,360	4	25	지역난방/지열히트펌프
독일	397	436			지역난방/지열히트펌프
그리스	57	107			온실/온천
헝가리	473	1,135			온실/지역난방/온천
아이슬란드	1,469	5,603	170	1,138	지역난방/온실/전력생산
이탈리아	326	1,048	785	4,403	지역난방/온실/전력생산
리투아니아	21	166			지열히트펌프
마케도니아	81	142			온실
네덜란드	11	16			지열히트펌프
노르웨이	6	9			지열히트펌프
폴란드	68	76			지역난방/지열히트펌프
포르투갈	6	10	16	94	온실/온천
루마니아	152	797	<2	8?	지역난방/온실/온천
러시아	308	1,707	23	85	실내난방/온실/전력생산
세르비아	80	660			실내난방/온실/온천
슬로바키아	132	588			실내난방/온실/온천
슬로베니아	42	196			실내난방/온실/온천
스웨덴	377	1,147			지열히트펌프
스위스	547	663			지열히트펌프/온천
터키	820	4,377	20	120	지역난방/온천
영국	3	6			지역난방/지열히트펌프
계	**6,281**	**21,526**			

2001년 기준, Lund와 Freeston(2001), Hutterer(2001)

터키, 포르투갈(Azores), 이탈리아, 아이슬란드 4개국만이 지열을 이용한 지속적인 전력생산이 이루어지고 있다. 루마니아의 전력생산 설비는 Oradea 대학에 실험용으로 설치한 것이다. 오스트리아는 Altheim에 2000년도에 가동을 한 것으로 보이는 240kWe 시험설비를 설치하였으며, 그리스는 Milos에 소규모 전략 생산기기를 설치하여, 2MWe 정도를 1번 가동한 적이 있다. 프랑스와 러시아는 유럽 이외 지역 2곳(Guadeloupe, Kamchatka)에 플랜트를 설치하였으나, 위 표에서는 제외하였다. 이들 지역에서 높은 온도에 비해 효율이 낮기 때문에, 전 세계 지열 전력 생산량의 13%, 에너지 생산량의 12% 정도 밖에 안 된다. 유럽에서 보는 경제성 있는 지열에너지의 대략적인 기준은 아래와 같다.

- 1km^{3}의 뜨거운 암반
- 100℃까지 냉각 가능
- 30MW 전력 생산 가능
- 30년 정도 유지

중앙 유럽의 지중 깊이에 따른 평균온도 상승률은 100m 당 평균 3℃이며, 이보다 더 크게 상승하는 곳도 있다. 아이슬란드는 몇 백미터 깊이에서 지중온도가 1000℃에 이르며, 이탈리아 투스카니와 많은 그리스의 섬은 1~2km 깊이에서 지중온도가 300℃에 이른다.

가. 스위스

1) 기술수준 및 R&D 동향

스위스의 지열에너지 직접이용 기술에 대한 연구개발 노력은 괄목할 만한 성과를 가져왔다. 지역난방을 위한 보어홀 열교환기의 국토 대비 설치 밀도는 전 세계에서 최고 수준이라고 해도 과언은 아니다. 지중 열자원 추출 및 저장 일체형 시스템, 에너지 파일, 터널 지하수 이용 등과 같은 참신한 아이디어는 스위스 정부의 지원으로 개발되었다. 1970년대 중반 전 세계 지열 지도에서 거의 백지였지만, 오늘날 직접이용 분야에서 세계 3번째 위치를 차지하였다. 1998년 중단되었지만 400m 이상 대수층 굴착에 대한 위험보장 시스템은 실패도 있었으나 일부 성공적이었다.

스위스에서는 장기간 동안 성능저하가 없이 운전이 가능하도록 하기 위한 이론적, 실험적 연구와 함께 수 년 동안 실측이 이루어지고 있다[Eugster와 Rybach(2000)]. 실측자료와 시뮬레이션을 통해 지하로부터 지속가능한 열추출이 가능함을 증명하였고, 장기간 가동에 따른 모니터링을 통해 장기간 가동해도 문제가 발생하지 않도록 GHP를 적용하기 위한 정확한 크기 설계, 최적화 등의 기초 자료를 제공하는 연구가 수행되고 있다.

스위스 전 지역에 대한 3D 지질도와 지하 열물성 자료가 D/B화 되어 있어 지열개발을 하고자 하는 지역에 대해 3차원적 지열정보를 획득할 수 있는 S/W가 개발되어 있으며, 수시로 업그레이드하여 지열에너지개발을 위한 이용자 서비스가 가능하다. 또한 향후 미래에 대한 지하 열변화 예측 모델이 가능하여 효율적 지열에너지개발을 위한 정보를 제공한다(그림 4-67).

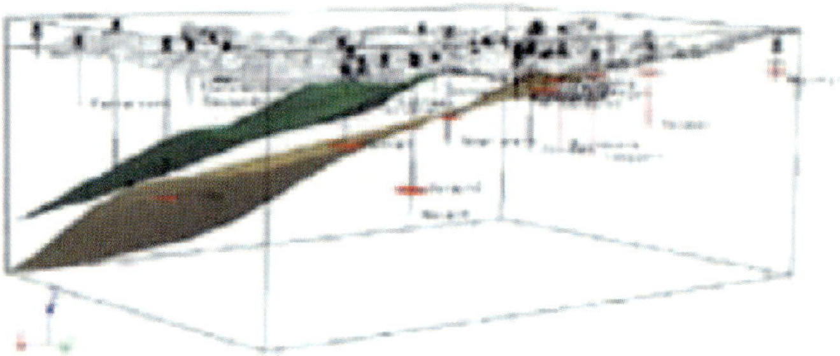

그림 4-67 스위스의 3차원적 지하 지질분포 및 구조

또한 지중열 이용에 대한 적지선정도(WEA-GSA-des kantons Bern, 1998)에는 지하수에 관한 구분으로 대수층으로서의 미고결 퇴적물의 분포와 지표면으로부터 지하수면까지의 거리에 따른 구분이 이루어져 있다. 하천수, 호수에 대해서도 열교환의 이용 대상으로써 기술되어 있으며, 하천수의 유량이 적은 최상부를 제외하면 이용할 수 있다고 명시되어 있다. 암석 및 토양에 대한 구분으로서는 석회암류가 분포하는 지역에서는 수평형 지중열교환기만 이용할 수 있다고 기술되어 있는데, 이는 석회암류의 열전도율이 낮기 때문으로 풀이된다.

2) 주요 기술개발 Project

신・재생에너지 활용에 있어서 하나의 화두는 “지속가능성(sustainability)”이며 1987년 Brundtland Commission Report에는 “차세대의 수요를 손상시키지 않으면서 현재의 수요를 만족시키는 개발”로 정의하였다[Rybach와 Mongillo(2006)]. 지열 열펌프를 적용하는 데 있어, 지속가능한 개발은 지중 온도와 시스템의 성능에 어떠한 변화도 없이 장기간 사용할 수 있도록 설계, 시공, 가동이 이루어져야 한다는 것이다.

이러한 21세기의 화두인 지속가능한 개발을 위한 연구로서 지하수의 유・무 및 다양한 지중 환경에서의 지열 시스템 이용에 따른 지중에서의 열 거동 모사(simulation) 기법 개발[Signorelli 등(2005)], 현장에서 열물성을 측정할 수 있는 장비의 개발 및 측정에 대한 연구[Rohner 등(2005a)] 등을 수행 중이며, 이러한 연구결과를 그림 4-68에 나타내었다.

그림 4-69는 스위스에서 연구 중인 지중열전도도 산정 및 지중열교환기 성능 모사 프로그램을 나타낸 것이다.

특히 Signorelli 등(2005)은 스위스의 전형적인 지중 조건에서 지열 열펌프 시스템을 설치할 경우, 보어홀의 간격을 7m 이상으로 해야 지중 온도가 일정하게 유지되며 장기간 활용이 가능할 것이라고 예측하였다. 이러한 결과를 지하수의 흐름과 지중 조건이 다른 우리나라에 직접 적용할 수는 없겠지만, 현재 보어홀 간격을 5m 내외로 설치하고 있는 우리나라의 경우도 이와 같은 연구를 체계적으로 진행할 필요가 있다.

지중 열저장 분야에서도 스위스는 독일보다 상대적으로 뒤져있으나, Zurich의 Grand Hotel Dolder의 리모델링에 폐열을 지중에 저장했다가 난방과 온수 그리고 흡수식 냉방에 활용하려는 노력이 있었으며, 이를 위해 각종 조사와 시뮬레이션을 통해 온도변화와 추출 가능 열량 등에 대한 예측을 시도하고 있다[Rohner 등(2005)].

그림 4-68 스위스에서 개발한 현장 지중열전도도 측정 장비

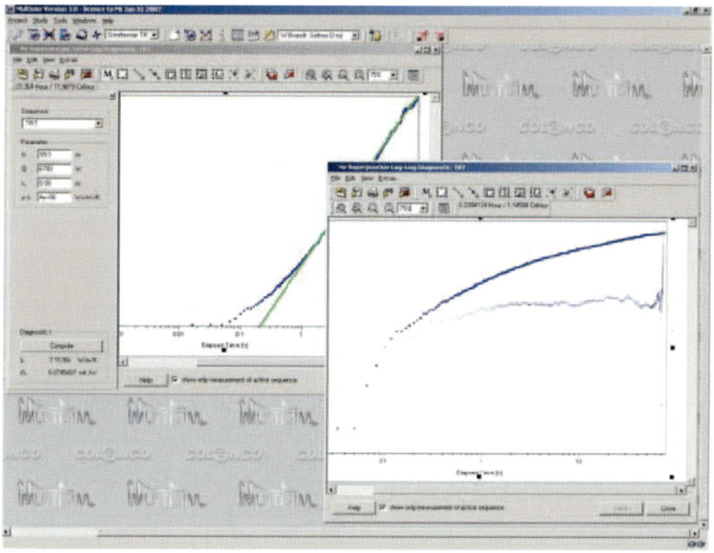

그림 4-69 스위스에서 개발 중인 지중 열전도도 산정 프로그램

장기 연구개발 프로젝트인 “Deep Heat Mining”에서 2007년까지 파쇄결정대에서 열과 전기 생산 설비에 대한 연구를 진행할 것이다. 유럽 EGS 프로그램(Soultz)에서는 혼합열, 수리, 암반공학, 파쇄암의 화학처리 등에 대한 내용도 다루고 있다.

3) 보급현황 및 생산 실적

표 4-23 스위스에너지(SwissEnergy) 프로그램의 목표

Sector	Percentage net energy consumption (1999)	Objectives 2010 (compared to 2000)	
		Status quo policy (Energy2000)	Intensified policy (SwissEnergy, CO_2 Law)
Energy efficiency			
Consumption of fossil energies	72.3%	+2%	−10%
CO_2 emission (from 1990):		Stable	−10%
from heating fuels		−8%	−15%
from motor fuels		+12%	−8%
Electricity consumption	21.4%	+10%	≤+5%
Renewable energies			
Hydroelectric power	13.0%	Stable?	Stable
Other renewable energies:	9.5 TWh		
electricity	(3.1%)	+0.37 TWh	+0.5 TWh
heat		+2.10 TWh	+3.0 TWh

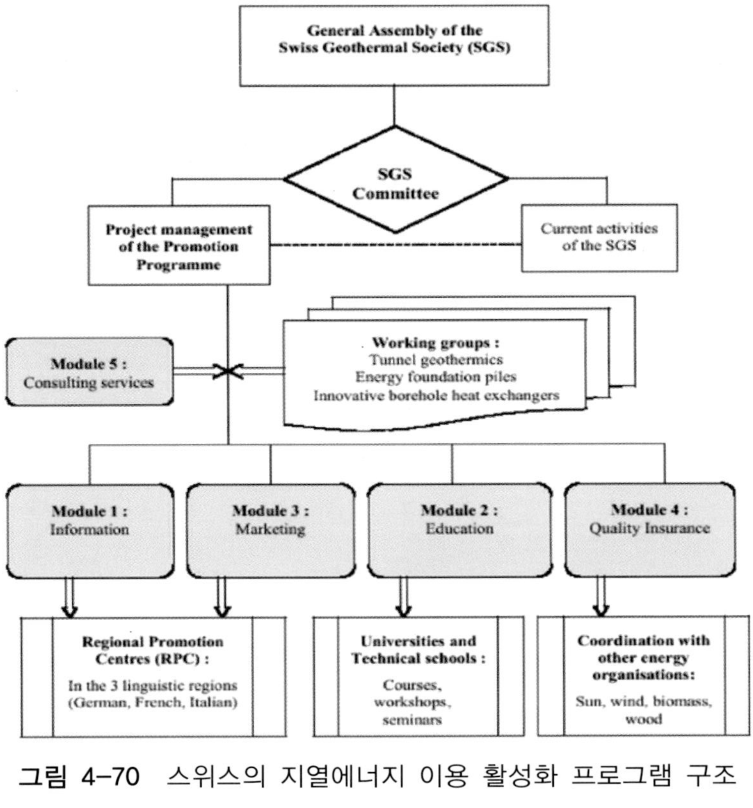

그림 4-70 스위스의 지열에너지 이용 활성화 프로그램 구조

스위스의 지열 열펌프 시스템은 1980년에 아무것도 없는 상태에서 출발해서 매우 빠른 성장을 거듭해 현재는 스위스의 지열 직접이용 분야 중 가장 큰 부분을 차지한다. 이러한 성장에는 다음 표 4-23에 정리한 스위스의 국가 에너지 프로그램인 '스위스에너지(SwissEnergy)'가 한 몫을 했다. 표에서 보듯이, 이 프로그램은 크게 에너지 효율 향상과 신·재생에너지 이용 활성화로 구성되어 있다. 에너지 효율 향상 부문에서는 화석연료의 사용량과 이산화탄소의 배출량을 줄이며, 또한 전기 사용량을 줄이기 위한 목표가 명시되어 있다. 아울러, 수력발전을 포함한 신·재생에너지 보급 목표량도 함께 제시되어 있다.

그림 4-70은 스위스의 지열에너지 이용 활성화 프로그램을 도식화한 것이며, 이 프로그램도 스위스에서 지열 에너지가 널리 보급되는 데 일조를 했다. 프로그램을 보면, 스위스 지열 단체 총 연합회의 위원회(SGS Committee) 밑에 5개의 소그룹(module)을 두고, 각 그룹의 역할을 분담하여 지열 에너지를 보급하고 있다.

이상에서 언급한 노력으로 인해, 현재 스위스는 국토의 2km^2 안에 1대의 지열 시스템이 설치되어 있을 정도로 전 세계에서 그 밀도가 가장 높은 나라다. 스위스의 지열 열펌프 시스템 시장은 매년 15% 이상 성장하고 있으며, 2005년을 기준으로 25,000대 이상의 시스템이 보급되었다. 2002년 한 해에만 총 연장 600km 이상의 보어홀을 천공한 후, 지중열교환기를 설치하기도 했다.

표 4-24 스위스의 지열에너지 이용에 따른 열 생산량(1999년 기준)

시스템 종류	열 생산량(GWh)
수평형(horizontal)	32.0
수직형(vertical)	362
지하수형(ground water)	180
에너지파일형(energy pile)	2.8
수직형 심부 지열(deep borehole)	0.70
대수층 심부 지열(deep aquifer)	36.3
터널 배수 이용(tunnel water)	3.80
계	**617.6**

표 4-24는 스위스의 지열에너지 이용에 따른 열 생산량을 정리한 것이다. 지열 열펌프 시스템의 열원으로 토양은 물론 지하수나 건물 기초를 활용한 에너지 파일(energy pile) 등 다양한 열원을 적용 대상 건물에 따라 적절하게 이용하고 있다.

이미 잘 알려진 것처럼, 땅에서 추출한 지열에너지는 열펌프를 거침으로써 활용 목적에 맞게 변환된다. 실내 난방과 급탕 등 지열에너지를 직접 이용하기 위해 생산된 에너지는 1999년까지 618GWh였다. 이때 순수하게 땅에서 추출한 에너지는 410GWh였다. 2001년 한 해 동안 설치된 용량이 440MWt를 넘었으며, 이로부터 660GWh의 에너지를 생산한 것으로 조사되었다.

또한 표에서 보듯이, 스위스 역시 수직 밀폐형 지중열교환기가 가장 많이 시공되었으며, 지하수와 대수층 심부지열 그리고 수평형 지중 열교환기가 그 뒤를 잇고 있다. 스위스에서는 수직형 지중열교환기로 이중 U자관(double U-tube)을 주로 적용하고 있으며, 이때 보어홀의 평균 천공 깊이는 150~200m다. 하지만 지금은 300m 이상의 보어홀 시공이 일반적인 추세다. 수직형 지중열교환기를 설치하는 비용은 천공, U-tube 설치, 그라우팅 등을 포함하여 단위길이(m)당 약 45US$가 소요된다.

4) 최근 시장 동향

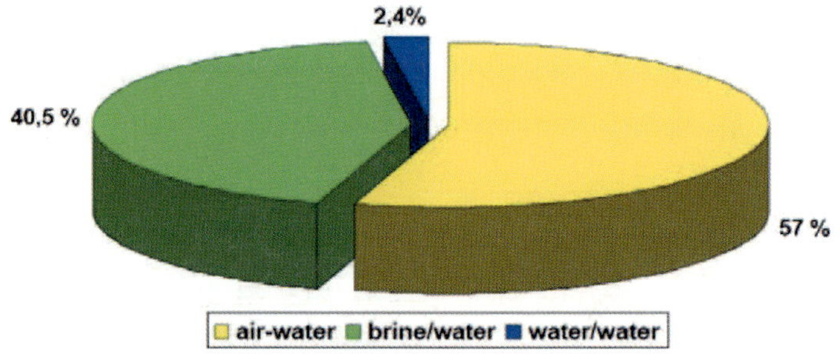

그림 4-71 스위스에서 설치된 열펌프의 형식별 비율 - 출처 : 1st GroundHIT Workshop country report : market and technology in Switzerland Ernst Rohner, Geowatt AG(2006)

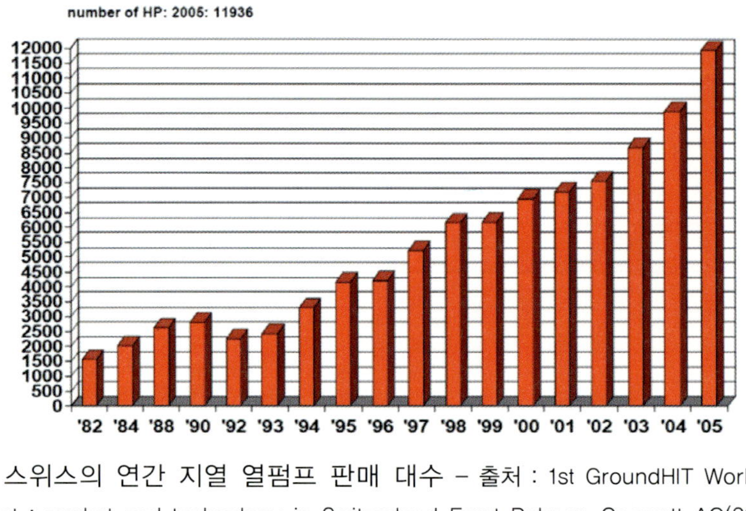

그림 4-72 스위스의 연간 지열 열펌프 판매 대수 - 출처 : 1st GroundHIT Workshop country report : market and technology in Switzerland Ernst Rohner, Geowatt AG(2006)

그림 4-71은 스위스에 설치된 열펌프 시스템의 형식별 비율을 나타낸 것이다. 과거 공기열원(air-water) 열펌프 시스템이 거의 대부분을 차지하였으나, 지금은 환경보호와 경제성 등 이유로 인해 지열 열펌프 시스템이 거의 비슷한 비율을 차지할 정도로 크게 성장했다. 특히 신축 건물에 설치하는 시스템은 연간 10% 이상 증가하는 추세를 보이고 있다.

그림 4-72는 스위스의 연간 지열 열펌프 판매 대수 변화를 나타낸 것이며, 지열 열펌프 시장이 꾸준하게 성장하고 있는 것을 볼 수 있다.

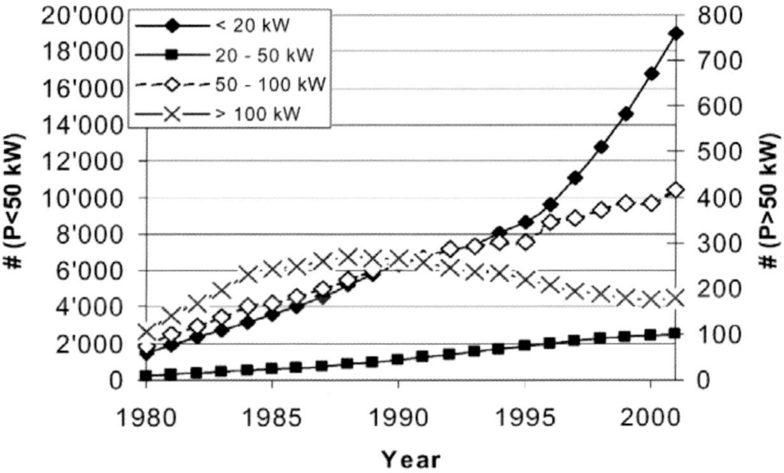

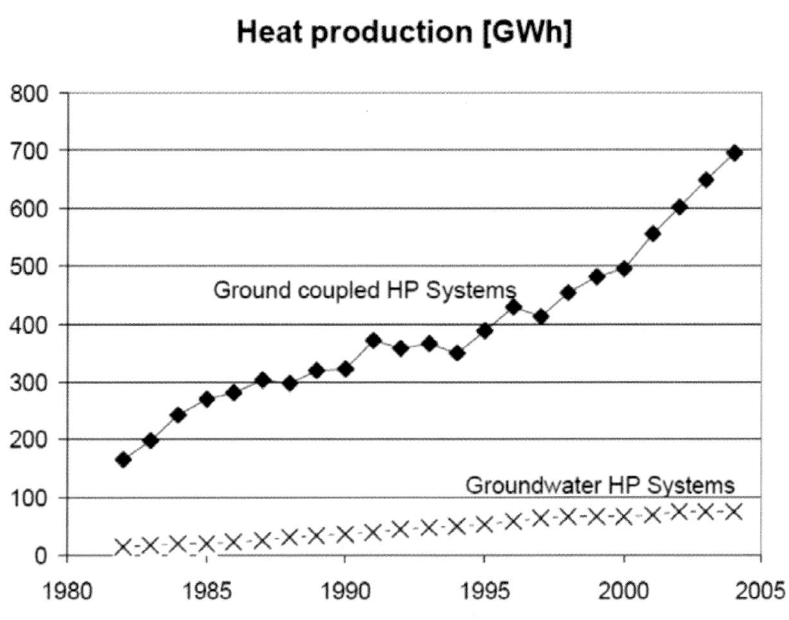

그림 4-73 스위스의 지열 열펌프 시스템 보급 대수와 에너지 생산량(GWh) 변화
[GHC BULLETIN(2004)]

그림 4-73은 스위스의 지열 열펌프 시스템 보급 대수와 에너지 생산량(heat production, GWh) 변화 추이를 보여준다. 그림에서 보듯이 1970년대 말 지열 시스템이 도입된 후, 지속적으로 성장하고 있다. 특히, 20kW 미만의 소용량 시스템은 연간 15% 이상 증가하였으며, 2004년까지 총 525MWt 용량의 시스템을 설치하여 연간 780GWh의 에너지를 공급하였다.
스위스에서 지열 열펌프 시스템이 이렇듯 빠르게 성장할 수 있었던 것은 이 시스템을 이용한 냉난방 외에 특별히 지열 에너지의 활용처가 없었던 것이 가장 큰 이유이며, 그 외에 다음의 몇 가지 이유를 들 수 있다.

기술적인 인센티브

- 적절한 기후 : 대기온도 0℃인 난방 필요 시간이 길고, 천부 지온 10～12℃
- 연중 지온이 일정하기 때문에 적절한 설계가 이루어질 수 있고 히트펌프의 수명이 긺
- 개별, 독립적인 시스템의 설치: 지역난방과 같이 비용이 많이 드는 열 분배 방식을 지양하고, 개별적인 수요를 만족시키도록 소규모로 설치하는 전략
- 상대적으로 장소 선택이 용이(건물의 주변 혹은 밑)하며 건물 내부에도 차지하는 면적이 적음.
- 소형 시스템의 경우 지중 휴식 기간이 없음: 지열 시스템을 사용함에 따라 지중 온도가 교란되지만, 지중 온도는 지속적으로 그리고 사용하지 않는 기간에 자동 회복됨.

환경적 인센티브

- 수송, 저장, 가동에 있어 환경에 대한 위험 요소가 없음.
- 기름 탱크와 같은 지하수 오염원이 없음.
- 이산화탄소와 같은 온실가스의 방출이 거의 없음.

경제적 인센티브

- 시스템 가격 경쟁력이 기존 보일러 등과 동등함.
- 운전비용이 저렴
- 이산화탄소 배출세(tax)
- 친환경 시스템 이용에 따른 전기료 환급

이외에도 'Energy Contracting'이란 제도도 GHP 시스템의 보급에 크게 기여하였는데 GHP 시공회사가 투자하여 GHP 시스템을 설계, 시공, 가동하고 이로부터 생산되는 에너지를 건물주에게 파는 제도이다.
스위스에서 첫 번째 심부지열 굴착은 Weggis/LU에서 진행된 2.3km 깊이의 건식 시추공이었으며, 또 다른 Weissbad/AI에서의 프로젝트는 1.6km의 시추공을 기반암까지 굴착하였으나 지하수층을 찾는데 실패하였다. 이로 인해 심부굴착을 위한 위험보장 시스템을 정부에서

도입하였다. 이후 1994년 Riehen에서 지열용량 4.7MWh, 총 발전량 15.2MWh의 시스템을 성공시켜 주변 지역을 포함한 인접 독일지역까지 지역난방 및 전력을 공급하고 있다.

나. 아이슬란드

1) 기술 수준 및 R&D 동향

지열에너지는 아이슬란드에서 중요한 역할을 하고 있다. 지열 에너지는 전체 에너지 생산량의 50%를 차지하며, 이는 아이슬란드 에너지 총생산량 중 수력 18%, 석유 30%, 석탄 2%와 비교하면 알 수 있다. 아이슬란드의 지열발전 생산량은 총 170.1MW로써 이는 전체 생산량의 13.04%에 이른다. 주로 Bjarnarflag, Krafla, Svartsengi, Nesjavallir 지열발전소에서 생산된다.

표 4-25 아이슬란드의 지열발전 규모(2002년 기준)

	Capacity(MWe)	Units	Year Buile
Namafjall	3.2	1	1969
Krafla	60	2	1977/1997
Svartsengi	46.4	11	1978/1999
Nesjavellir	60	2	1998
Reykjanes	0.5	1	1983
Husavik	2.0	Nil	
Total	172.1		

지열 온수의 판매 방식은 일반적으로 유량 계량기에 의한 방법과 한정사용계약(subscription)에 의한 방법이 있다. 일반적인 첫 번째 방법은 소비자가 연간 기본요금과 유량기의 사용량에 따라 ㎥당 부과되는 사용요금을 지불한다. 두 번째 방법은 최대 사용량을 제한하는 것으로 소비자는 연간 기본요금과 동절기 동안 예측되는 최대 사용량에 비례하여 사용수량에 대한 요금을 지불하는 방식이다. 대부분의 시스템이 직접공급방식이기 때문에 보편적인 열량에 따른 요금부과는 적합하지 않다. 열량으로 부과할 경우 소비자가 공급수에서 최대한의 열을 뽑아 쓴 후 하수로 보내도록 독려할 수 없기 때문이다.

최근 몇 년간 초기에 도입된 최대 유량한정 방식의 공급지역들이 유량계를 이용한 요금체계로 전환하였다. 가장 큰 이유는 과거 시스템이 동절기 동안 소비자들에게 공급수를 절약할 수 있는 동기가 될 수 없었기 때문이다. 요금 부과 시스템이 전환된 지역의 경우 연간 공급수 소비량의 20~35%가 절감되었다. 이러한 결과로 지열 저장고의 수위저하는 둔화되었고, 추가 지열공 개발 및 시추비용이 절감되었다.
최근 대규모 지열 온수, 스팀 생산 현장에 대한 주의가 부각되기 시작하였다. 일부 지열 시스템의 경우 지하수위가 하락으로 온수 부족 현상이 발생하여, 차가운 물이 유입되기 시작하였다. 지하수위와 수온의 저하는 지열 시스템 성능 제한과 밀접한 관련이 있기 때문에 이러한 현상은 매우 중요하게 다루어져야할 부분이다.

표 4-26 아이슬란드의 6개 지열 저장소 개발에 따른 영향

지열 설치 지역	생산 시작	평균 생산량(kG/s)	수온(℃)	수위 저하(m)	온도 저하(℃)
Laugarnes	1930	160	127	130	0
Reykir	1944	920	64~100	100	0/13
Hamar	1970	24	64	35	0
Svartsengi	1976	260	240	210	0
S-Laugaland	1976	42	95	350	0
Urridavatn	1980	19	75	35	2/15

2) 주요 기술개발 Project

Bjarnarflag(Namafjall 현장)은 1969년에 설치된 것으로 단일 플래시 백프레셔 터빈을 이용하고 있으며, 9.5bar, 12.5kg/s의 280℃의 증기를 이용해 3.2MW를 연간 생산한다.
Krafla는 1977년 이중 플래시 플랜트로 설치되었으며, 9개의 간헐천, 잦은 지진과 염분을 함유한 화산가스로 인해 침식과 스케일링 등의 피해에도 불구하고 지열원으로 활용하고 있다. 스팀 온도는 210℃정도이며 7.7bar와 2.2bar 두 가지로 나누어 운전하고 있다. 1999년까지 연 60MWe씩 총 484GW의 전력을 생산하였다.

3) 기술개발 Road Map

현재 아이슬란드는 지열 저장소에서 온수를 생산함에 따른 영향이 점점 더 명확해짐에 따라 지역난방서비스 업체는 지열 현장의 환경변화 관리에 보다 집중하고 있다. 최근 5년 동안 에너지청(NEA)은 현장 계측을 위해 12개 현장에 데이터로그 시스템을 설치하였다. 기록되는 항목은 수온, 수위저하, 각 우물의 유속변화이다. 이 자료는 자동적으로 NEA로 송신되며, 계측관리 및 학문연구에 사용된다.
근래엔 타지역의 지열 프로젝트에 의한 환경영향에 대한 자료도 증가하고 있다. 아이슬란드의 새로운 환경법에 의하면, 총 생산량 25MWe 또는 배분량 10MWe 초과하는 모든 지열

개발은 자세한 환경영향 평가를 제출해야 한다.

1991년 이래로 에너지성은 상위 대형지열업체와 공동으로 현장 조사프로젝트를 수행하고 있다. 황화수소(H2S) 방출에 따른 대기오염, 발전에 의한 지하수 유출, 열적 환경파괴, 지반 침하 등을 중심으로 조사 중이다.

4) 보급현황 및 생산 실적

인구 268,000명인 아이슬란드의 연간 에너지 공급량은 98,000TJ(T=1012)이며, 1인당 연간에너지 공급량은 366GJ로써 세계에서 가장 높은 편에 속한다. 전체에너지 중 지열이 48.8%, 수력 17.2%, 석유 315%, 석탄 2.5%이다. 이 중 지열 에너지의 주요 사용처는 실내 난방이다. 전체 가구의 85%가 지열에너지로 난방하며, 나머지는 주로 전기를 이용해 난방을 한다. 더구나, 지열 자원은 한정적이기는 하지만 전력생산에도 이용되고 있으며, 이는 수력 자원에 비해 더 저렴하기 때문이다. 1995년 현재 전체 전력 생산량 5,000GWh 중 지열에서 5.8%인 288GWh, 수력 94%, 화력 0.2%를 부담하고 있다.

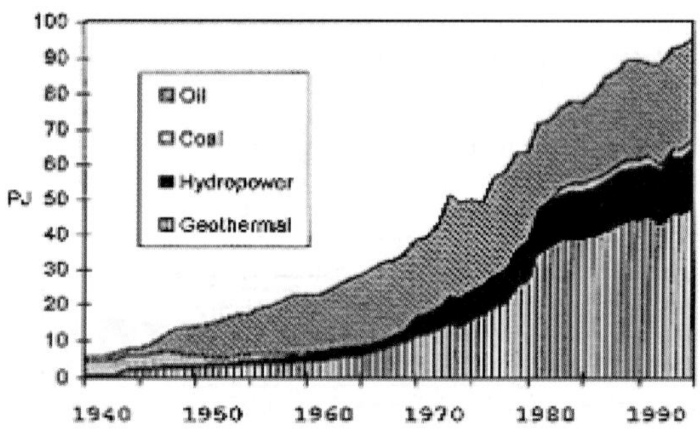

그림 4-74 아이슬란드의 에너지원별 공급량 변화(국외 항공기와 선박에 대한 공급량 제외)

표 4-27 아이슬란드의 지열 직접 이용 총괄

항목	설치 용량(MWt)	연간 에너지 사용량(TJ/yr)
실내 난방	1,150	16,300
수영장/온천	60	1,000
온실	45	830
양어장/농장	25	630
발전 등 산업용	105	2,000
도로 융설	55	380
지열히트펌프	3	18
계	1,443	21,158

아이슬란드에서 지열에너지는 주로 실내 난방에 사용되며, 이미 1970년에 지열 지역난방시스템을 이용해 인구 50%가 이를 이용할 수 있도록 하였다. 70년대 오일쇼크 이후 정책 중 높은 우선순위로 자연 에너지원(지열, 수력)을 석유와 대체하였다. 오늘날 실내 난방의 85%는 지열 에너지에 의해서이며, 그 나머지는 전력(12%), 석유(3%)가 부담한다. 아래 그림은 1970년부터 1995년간 지열 에너지가 실내 난방에서 석유를 어떻게 대체하였는지를 보여준다.

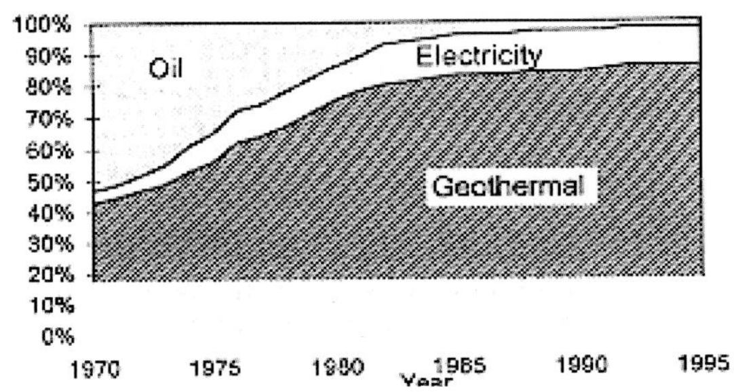

그림 4-75 아이슬란드의 에너지원별 난방 담당 비율

1년 내내 난방을 하여야 하는 국가에서 지열은 큰 장점이 된다. 이는 연간 원유 수입액인 100만불을 절감할 수 있기 때문이다. 아이슬란드에서 실내 난방으로 사용되는 지열에너지는 연간 16,300TJ 정도다.

5) 최근 시장 동향

아이슬란드에는 현재 27개 자치구가 소유한 지열 지역난방서비스가 있다. Reykjavik시의 지역난방(Hitaveita Reykjavikur)이 가장 크며, 1930년에 서비스를 시작하였다. 오늘날 Reykjavik 거주자 99.8%와 5개의 주변 자치구 거주자를 합하여 약 150,000명에게 지열을 공급하고 있다.

6) 장기 시장 전망

정부에너지성인 Orkustofnun은 아이슬란드의 지열현장 개발을 지속적으로 수행하고 있다. 1995년에서 1999년 8개의 고온 굴착정과 241개의 저온 굴착정을 개발하였다. 지속적으로 개발을 계속할 계획이며 120MWe의 새로운 지열플랜트 건설에 약 7백만~9천만 달러를 지출할 것으로 보고 있다.

다. 독일

1) 기술수준 및 R&D 동향

① 지열 냉난방

독일의 히트펌프 시장에서 GSHP 시스템의 점유율을 살펴보면, 1980년대에 30%를 못미치다가 1996년에는 78%, 그리고 2002년에는 82%에 이른 것으로 나타났다[Curtis 등(2005)]. 심지어 2001~2002년 경제침체에 의한 전체적인 건설경기의 불황에도 불구하고 GSHP 시스템의 판매는 증가하기도 하였다.

독일의 대부분의 지역에서는 여름에 습도가 낮아 제습기능이 필요 없으며 따라서 냉각장치를 사용하지 않고 땅속의 냉기를 그대로 이용할 수 있는 시스템에 적합하며 이로서 냉방 COP가 20 이상인 매우 높은 효율을 실현할 수 있다. BHE와 직접 냉방(direct cooling)을 사용한 최초의 시스템은 1987년에 이미 시공되었으며[Sanner(1990)], 이 기술이 독일의 GSHP 시스템의 표준이 되었다.

독일에서 최근 강조되는 것은 지열 시스템의 최적화(optimization)와 신뢰성(quality)이며 이를 위해 기술 지침(VDI 4640)을 마련하고 등록된 사업자를 꾸준히 관리하며, 우수한 사례에 대한 포상 등 지열 열펌프 시스템의 성능과 신뢰성을 높이기 위한 노력을 경주하고 있다.

최적화와 정확한 설계를 위한 노력으로 지중의 열물성 파악을 위한 다양한 연구가 진행 중이며, 이 중에서 열응답 시험(TRT : Thermal Response Test)은 1999년 Sanner 등에 의해 처음 수행된 이래 그 중요성이 날로 부각되고 있다. 현장 열응답 시험을 위한 연구개발은 크게 두 가지 측면에서 진행되고 있다. 그 하나는 빠르고 간편한 장비를 개발하여, 소규모의 지중열교환기 시공 시 현장에서 빠르고 간편하게 측정할 수 있도록 하는 데 목표를 두고 있다. 다른 하나는 수직 보어홀을 따라 심도별 지중 열전도도 분포 등 추가 정보까지 추출할 수 있는 정밀하고 복잡한 측정 장비를 개발하는 것이다. 아울러 현장 측정결과를 지중열교환기 설계에 적용하는 데 필요한 현장 시험 지침서의 개발에도 힘쓰고 있다[Sanner 등(2005)].

또한 우리나라와는 달리 지층이 층서를 이루고 있는 독일의 지질 특성에 맞는 지중 열저장(UTES ; underground thermal energy storage)에 대한 연구[Sanner 등(2005), Kabus와 Seibt (2000)]도 활발히 진행되고 있으며 그 일례로 Berlin에서 상부 대수층과 하부 대수층을 이용한 열저장 시스템을 구축하고 다양한 모니터링과 시뮬레이션을 통해 기술을 개발하고 있다.

또한 여름철에 발전소의 과도한 열을 지중에 저장해 두었다가 겨울에 지역난방의 열원으로 활용하는 방안[Kabus 등(2005)], Mol 지역에서와 같이 폐열을 대수층에 저장하는 시스템(ATES: Aquifer Thermal Storage System) 등 열에너지의 수요와 공급이 균형을 이루지 못할 경우에 적용할 수 있는 지중 열저장과 관련된 연구 또한 수행하고 있다[Hoes 등(2005)].

② 지열발전

Neustadt-Glewe에 200kW급 지열발전 플랜트가 운전 중이다. 이 플랜트는 기본적으로 유기랜킨 사이클(organic Rankine cycle : ORC)로 구동된다. 연간 1.5GWh의 발전으로 500 세대에 전기를 공급하고 있으며, 부가적으로 10.7MWt 용량의 난방수를 공급하고 있다. 독일에서는 현재 저온 발전 위주의 플랜트 개발이 주를 이루고 있다.

2) 주요 기술개발 Project

그림 4-76 Aachen 공대 내 지열 적용 건물 Super C

기술지도서 VDI 4640, 계약자인증, 품질판정 등은 이제 시작단계이다. The design of the ground side VDI 4640 규정을 요약해 EN 15450 '빌딩 난방시스템-히트펌프 난방시스템 설계' 초안을 작업하고 있다.

Aachen의 Super C프로젝트는 2004년 11월말경 목표 깊이인 2,544m까지 시추공을 굴착하였다. 현재 2006년 준공한 Aachen공대의 본관건물 옆에 위치한 학생 서비스센터 건물인 "Super C"에 난방을 공급하고 있다.

브란덴부르크주 베를린 북쪽에 위치한 Neuruppin에 호텔의 난방과 스파의 온천수로 사용할 지열 에너지를 개발하였다. 건설 계획은 2005년 봄에 착공하여 시추공과 시추정 내 온수 순환, 난방시스템, 온천 염수 공급설비 등으로 시공할 계획이다.

3) 보급현황 및 생산 실적

그림 4-77에서 보듯이, 독일에서는 1970년대 후반까지 열펌프 설치 사례가 거의 없었다. 건물 냉난방을 위한 열펌프 설치가 붐을 이룬 1980년대부터 공기열원 열펌프 시장이 형성되

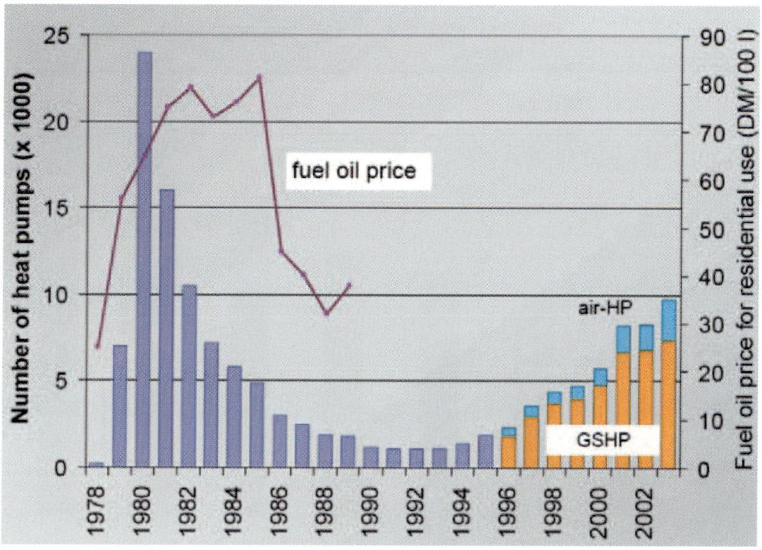

그림 4-77 독일의 열원별 연간 열펌프 판매 대수

VDEW, IZW, The German Heat Pump Association BWP and other source Guidelines and quality certification for GSHP by Dr.Burkhard sanner 1st GROUNDHIT Workshop Renewable Energy House 2006.5.

출처 : GHC BULLETIN(2004)

었으나, 이후 1990년대 중반까지 감소하였다. 이는 그림에서 보듯이 연료 가격이 다시 감소하였기 때문이다. 그러다 1990년대 중반 이후부터 에너지 절약과 환경보호 차원에서 신·재생에너지를 이용해야 한다는 인식이 대두되면서 다시 증가하였으며, 이러한 추세는 현재도 유지되고 있다. 이때 열펌프 시장에 지열 열펌프 시스템이 출현하였으며, 지속적으로 성장하여 지금은 공기열원 열펌프보다 지열 열펌프 시스템의 시장 점유율이 오히려 크다. 이러한 경향은 그림 4-78에서도 확인할 수 있다. 그림 4-78은 독일에서 2002년까지 설치된 열펌프를 열원별로 구분하여 도시한 것이다. 아울러 그림 4-79는 1996년부터 2005년까지 설치된 지열 열펌프 시스템을 지하수 이용 시스템(groundwater)과 토양열원 시스템(ground)으로 구분하여 도시한 것이다.

지열 열펌프 시장이 꾸준하게 성장하여, 1996년에는 1,782대, 2004년에는 9,249대 그리고 2005년에는 13,250대가 판매되었다. 2005년을 기준으로 독일의 열펌프 시장에서 지열 시스템이 차지하는 비율은 72.7%였으며, 이는 다른 나라에 비해 매우 높은 비율이다. 또한 최근 들어 지하수 이용 시스템의 설치 사례가 다소 증가하였지만, 주류는 역시 토양열원 시스템이다.

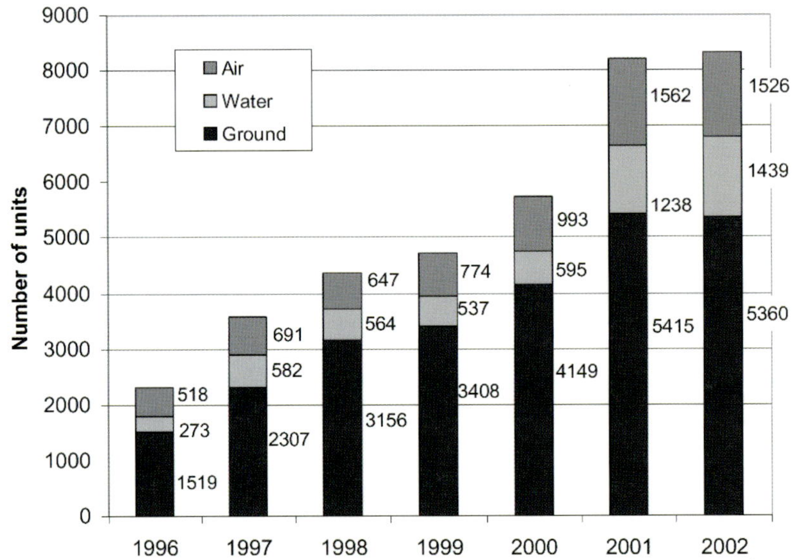

그림 4-78 독일의 열원별 연간 열펌프 판매 대수 - 출처 : GHC BULLETIN(2004)

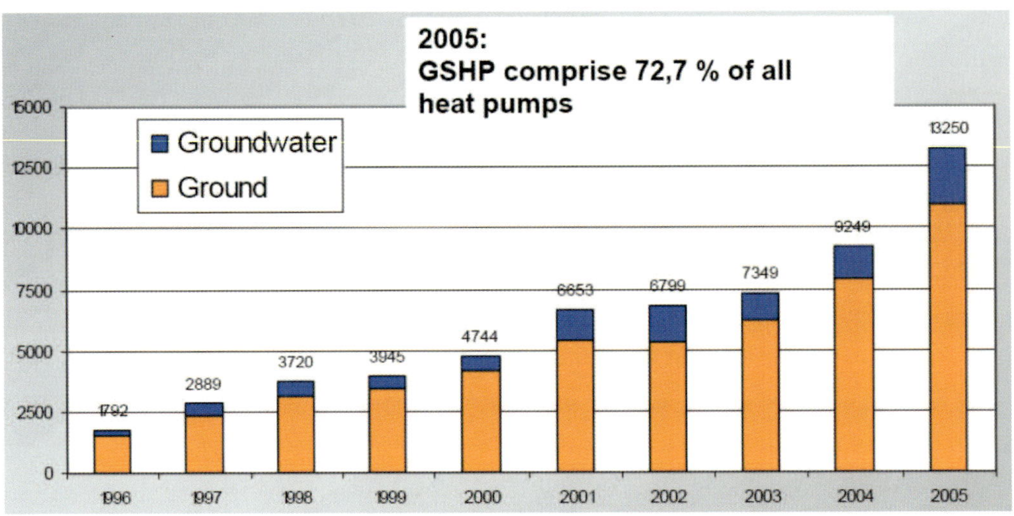

그림 4-79 독일의 지열 열펌프 판매 대수

출처 : BMP The German Heat Pump Association 독일열펌프협회(2005)

4) 최근 시장 동향

독일의 지열 열펌프 시스템은 주로 가정용으로 설치되었으며, 최근 들어 사무실 건물 등에 대용량의 시스템이 설치되는 사례도 증가하고 있는 추세다. 개보수 건물에 기존의 보일러와 함께 설치하거나 신축 건물에 지열 시스템과 보일러 등을 함께 설치하는 경향을 보이고 있다. 독일의 여름은 습도가 높아 다른 유럽 국가와 달리 냉방이 필요한 것이 특징이며, 지열 시스템이 이런 요구를 충족시키기 때문에 설치 사례가 증가하고 있다.

5) 장기 시장 전망

현재 6개의 지열발전 플랜트 설치 계획이 있으며, Schönebeck, Bad Urach, Offenbach, Speyer, Bruchsal, Unterhaching이 대상 지역이다.

라. 스웨덴

1) 기술수준 및 R&D 동향

스웨덴에서 GHP는 1980년대 초반에 알려지기 시작했고 1985년까지 약 50,000대가 보급되었다. 이후 10년 동안은 석유 값의 하락으로 GHP 시장이 축소되어 연 평균 2,000대 정도가 보급되었다. 1995년에 정부로부터 지원과 보조금이 지급되면서 GHP 시스템이 널리 알려지게 되어 2001년과 2002년에는 주거용 주택의 90%인 27,000대의 GHP가 설치되어 2005년 현재는 총 200,000대의 GHP가 보급되어 있는 것으로 추산된다(Curtis et al., 2005)

스웨덴 지질조사소에서는 등록된 22만 개 시추공의 데이터베이스를 구축하고 1998년부터 이들 자료를 홈페이지(http://maps.sgu.se/bark/)상에 공개하고 인터넷 상에서 시추공의 위치, 공경, 굴착심도, 케이싱, 지층층서, 지하수위, 수리시험 등에 대한 정보를 등록할 수 있도록 하고 있다. 또한 전국의 수문지질도를 25만 대 1과 5만 대 1로 발행하고 있다. 또한 5800지점 이상의 지역에서 암석 샘플을 채취하여 각 암석의 열전도율의 분포도 또한 작성되어 있다.

또한 스웨덴에서는 지중지반축열에 대한 연구가 활발하며, ATES(Aquifer Thermal Energy Storage ; 대수층이용 축열), BTES(Borehole Thermal Energy Storage ; 시추공 이용 축열), CTES(Cavern Thermal Energy Storage ; 공동 이용 축열) 등으로 구분하여 연구가 이루어지고 있다. 지중지반축열은 1970년대 후반에 스톡홀름에서 처음 시도되었으며 마르메시의 경우 균열이 있는 석회암을 축열층으로 활용하기도 한다.

ATES의 경우, 대수층에 직접 온수 및 냉수를 주입, 양수를 하기 때문에 지층의 층서, 구조, 지하수의 상황이 중요하다. 동시에 공극률 등 암석조직도 중요하다. 또한 스케일링 문제의 발생도 주의해야 하기 때문에 지화학에 대한 정보도 빠져서는 안 된다. 한편, BTES의 경우는 지층의 함수율의 관점에서 암석구조 및 지층의 열전도율을 좌우하는 하나의 요소로서 광물조성이 오히려 중요하게 된다.

또한 BTES에서는 일정깊이의 지층만이 반드시 결정적인 역할을 행하는 것이 아니고 시추공의 전체에 걸친 주변의 지층이 평균적으로 어떠한 열적성질을 나타내느냐가 중요하게 된다. 그러므로 열전도율, 열용량, 시추공의 열저항이 중요한 요소가 된다. 실제로 BTES시스템 건설 시에는 굴착의 cuttings로부터 대략적인 열전도율을 예상하거나 natural gamma 검층에 의해 암석의 밀도 및 공극률 측정이 이루어진다.

2) 주요 기술개발 Project

그림 4-80은 스웨덴에서 개발된 수직 밀폐형 지열 열펌프 시스템의 설계 프로그램 EED(Earth Energy Designer)이다. 이 소프트웨어는 거의 세계 최초로 개발된 설계 도구라고 할 수 있으며, 미국의 GLHEPro가 이 프로그램의 알고리즘을 벤치마킹하여 개발될 정도로 유명한 프로그램이기도 하다.

스웨덴에서도 지열 열펌프 시스템이 활성화된 다른 나라와 마찬가지로 시스템 최적화와 이를 위한 지중 열물성 측정에 많은 관심을 두고 연구를 수행하였다. 그림 4-81은 스웨덴에서 개발한 지중 열전도도 측정 장비로서, 이 역시 미국의 장비와 함께 세계에서 최초로 개발된 장비다.

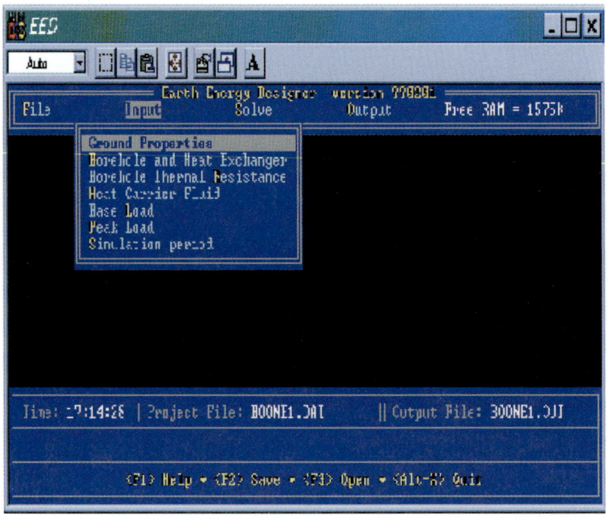

그림 4-80 스웨덴에서 개발한 수직 밀폐형 지열 열펌프시스템 설계 소프트웨어 : EED

3) 보급현황 및 생산 실적

스웨덴 열펌프 협회(Swedish heat pump organization, SVEP)에 따르면 2001~2002, 약 27,000대의 지열 시스템이 설치되었다. 이 수치는 스웨덴 가정용 열펌프 시장의 90%에 해당된다. 1986년부터 2002년까지 총 200,000만 대가 설치된 것으로 추정된다. 주로 수직형 지중열교환기를 이용하고 있다.

그림 4-81 스웨덴에서 개발한 지중 열전도도 측정을 위한 현장 열응답 시험 (in-situ thermal response test) 장비

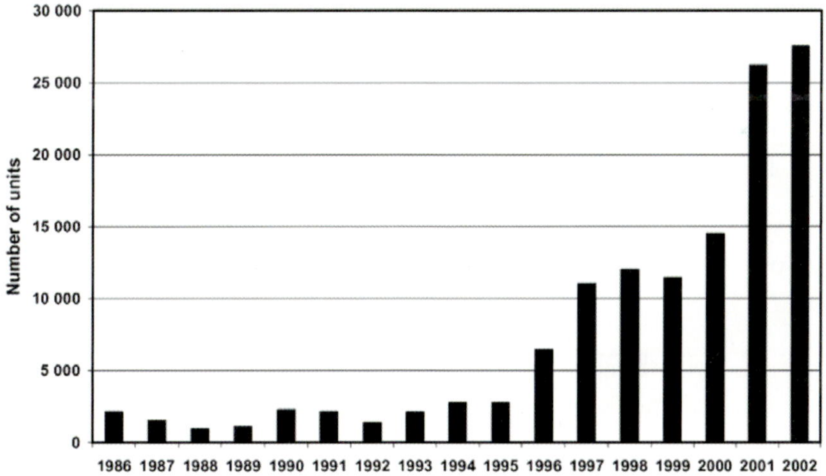

그림 4-82 스웨덴의 연간 열펌프 판매 대수[GHC BULLETIN(2004)]

가정용으로 난방공급 망을 형성하여 대규모설치 closed and open-loop 평균 heat output 대략 10kW, 80～90%로 load fraction을 증가시키는 추세다. 수직형 지중열교환기는 125m 내외로 설치되고 있으며, 수평형은 평균 350m 길이로 시공되고 있다. 싱글 U-pipe는 직경 40mm, 압력놈(pressure norm) 6.3bar, Open loop Ground-water filled가 일반적이다.

4) 최근 시장 동향

대형 시스템은 다세대주택에 더 인기가 있으며 난방용으로 설치하고 있다. 수직형 지중열교환기를 이용하여 냉방은 무료로 제공하고 있다. 상업과 산업용 GCHP(Ground coupled Heat Pump) 시스템을 많이 시공하고 있으며 가정용 시스템은 상대적으로 적은 편이다.

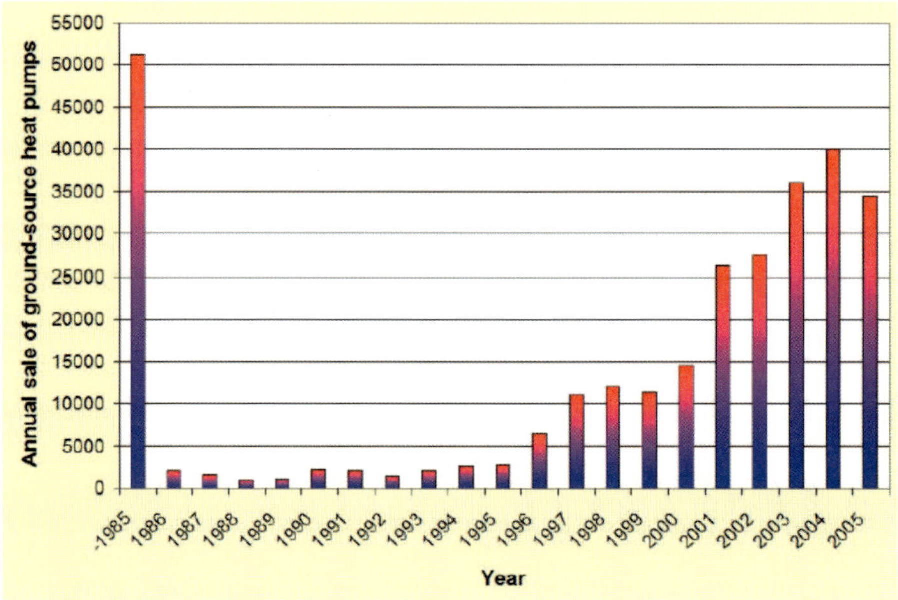

그림 4-83 스웨덴의 연간 지열 열펌프 판매 대수
[Market and Technology in Sweden by Goran Hellstrom]

마. 오스트리아

1) 기술 수준 및 R&D 동향

오스트리아는 현재 1.2MW 전력 용량의 두 개의 소규모 바이너리 플랜트 설비를 Altheim과 Blumau에 가지고 있다.

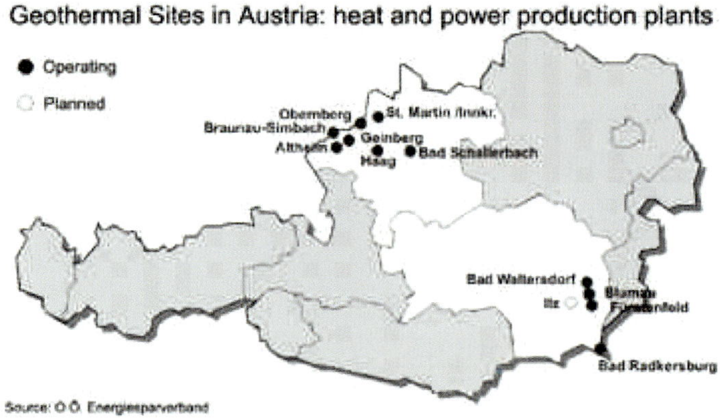

그림 4-84 오스트리아의 지열발전 플랜트 위치

2) 주요 기술개발 Project

표 4-28 오스트리아 Altheim 프로젝트의 시스템 개요

지열공급정의 깊이	2,306m
주입정의 깊이	2,165m
재주입정의 깊이	3,078m
지열 온도	106℃
시추정 유출수 온도	70℃
생산유량	100 Liter/sec
발전량	1000kW
공급되는 지역난방 배관 길이	14.5km
공급가구 수	650가구
전기생산 투자비(2차 보어홀 포함)	5백만

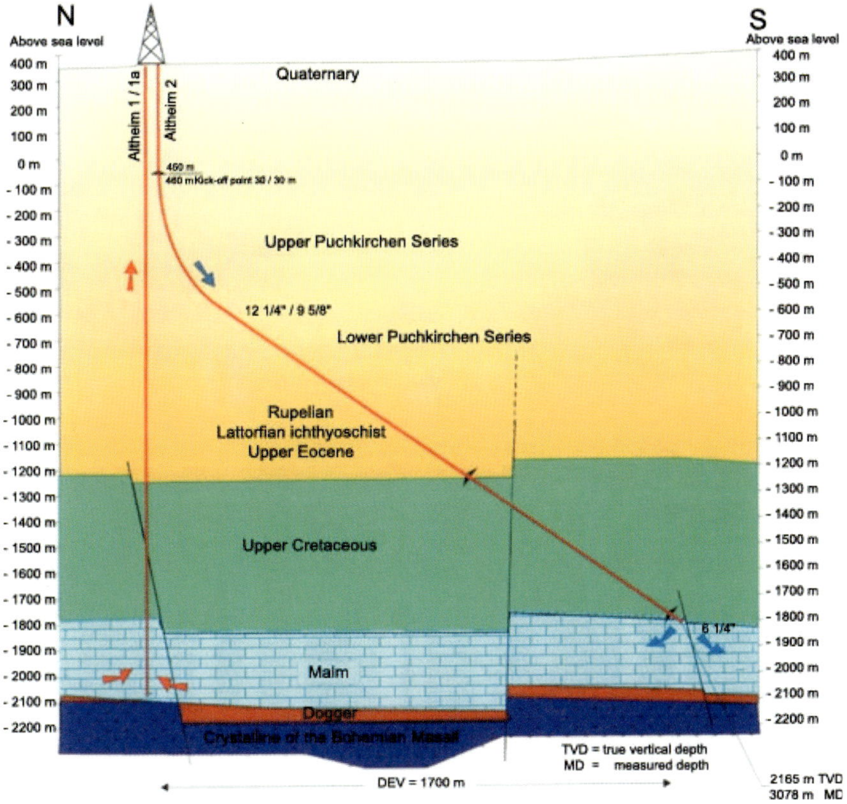

그림 4-85 Altheim 프로젝트의 심부 시추공

지역난방시스템인 Altheim 프로젝트는 2,300m 깊이의 대수층에서 106℃의 온수를 공급하는 현장이다. 1989년 이래 10MW의 열을 지역난방으로 공급하고 있다. 백악암 대수층의 수량을 유지하기 위해 재주입공 설치가 필요하였다.

이 새로운 아이디어는 가동되고 있는 시스템의 전력생산의 수입으로 충당되어 진행되었고, binary cycle의 터보발전기를 설치해야만 하였다.

Altheim 프로젝트는 두 가지 원인으로 큰 위기를 맞았었다. 첫 번째는 공급할 물의 온도를 낮추는 것이며, 두 번째는 시추공 우물과 터보발전기가 지역 관청 바로 옆인 도심지내에 설치해야 했기 때문이다. 이는 소음과 상당한 위험을 내포하고 있기 때문에 조용한 운전이 가능한 기기와 화재위험이 없는 순환수가 필요하였다. 이로 인해 순환수는 위험도가 적은 탄화플루오르가 사용되었다. 이 시스템은 테스트 기간 동안 1,000kW의 전력을 생산하였다. 지열원 주입수 온도는 주변 수로를 이용하여 해결하였으며, 시추정 내 지하대수층에서 65℃ 온도의 물을 생산할 수 있었다.

3) 기술개발 Road Map

현재 지속적으로 연구개발이 수행되고 있으며, 이는 대부분 저온 발전에 중점을 두고 있다.

4) 보급현황 및 생산 실적

현재 Altheim과 Blumau 두 곳에서 각각 105℃와 110℃ 저온의 지열로 2.1MW 발전 및 난방수 공급을 하고 있다.

4. 아프리카

가. 케냐

1) 보급현황 및 생산실적

1995년 이후로, 케냐에서는 신규 발전소가 건설되지 않았다. 1981년 Mitsubishi가 건설한, Olkaria 동부 소재의 3기, 총 48MWe(순 45MWe), 싱글 플래시 발전소에서 생산된 전력은 1994년까지 약 3MWe 감소하여 31MWe로 줄어들었다. 이 감소는 연결된 관정에서 생산되는 증기의 감소 때문이었다. 이러한 상황을 해결하기 위하여, 1995년에 4곳의 보충 관정이 연결되었으며, 1996년에는 2곳의 관정이 다시 추가되었다. 현재, 29곳의 관정 가운데 24곳에서 증기를 공급한다. 충분한 용량을 보장하기 위하여 2000년 중반까지 3곳의 관정을 더 추가하는 것이 예정되었다. 현재까지 연결된 관정에서 산출되는 증기는 발전소의 출력을 설계 수준으로 복귀시키는 데 기여하고 있다. 발전소의 가용률은 1981년의 96.8%에서 1997년의 92.8%까지 분포되었다. 지열발전 용량은 국가 전체 용량의 5.29%이며, 산출된 에너지량은 국가 전체 에너지 공급량의 8.41%에 해당한다.

2) 최근 시장 동향

Olkaria Domes 현장은 1998년과 1999년에 최대 2,200미터 깊이의 관정 3곳을 통해 탐사되었다. 방출 테스트가 진행 중이며, 이 장소는 Olkaria Ⅳ 현장이 될 것으로 보인다. Olkaria 북서부와 남동부 지역에서의 탐사활동은 각각 1996년과 1998년에 수행되었으나, 그 결과는 고무적이지 못했다. Olkaria 남쪽의 Eburu 지역은 1996년 탐사 및 굴착되었다. 저-엔탈피 자원(453kJ/kg)이 발견되었다. Olkaria 남동쪽에 인접한 Longonot에서는, 지표 탐사에서 탐사 후보지를 발견했다. 만약 이 관정이 성공적일 경우, 자금의 가용성에 따라 2곳의 추가 관정이 계획되어 있다.

3) 장기 시장 전망

케냐 정부는 2020년까지 지열발전을 이용하여 576MWe의 전기를 생산할 목표를 세우고 있다.

나. 에티오피아

1) 주요 기술개발 Project

에티오피아 지질조사협회는 (a) Aluto-Langano와 Tendaho에서 지구화학적 성질 및 저장소의 파라미터를 모니터링하고, (b) Lakes District에서 상세한 지질학적 매핑 및 지구물리학적 연구를 수행하고 있으며, (c) 에티오피아 주 단층 및 북서부 Afar 지역에서 지표면의 징후로부터 물과 가스의 표본을 추출하고 있다. 가까운 장래에, 이 협회에서는 현장의 확장을 위해 증기를 추가 공급하고, 기존 관정을 사용하여 Tendaho에서 2.5~3MW를 발전하기 위하여, Aluto-Langano에서 추가로 생산관정을 굴착할 계획이다. EEPCO는 또 자금조달이 가능해짐에 따라 여분의 전력을 수출하기 위하여 지열용량을 700MW로 증가시킬 계획도 갖고 있다. 미개발 상태의 수력발전 자원이 풍부함에도 불구하고, 지열 전력은 EEPCO의 발전계획에서 점차로 중요한 역할을 수행할 것으로 판단된다.

2) 보급현황 및 생산 실적

Aluto-Langano에 한 기의 8.52MWe 지열발전소가 존재한다. 에티오피아의 지열 탐사활동은

1969년에 시작되었으며, 현재까지 총 700MW의 잠재량을 갖는 27곳의 후보지가 발견되었다. Lakes District의 7곳의 현장에서 170MW, 중부 Afar의 7곳의 현장에서 260MW, 남부 Afar의 5곳의 현장에서 120MW, Danakil Depression의 5곳의 현장에서 150MW의 잠재량이 존재하는 것으로 보고되고 있다. 가장 심도 깊게 탐사된 지역 3곳은 Aluto-Langano, Lake District의 Corbetti, 중부 Afar 지역의 Tendaho이다.

3) 장기 시장 전망

2010년도를 향한 정부의 목표는 2,800MWe의 설비용량이다.

V

기술개발 추진전략 및 목표 설정

1. 산업화 추진 방향

> 가. 인력 및 산업 인프라 구축을 위한 추진전략
> 나. 초기 투자비 절감을 위한 추진 전략
> 다. 보급 활성화를 위한 추진전략
> 라. 국제협력 및 해외시장 개발을 위한 추진전략

가. 인력 및 산업 인프라 구축

❖ 지열 핵심 기술센터 구축

○ 기술 및 연구 인력양성 및 산·학·연 협력체제 구축 강화
○ 핵심 장비 및 설비, 인력 및 연구 인프라를 갖춘 핵심기술센터를 구축하여 운영
○ 국내외 최신 기술 자료를 통합하여 관리하고, 효율적인 운영을 통한 정보교류의 극대화
○ 최신 현장 기술을 산업계에 전수하고, 산업 현장의 애로 기술을 산업계와 공동으로 개발
○ 산업계에서 필요로 하는 설계 및 시공 전문 엔지니어를 양성하고 지속적인 교육 실시

❖ 우수 연구센터 구축

○ 최우수 실험실 사업의 확대를 통한 첨단 제조 및 시공 기술 인프라 구축
○ 전문 연구인력 양성, 핵심기술의 국산화, 부품소재 및 장비 개발 및 성능 평가, 기술정보 지원 기능 등을 수행
○ 선행성 있는 연구를 종합적이고 체계적으로 수행할 수 있도록 장기간 지원
○ 고효율 저온형 지열발전 시스템 연구 개발

❖ 표준화 도입 및 인증제도 활성화

○ 지열 설비 및 시공법에 대한 표준화를 통한 기술 기준 확립
○ 지열 핵심 설비에 대한 품질인증을 국제적 수준으로 제고
○ 인증 설비에 대한 우선 지원 제도 확립, 인센티브 제공 및 홍보지원
○ 성능 검사기관의 전문화 및 확대를 통한 인증제도 활성화
○ 생산 장비, 부품, 설비 및 시공의 표준화를 통한 가격 저감 및 A/S 용이 도모

❖ 지열 시스템 실증연구단지 설치 운영

○ 단위 기술별 경제성 평가 및 신뢰성 확보를 위한 실증플랜트의 설치 운영
○ 신개발 기술의 설치 및 장시간 운전을 통한 내구성과 신뢰성을 검증하고 엔지니어링 기

술을 확보

○ 시스템 설계, 시공, 운전기법, 모니터링, 성능유지, A/S 방법 등이 보급에 연계되도록 추진함

○ 지열 발전 실증 연구 단지 개발

나. 초기 투자비 절감

❖ 초기 투자비 절감을 위한 기술 개발

○ 지열 시스템 보급의 최대 걸림돌인 초기 투자비를 절감할 수 있는 기술 개발에 우선 지원

○ 산업 시장에서 필요로 하는 실질적 현장 기술 개발에 대한 산학연 협력 체계의 강화

○ 설비 제작 업체와 시공 업체 간의 공동 기술 개발을 통한 국내 지열 시스템의 기술 및 가격 경쟁력 제고

○ 현장 조건에 적합한 기술도입을 위한 시공법의 다양화를 위한 연구 개발

❖ 제도 정비 및 표준화를 통한 저가화

○ 정부 정책 및 제도 개선을 통한 보급의 활성화를 이루고, 이에 따라 시장 규모를 확대하여 제품 생산비용의 저가화 실현

○ 저비용 굴착 기술의 개발, 설비의 표준화, 시공법의 표준화를 통한 초기투자비의 저가화

❖ 지열 발전 시범단지 조성

○ 연차적으로 소형·중형·대형 지열 발전 시범 플랜트 구축

○ 지역 난방시스템과 연계된 지열 발전 시범단지 조성

다. 보급 활성화

❖ 지열 시스템 신뢰성 확보

○ 지반조사보고서, 설계검토 등의 제도적 정비를 통한 초기 시장의 업체 난립 및 부실 방지

○ 성능 검사 기관의 확대를 통한 인증제도의 활성화

○ 전문기업 제도의 개선을 통한 우수 업체의 인센티브 제도 강화 및 부실 업체의 퇴출 유도

○ 신·재생에너지 센터의 A/S센터의 활성화를 통한 지열 설비에 대한 사후 관리 강화

❖ 보급 정책 및 제도를 통한 수요 창출 및 시장 확대

○ 기술 경쟁력이 확보된 제품의 우선 보급 및 국산화 유도

○ 정책의 일관성으로 시장의 신뢰성 확보 및 투자 활성화 유도

○ 민간 부담금이 일정하도록 정부 지원 비율을 탄력적으로 조정
○ 설계 장려금 및 설계 보조금을 통한 지열 시스템 적용 확대
○ 에너지 절약계획서에 지열설비 적용 등 관련 제도의 정비
○ 설치비용에 대한 세제감면, 국민주택채권 매입의무 면제 등의 유인제도 도입

❖ 신 · 재생에너지 시범마을 확대

○ 지열 · 태양광 · 태양열 등 현장 적용 가능한 신 · 재생에너지를 위주로 제로에너지하우스를 적용한 환경친화적인 시범마을 조성
○ 기술개발과 보급의 일원적 체계를 마련, 대국민 홍보효과를 제고.
○ 시범마을 적용기술에 대해 실증연구단지에서 모니터링 등 사후관리를 통한 사업의 효율성을 제고

❖ Geo City 지정 및 활성화

○ 밀집도시에 적합한 시스템 개발 및 보급 지원 정책 강화
○ 행정 복합도시 및 신도시 개발 시 Geo City 지정 추진
○ 지열 홍보관 및 지역 기술지원단의 설치를 통한 기술의 홍보와 국민적 신뢰성 구축

라. 국제협력 및 해외시장 개발

❖ 국제공동 연구 및 협력을 통한 기술 확보

○ 기술 확보가 시급한 분야를 중심으로 국제공동연구 수행
○ 전문 인력의 국제교류사업 추진
○ 국제 표준화 사업에 적극적인 참여
○ 미국의 Geo-Heat Center, IGSPHA 등 국제적인 지열 전문 기구와의 협력 강화
○ 지열 발전 선도국인 독일, 프랑스 등과 국제 공동 연구 및 협력

❖ 수출산업화를 위한 해외시장 개척

○ 중국과 같이 지열 시스템에 대한 보급 확대 정책을 실시하는 나라에 대한 동향 조사 및 시장 개척
○ 동북아 신 · 재생에너지 포럼의 활성화를 통한 주변국의 시장개척지원
○ UN 등 국제기구의 개도국 지원자금을 활용한 시장개발활동 지원
○ 수출 활동의 지원을 위해 수출 금융 우선 지원 제도 정립
○ 국제 경쟁력을 갖춘 소형 바이너리 발전 시스템의 국제시장 개척

2. 기술개발 추진전략

지열 냉난방과 지열발전 분야에 대한 기술개발 추진전략을 단기·중기·장기로 구분하고 각 시기별로 추진전략, 산업화 추진방향, 개발 및 보급정책 요구 사항 등을 정리하였다.

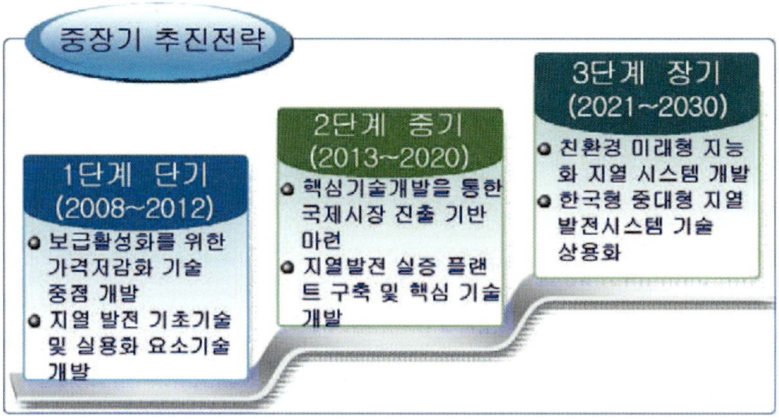

그림 5-1 지열분야 2030 중장기 추진전략

가. 단기(2008~2012)

1) 단기 추진전략

❖ 지열 냉난방

○ 현재까지 연구 개발된 기술 중에서 단기간에 상업화가 가능한 기술을 실증사업으로 우선 개발함.

○ 민간시장 활성화를 위한 저비용 천공 및 시공기술을 우선 발굴함.

○ 시스템 신뢰성 확보를 위한 인증시스템 구축 사업 추진함.

○ 소규모 주거용 지열 열펌프 시스템 보급 활성화를 위한 시스템 고성능화 및 표준화 시공기술에 역점을 둠.

❖ 지열발전

○ 지열발전을 위한 기초연구가 충분하지 않아서 핵심적인 부분은 기초연구의 일부를 수행함.

○ 민간시장의 참여를 유도하기 위하여 타산업과의 연계성이 큰 장비 및 플랜트의 개발을 추진하며, 핵심 개발 부분을 도출하여 연구개발의 효율을 극대화 함.

○ 단기 연구개발의 결과를 현장에 적용토록 하여 개발된 성과물을 검증함으로서 실용화 플

랜트 건설의 요소기술을 정립한다.

2) 산업화 추진방향

❖ 지열 냉난방

- 신·재생에너지 1단계 보급목표를 달성하기 위한 단기 보급 가능한 기술을 집중적으로 개발하며, 지열 시장 활성화를 위하여 저비용 시공 기술이 가능하도록 기업이 적극 참여할 수 있는 기술을 중심으로 시장성과 경제성이 우수한 사업부터 추진함.
- 개발기술의 산업화가 신속히 이루어질 수 있도록 설계와 시공기술에 대한 표준화 구축사업을 산·학·연 공동으로 추진.

❖ 지열발전

- 민간시장의 활성화를 위해 민간업체의 참여를 추진하고, 연구 개발 추진 과정에 다양한 분야가 결합될 수 있도록 계획해야 함.
- 개발 기술의 산업화가 신속히 이루어질 수 있도록 산·학·연 공동으로 연구개발을 추진할 필요가 있음.

3) 개발 및 보급 정책 요구사항

❖ 지열 냉난방

- 기술 개발이 단기적으로 수행되는 것보다 장기적으로 공동 개발할 수 있는 여건을 조성할 필요가 있음. 아울러 개발된 기술을 활용할 수 있는 기업이 많이 출연할 수 있도록 연구개발 주체를 변화시킬 필요가 있음.
- 개발된 기술에 대한 독점을 방지하고 시장에서의 보급 활성화를 꾀할 수 있도록 하는 것이 바람직함.
- 주거용 지열 시스템의 보급을 활성화시키기 위해, 현행 전기요금 체계의 개선/보완이 필요함. 공공기관에서는 지방보급사업을 확대하고 민간에 대한 일반보급보조사업 지원이 지속되어야 함.

❖ 지열발전

- 국내 입지선정 기술 등은 기초연구의 성격이 강하며 따라서 산업화를 위해 민간이 참여하는 데 어려움이 예상됨. 아울러 정부의 지원이 필요한 일부 연구가 있음.
- 단기 연구개발을 통하여 만들어진 성과물이 시험 현장에서 적용될 수 있도록 정부의 정책적 지원이 필요함.

나. 중기(2013~2020)

1) 중기 추진전략

❖ 지열 냉난방

- 기존 선진외국기술에 의존하는 것을 탈피할 수 있는 핵심요소기기의 설계 및 제작, 시공기술을 중점으로 추진하며, 국제 시장에 진출할 수 있는 기반을 조성할 수 있도록 고성능화 및 신뢰성 확보에 역점을 두고 추진하여야 함.
- 차세대 친환경 고효율 시스템 기술개발이 가능하도록 산·학·연 컨소시엄 구성과 장기적인 지중열자원의 DB 구축 기술개발을 추진함.
- 고열부하 설비의 응용기술이 실증화할 수 있도록 추진함.
- 또한, 지열이 융복합 대형 냉난방 시스템과 연계할 수 있는 기반기술 개발 사업을 추진할 수 있도록 사업비 확대가 필요함.

❖ 지열발전

- 선진외국기술에 의존하는 것을 탈피할 수 있는 핵심요소기기의 설계 및 제작, 시공기술을 중점으로 추진하며, 국제 시장에 진출할 수 있는 기반을 조성할 수 있도록 고성능화 및 신뢰성 확보에 역점을 두고 추진.
- 개발된 성과물이 어느 정도의 실용성을 확보하여 실제 현장에서 적용될 수 있도록 추진.
- 지열 발전소의 건설뿐만 아니라, 각종 사회문제와 환경문제에 유연하게 대처할 수 있는 기술 개발과 관련 제도 개선을 위한 연구를 유기적으로 진행할 필요가 있음.

2) 산업화 추진방향

❖ 지열 냉난방

- 열펌프 시스템 기술의 다변화를 통해 환경친화적이며, 성능이 좋은 제품을 산업화하기 위해 친환경 냉매 이용 열펌프, 대온도차 이용 열펌프, 고온출력을 얻기 위한 캐스케이드 열펌프 분야 등에 대해 기술 완성도를 높여나가서 국제 시장에 진출함으로 인하여 수출효과를 기대할 수 있도록 추진함.
- 지열 열펌프 시스템의 최적 운전제어 기술과 신뢰성 향상 기술을 접목할 수 국내 기업을 발굴하고, 이들 기업이 세계 시장에서 대표 업체로 발돋움할 수 있는 기반을 조성하는 방향으로 추진해야 함.
- 다량의 지중 온냉열을 축열할 수 있는 기술을 산업화해야 함. 아울러 지역 냉난방이나 열병합발전 설비와 연계할 수 있는 기술을 확보하기 위해 대용량 열펌프 기술을 상용화

하고, 이를 위한 기반조성을 위해 중대규모의 연구개발 사업에 관련 기업을 참여시킴으로써 국내 산업화를 조속히 실현시킬 수 있음.

○ 보다 높은 수준의 열원 확보를 위해 천공과 굴착 기술을 개발해야 하며, 이에 상응하는 저가・고효율 장비 등의 개발이 요구됨.

❖ 지열발전

○ 개발된 기술이 민간 기업에 이전될 수 있도록 추진하여 상용화 및 보급에 주력하여야 함.

○ 한국형 지열발전 시스템을 구체적으로 제시하여 기초 브랜드를 도출하여야 함.

3) 개발 및 보급 정책 요구사항

❖ 지열 냉난방

○ 지열 시스템의 핵심요소기술들이 세계 시장에 진출하기 위해서 장기적이고 체계적인 연구개발이 추진되도록 정부의 적극적인 지원이 필요함.

○ 지중 열자원 개발을 위해서 지중 열물성 DB 및 열거동 시뮬레이션 기술을 확보하기 위해서 산・학・연 컨소시엄 구성을 통한 정부지원 하에 장기적인 연구가 수행되어야 함.

○ 민간시장이 정착할 수 있도록 요소부품의 표준화 및 인증화가 제도적 뒷받침이 필요함.

○ 실증화 연구개발 사업의 확대가 필요하며, 이로 인한 보급 활성화를 기대할 수 있음.

❖ 지열발전

○ 개발된 한국형 지열발전 시스템이 국내에 정착될 수 있도록 정부의 장기적이고 적극적인 지원이 필요함.

다. 장기(2021~2030)

1) 장기 추진전략

❖ 지열 냉난방

○ 지열 냉난방 시스템과 관련된 기술의 수준이 성숙기에 접어들기 때문에, 미래형 지능화 지열 시스템 기술 개발을 통해 저온구동 흡수식 냉동기 개발 및 스마트 열환경 제어 시스템 개발 등에 역점을 두고 추진하여야 함.

○ 지중열교환기의 고성능화를 위한 심부 지중열 이용기술과 굴착 및 시공의 경제성 확보를 위한 기술개발이 추진되어야 함.

❖ 지열발전

- ㅇ 한국형 지열발전 시스템의 기술이 성숙화 되어 상용화될 수 있도록 추진.
- ㅇ 지열발전 플랜트를 건설한 후 가동할 때 발생할 수 있는 문제를 해결하기 위한 기법과 기술 등을 개발하기 위해 실증 플랜트 건설연구를 추진할 필요가 있음.
- ㅇ 굴착비용이 지열발전 플랜트의 경제성을 좌우할 수 있으므로 신개념 굴착기법 등 건설경비를 획기적으로 절약할 수 있는 기술개발 과제를 도출하여 산·학·연이 공동으로 추진.
- ㅇ 기존에 수행된 연구 성과를 바탕으로 세계 지열발전 시장을 선도할 수 있는 연구주제의 발굴과 함께 신개념 지열발전 플랜트 건설 및 시스템 개발 추진.

2) 산업화 추진방향

❖ 지열 냉난방

- ㅇ 단기, 중기 기술개발을 통한 지열기술의 성숙기를 맞아 산업화가 신속히 이루어질 수 있도록 실증 및 보급사업의 활성화를 위해 기업주도 연구개발 체계를 추진함으로 인해서 시장 경제에 발돋움할 수 있는 기반조성이 이루어질 것임.
- ㅇ 국제 시장에서 세계 일류기업이 탄생할 수 있는 대용량 고온출력 열펌프 시스템 기술을 집중적으로 산업화시키며, 지역 열공급 시장에 진출할 수 있는 기회가 부여될 것임.
- ㅇ 미래 환경친화적인 지열 시스템을 산업화하기 위해서 고성능 및 심부 굴착기술 확보와 지중 열환경 평가기술을 상용화하도록 추진함.

❖ 지열발전

- ㅇ 산학연 협력이 중요한 단계로서 지열발전소 보급 및 기술수출에 따른 문제를 협동하여 해결하고 세계를 리드할 수 있도록 정책적 지원이 요구됨.

3) 개발 및 보급 정책 요구사항

❖ 지열 냉난방

- ㅇ 미래지능형 지열 시스템 및 대형 냉난방 기술의 개발과 상용화 과정에서 경제성만을 부각시켜 기술을 개발하는 것보다 환경친화성을 고려하여 추진할 수 있도록 정부의 재정/제도 지원이 필요함.
- ㅇ 장기적이고 지속적인 연구개발 지원이 이루어져야만 세계 일류기업이 탄생할 수 있으므로 장기 기술개발이 이루어지도록 지원.

❖ 지열발전

○ 장기적이고 지속적인 연구개발 지원이 요구되며, 개발된 성과물의 브랜드화에 정부의 협조와 지원이 필요함.

○ 친환경적인 기술을 보급하기 위해 적극적인 정부지원 하에 보급할 수 있는 제도적 뒷받침이 필요함.

3. 기술개발 목표설정 및 추진계획(Road Map)

가. 단기(2008~2012)

1) 단기 목표

- 지열 열펌프 시스템 설치 가격 목표 : 340만 원/RT
- 지열 열펌프 단품 가격 목표 : 55만 원/RT
- 지열 열펌프 효율(냉방) 목표 : 4.5
- 시스템 보급 목표 : 120,000RT
- 1MW급 이하 소형 지열발전 플랜트 구축

❖ 지열 냉난방

○ 단기간에 상업화가 가능한 기술로서 시스템 성능해석 및 설계 프로그램 기술을 확립하고, 주거용 지열 열펌프 시스템과 하이브리드 지열 시스템의 보급 확대를 위한 기반을 구축함.

○ 차세대 고효율 열공급 시스템 개발을 위해 커미셔닝과 모니터링 등과 같은 제반 기술개발 연구를 수행함.

○ 지중 열자원 자료를 구축하고, 국내 지중 특성에 적합한 지중열교환기 설계 및 시공기술을 개발함. 동시에 지중열교환기의 신뢰성 확보를 위한 내식성 재료 개발을 추진함.

○ 저비용 천공 및 시공기술을 확보하고, 에너지 말뚝 등 지열 에너지를 다양하게 활용할 수 있는 기술을 개발함으로써 민간시장을 활성화하고 이에 필요한 기반을 조성함.

○ 지열 냉난방 시스템의 신뢰성 확보를 위해 시스템과 요소 핵심부품에 대한 인증 및 표준화 시스템을 구축함.

○ 건물, 시설영농 등과 같은 고부하 설비나 터널·도로 등의 환경에 응용할 수 있는 기반기술을 구축함.

○ 고갈될 위험성이 없는 댐 또는 대형 보를 활용한 저수지형 시스템을 개발함. 아울러 원수나 상수를 활용할 수 있는 기반 기술을 구축함.

❖ 지열발전

○ 단기간에 상업화가 가능하며, 국제적 기술 수준과 격차가 적어 소규모의 지원으로 요소기술의 개발이 가능한 내용을 도출.

○ 지열발전에 대한 국내의 기초연구가 부족하여 핵심적인 일부 부분의 기초연구를 수행함.

○ 저비용 천공 및 시공기술을 확립함으로 인해서 민간시장의 활성화를 이룩할 수 있는 기반을 조성함.

2) 주요 추진계획

❖ 지열 냉난방

○ 지열 냉난방을 위한 열공급 시스템의 지열이용 열펌프시스템 개발
- 시스템 성능해석 및 설계프로그램 기술의 상용화 구축
- 부하대응형 열펌프 시스템 기술의 실증 사업
- 하이브리드 지열 열펌프 시스템 기술의 실증 사업
- 주거용 소형 열펌프 시스템 기술개발 및 표준화

○ 차세대 친환경 고효율 열펌프 시스템 기초 연구
- 지열이용 고온출력 열펌프 사이클 기본 시스템 구축
- 캐스케이드 열펌프 시스템 기술
- 지중온냉열 축열 타당성 조사

○ 시스템 커미셔닝 및 최적 제어기술
- 설치시스템 모니터링 기술 개발
- 시스템 최적 운전제어 기술 개발

○ 지중열자원 활용기술 개발
- 열물성 측정기술 개발
- 지열자원 분포 DB조사

○ 지중열교환기 개발 및 최적설계 기술
- 지하수 이용 열교환 기술
- 지표수 이용 열교환 기술
- 국내 지중 특성별 지중열교환기 설계 및 시공 기술
- 내식성 열교환기 기술

○ 지중열교환기 설치기반기술
  - 천공/굴착 저비용 시공기술 개발
  - 에너지 말뚝 이용 시공기술
  - 그라우팅 및 혼합재 기술
  - 지중 계측 및 모니터링 기술
○ 지열 시스템 인증 및 표준화
  - 시스템 내구성 및 수명평가 도구 기술 개발
  - 지열 시스템 성능평가 기술 개발
  - 지중열교환기 설치 표준화 및 성능평가 기술
○ 요소핵심부품 인증 및 표준화
  - 요소부품 내구성 및 수명 평가도구 기술 개발
○ 고부하 설비 응용기술 기반기술 개발
  - 건물 냉난방 연계기술 및 양어, 건조, 시설영농 지원기술
  - 저수지형 및 원수 활용 시스템 기술
○ 지열응용 미래 환경기술 개발
  - 지하수 및 지중 환경영향 평가 기술
  - 융설(snow melting) 및 도로 연계 기술
  - 터널 열 이용 기술 및 폐광/폐정 활용 기술

❖ 지열발전

○ 천부 지하 열자원 탐사 및 평가 기술
○ 굴착 제어기술 개발
  - 굴착 중 정보를 반영한 굴착 제어기술
  - 민원 저감형 굴착 기술 개발
○ 저온 지열발전 플랜트 설계기술 개발
  - 바이너리 발전에 대한 열수력 사이클 해석
  - 200kW급 소형 바이너리 발전 플랜트 도입 및 시운전
  - 소형 시스템의 성능평가 및 국산화
○ 중·대형 지열발전 개발을 위한 심부 열자원 탐사 및 평가기술 개발
○ 중·대형 지열발전 개발을 위한 저비용·고효율 심부 굴착기술 개발
  - 저비용 심부 굴착기술 및 장비 개발
  - 인공파쇄대 구축 및 설계 기술 개발
  - 굴착 모델링과 설계 기법 개발 및 정립

3) 연차별 추진계획(Road Map)

❖ 지열 냉난방

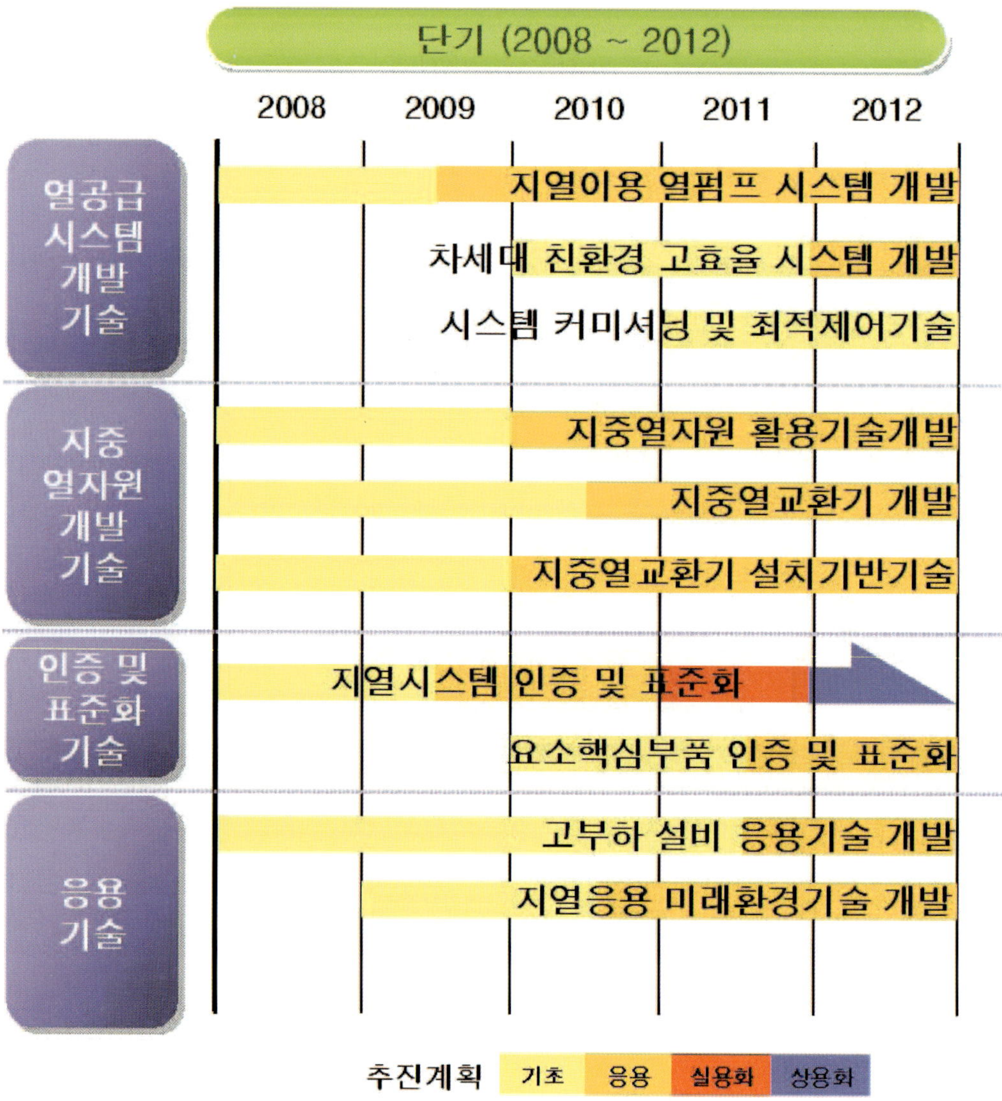

그림 5-2 지열 냉난방 분야 연차별 추진 계획 : 단기(2008~2012)

❖ 지열발전

그림 5-3 지열발전 분야 연차별 추진 계획 : 단기(2008~2012)

표 5-1 지열 냉난방 분야 단기 기술개발 내용

<table>
<tr><th>대분류</th><th>중분류</th><th>소분류</th><th>세분류</th></tr>
<tr><td rowspan="12">지열 냉난방</td><td rowspan="3">열공급 시스템 개발 기술</td><td>지열이용 열펌프 시스템 개발</td><td>- 시스템 성능해석/설계 프로그램 기술
- 부하대응형 열펌프 시스템 기술
- 가정용 소형 열펌프 시스템 기술
- 하이브리드 시스템 기술</td></tr>
<tr><td>차세대 친환경 고효율 시스템 개발</td><td>- 캐스케이드 열펌프 시스템 기술
- 지중온냉열 축열 기술</td></tr>
<tr><td>시스템 커미셔닝 및 최적제어기술</td><td>- 설치시스템 모니터링 기술
- 시스템 최적 운전제어 기술</td></tr>
<tr><td rowspan="3">지중 열자원 개발 기술</td><td>지중열자원 활용기술 개발</td><td>- 열물성 측정기술
- 지열자원 분포 DB 구축</td></tr>
<tr><td>지중열교환기 개발</td><td>- 지하수 및 지표수 열교환 기술
- 지중 특성별 지중열교환기 설계 기술
- 내식성 열교환기 기술</td></tr>
<tr><td>지중열교환기 설치기반기술</td><td>- 천공/굴착 기술
- 에너지 말뚝 이용 시공기술
- 그라우팅 및 혼합재 기술
- 지중 계측 및 모니터링 기술</td></tr>
<tr><td rowspan="2">인증 및 표준화 기술</td><td>지열 시스템 인증 및 표준화</td><td>- 시스템 내구성 및 수명평가 도구 기술 개발
- 지열 시스템 성능평가기술
- 지중열교환기 설치표준화 및 성능평가 기술</td></tr>
<tr><td>요소핵심부품 인증 및 표준화</td><td>- 요소부품 내구성 및 수명 평가도구 기술 개발</td></tr>
<tr><td rowspan="2">응용 기술</td><td>고부하 설비 응용기술 개발</td><td>- 건물 냉난방 연계기술
- 양어, 건조 및 시설영농 지원기술
- 건물 냉난방 연계기술
- 저수지 및 원수 화용 시스템 기술</td></tr>
<tr><td>지열 응용 미래환경기술 개발</td><td>- 융설 및 도로 연계화 기술(snow melting)
- 터널 열 이용기술
- 폐광, 폐정 활용기술</td></tr>
</table>

표 5-2 지열발전 분야 단기 기술개발 내용

대분류	중분류	소분류	세분류
지열 발전	소형 플랜트 개발기술 (1MW급 이하)	천부 지하열자원 탐사 및 평가 기술	- 천부 지열자원 탐사 및 평가 기술
		굴착 제어기술 개발	- 굴착중 정보를 반영한 굴착 제어기술 - 민원 저감형 굴착 기술 개발
		저온발전 설계기술 개발	- 바이너리 발전에 대한 열수력 및 사이클 해석 - 200kw급 소형 바이너리 발전 플랜트 도입 및 시운전 - 소형 시스템의 성능 평가 및 국산화
	중형 플랜트 개발기술 (10MW급 이하)	심부 지하열자원 탐사 및 평가 기술개발	- 심부 지열자원 탐사 및 평가 기술
		고효율 저비용 심부굴착기술 개발	- 저비용 굴착기술 및 장비 개발 - 인공파쇄대 형성 및 설계 기술 개발 - 굴착 모델링 및 설계 기법 개발 및 정립

나. 중기(2013~2020)

1) 중기 목표

- 지열 시스템 설치 가격 목표 : 290만 원/RT
- 지열 열펌프 단품 가격 목표 : 45만 원/RT
- 지열 열펌프 효율(냉방) 목표 : 5.0
- 시스템 보급 목표 : 500,000RT
- 10MW급 이하 중형 지열발전 플랜트 구축

❖ 지열 냉난방

○ 핵심요소기기의 설계 및 제작, 시공기술을 중점으로 추진하며, 국제 시장에 진출할 수 있는 지열 시스템의 고성능화 및 신뢰성 확보에 역점을 두고 개발함.

○ 차세대 친환경 고효율 시스템 기술개발을 목표로 시스템 내구성/신뢰성 향상에 역점을 둠.
○ 지하수, 지표수 등의 열원을 다양하게 이용할 수 있도록 지중열교환기의 개발을 콤팩트화함.
○ 지중열원개발에 효과적이도록 차세대 시공장비 개발에 집중함.
○ 지열원으로 대형냉난방 시스템에 적용할 수 있도록 장거리 열수송 기술 및 대용량 열펌프 기술, 융복합 연계기술 등을 개발함.

❖ 지열발전

○ 핵심요소기기의 설계 및 제작, 시공기술을 중점으로 추진하며, 국제 시장에 진출할 수 있는 기반을 조성할 수 있도록 추진하여야 함.
○ 개발된 성과물이 어느 정도의 실용성을 확보하여 실제 현장에서 연구 검증되어야 함.
○ 지열발전소의 건설뿐만 아니라 각종 사회 문제 및 환경문제에 대처할 수 있는 연구를 시작함.

2) 주요 추진계획

❖ 지열 냉난방

○ 지열이용 열펌프시스템 시스템 개발
- 주거용 지열 열펌프시스템 상용화 기술 및 보급확대 방안 제시
○ 차세대 친환경 고효율 시스템 기술개발
- 친환경 냉매적용 열펌프 기술
- 대온도차 이용 열펌프 기술
- 고온수(70℃ 이상) 출력 열펌프 기술
○ 시스템 커미셔닝 및 최적 제어기술 개발
- 시스템 내구성/신뢰성 향상기술
- 시스템 고장감지 및 진단 기술
○ 지중 열자원 활용을 위한 DB 구축 기술 개발
- 토양/암반 열물성 DB 구축
- 지중 열거동 시뮬레이션 기술
○ 지중열교환기 개발
- 지중열교환기 콤팩트화 기술

○ 지중열교환기 설치기반기술
  - 지열자원 개발 시공 장비 기술
○ 심부지열자원 활용 기반기술 개발
  - 심부 열원 타당성 평가
○ 요소핵심부품 인증 및 표준화
  - 고성능 핵심원천부품 인증기술
○ 고부하 설비 응용기술 상용화 개발
  - 냉난방 연계 건물 시공 상용화 기술
  - 양어, 건조 및 시설영농 지원 상용화 기술
○ 지열응용 미래환경 평가기술 개발
  - 지하수/지중 환경영향 평가 기술
○ 지열 융복합 대형 냉난방 연계기술 개발
  - 지열 장거리수송 기술 개발
  - 지역냉난방/열병합 연계기술
  - 대용량 열펌프 기술(1,000RT 이상)

❖ 지열발전

○ 굴착 제어기술 개발
  - 굴착 중 정보를 반영한 굴착 제어기술
  - 민원 저감형 굴착 기술 개발
○ 심부 지하 열자원 탐사 및 평가기술개발
  - 천부 지하 열자원 탐사기술의 기술 확장
  - 고정밀 탐사기술 개발
  - 탐사자료 해석기술 개발
  - 친환경 저류층 평가기술 개발
○ 고효율 저비용 심부굴착기술 개발
  - 저비용 심부 굴착기술 및 장비 개발
  - 인공파쇄대 구축 및 설계 기술 개발
  - 고온 고압용 소재 개발
  - 굴착 모델링 및 설계 기법 개발 및 정립

○ 고온발전 설계기술 개발
  - 드라이 스팀 발전 기술 개발
  - 플래시 스팀 발전 기술 개발
  - 중형 플랜트 열수력 설계 기술 개발
  - 발전 플랜트 성능 평가 기술 개발
○ 플랜트 및 저류층 유지관리 기술 개발
  - 플랜트 유지 관리 기술 개발
  - 지하 구조 유지관리 기술 개발
  - 열손실 방지기술 개발
○ 환경영향 모니터링 및 평가기술
  - 환경영향 평가 및 계획기술
  - 지열발전을 위한 사회제도 분석
  - 환경영향 최소화 기법 및 기술 개발

3) 연차별 추진계획(Road Map)

❖ 지열 냉난방

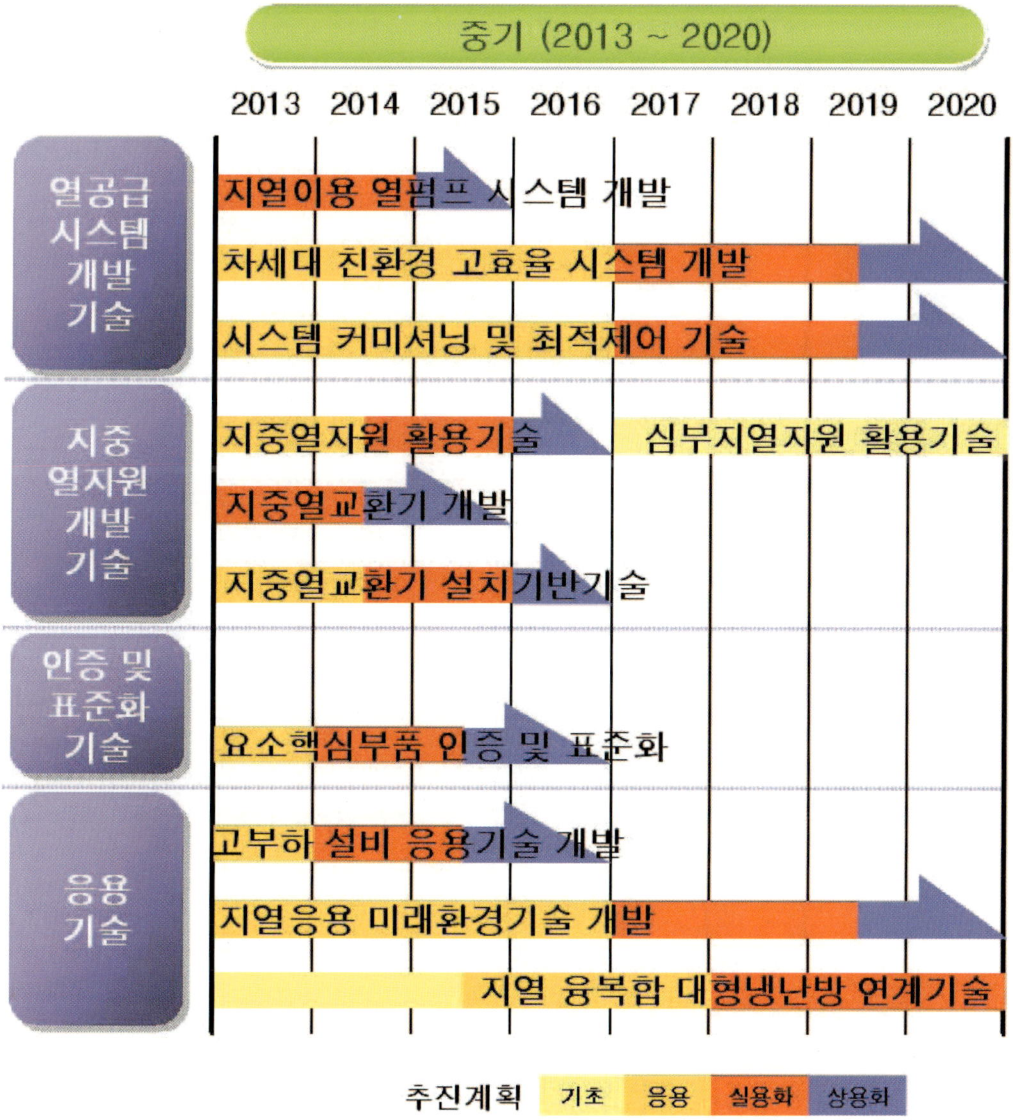

그림 5-4 지열 냉난방 분야 연차별 추진 계획 : 중기(2013~2020)

❖ 지열발전

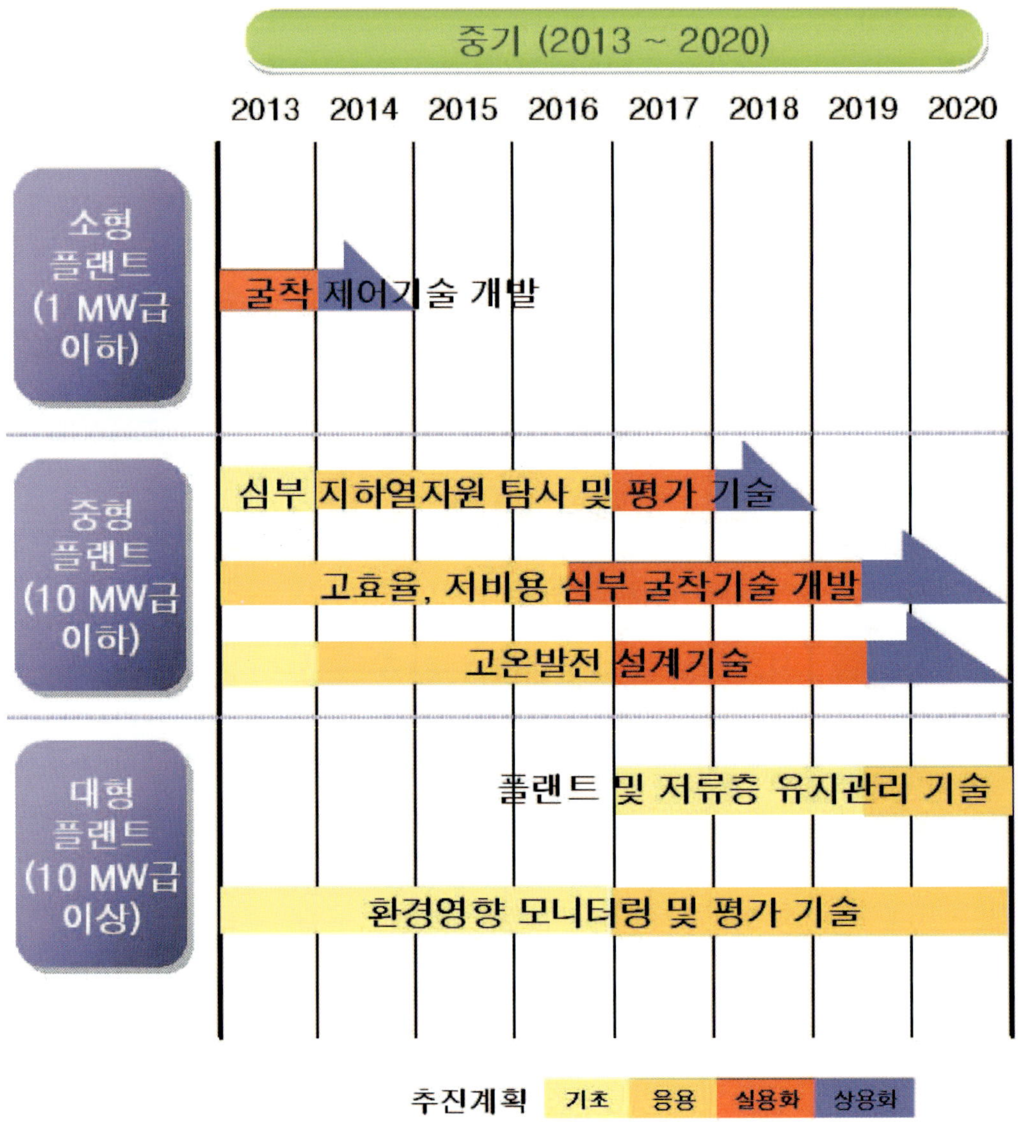

그림 5-5 지열발전 분야 연차별 추진 계획 : 중기(2013~2020)

표 5-3 지열 냉난방 분야 중기 기술개발 내용

대분류	중분류	소분류	세분류
지열 냉난방	열공급 시스템 개발 기술	지열이용 열펌프 시스템 개발	- 주거용 지열 열펌프시스템 상용화 기술 및 보급 확대방안 제시
		차세대 친환경 고효율 시스템 개발	- 친환경 냉매 적용 기술 - 대온도차 이용 기술 - 고온수 출력 열펌프 시스템 기술
		시스템 커미셔닝 및 최적 제어기술	- 시스템 내구성/신뢰성 향상 기술 - 시스템 고장감지 및 진단 기술
	지중 열자원 개발 기술	지중열자원 활용기술 개발	- 토양/암반 열물성 DB 구축 - 지중 열거동 시뮬레이션
		지중열교환기 개발	- 지하수 이용 열교환 기술 - 지표수 이용 열교환 기술 - 지중열교환기 콤팩트화 기술
		지중열교환기 설치기반기술	- 지열자원 개발 시공장비 기술
		심부지열 활용 기술	- 심부 열원 타당성 분석
	인증 및 표준화 기술	요소핵심부품 인증 및 표준화	- 고성능 핵심원천부품 인증기술
	응용 기술	고부하 설비 응용기술 개발	- 건물 냉난방 연계기술(상용화) - 양어, 건조 및 시설영농 지원기술 (상용화)
		지열 응용 미래환경기술 개발	- 지하수/지중 환경영향 평가 기술
		지열융복합 대형냉난방 연계기술	- 지열 장거리수송 기술 개발 - 지역난방/열병합 연계기술 - 1,000RT 이상 대용량 열펌프 기술

표 5-4 지열발전 분야 중기 기술개발 내용

대분류	중분류	소분류	세분류
지열 발전	소형 플랜트 개발기술 (1MW급 이하)	굴착 제어기술 개발	- 굴착중 정보를 반영한 굴착 제어기술 - 민원 저감형 굴착 기술 개발
	중형 플랜트 개발기술 (10MW급 이하)	심부 지하열자원 탐사 및 평가 기술개발	- 천부 지하열자원 탐사기술의 기술확장 - 고정밀 탐사기술 개발 - 탐사자료 해석기술 개발 - 친환경 저류층 평가기술 개발
		고효율 저비용 심부굴착기술 개발	- 저비용 굴착기술 및 장비 개발 - 인공파쇄대 형성 및 설계 기술 개발 - 고온 고압용 소재 개발 - 굴착 모델링 및 설계 기법 개발 및 정립
		고온 발전 설계 기술	- 드라이 스팀 발전 기술 개발 - 플래시 스팀 발전 기술 개발 - 중형 플랜트 열수력 설계 기술 개발 - 발전 플랜트 성능 평가 기술 개발
	대형 플랜트 개발기술 (10MW급 이상)	플랜트 및 저류층 유지관리 기술 개발	- 플랜트 유지 관리 기술 개발 - 지하 구조 유지관리 기술 개발 - 열손실 방지기술 개발
		환경영향 모니터링 및 평가기술	- 환경영향 평가 및 계획기술 - 지열발전을 위한 사회제도 분석 - 환경영향 최소화 기법 및 기술개발

다. 장기(2021~2030)

1) 장기 목표

- 지열 시스템 설치 가격 목표 : 250만 원/RT
- 지열 열펌프 단품 가격 목표 : 40만 원/RT
- 지열 열펌프 효율(냉방) 목표 : 5.5
- 시스템 보급 목표 : 2,200,000RT
- 10MW급 이상 대형 지열발전 플랜트 구축

❖ 지열 냉난방

○ 미래형 지능화 지열 시스템을 개발하여 통합적이고 지능적인 주거환경을 구성하고자 함.

○ 지중열교환기의 고성능화를 위한 심부 지중열 이용 기술과 굴착 및 시공의 경제성 확보에 역점을 두고 개발함.

○ 지열에너지를 융복합 기술과의 연계를 통하여 상용화하고 이로부터 지열에너지 이용의 극대화를 목표로 함.

❖ 지열발전

○ 연구 성과를 종합하여 한국형 지열발전 지열 시스템의 기술이 성숙화 되어 상용화될 수 있도록 추진.

○ 지열발전소의 건설 및 운용 시 발생되는 문제를 해결하기 위한 기법 및 기술의 개발.

○ 세계를 리드할 수 있는 신개념의 지열발전 건설 및 시스템의 개발을 추진함

2) 주요 추진계획

❖ 지열 냉난방

○ 미래형 지능화 지열 시스템 개발
- 저온구동 흡수식 냉동기 기술
- 스마트 열환경제어 지열이용 열펌프 기술
- 연료전지 연계기술

○ 심부지열자원 활용 기술 개발
- 심부 굴착기술 개발
- 심부 지중열교환기 시공 기술

○ 지열 융복합 대형 냉난방 연계 상용화 기술 개발
- 지역냉난방/열병합 연계 상용화 기술
- 1,000RT 이상 대용량 열펌프 상용화 기술

❖ 지열발전

○ 플랜트 및 저류층 유지관리 기술 개발
- 지열발전 보급화 연구
- 플랜트 유지 관리 기술 개발
- 지하 구조 유지관리 기술 개발
- 신개념 지열발전 시스템 및 건설기술 연구 개발

○ 환경영향 모니터링 및 평가기술
- 환경영향 평가 및 계획기술
- 지열발전을 위한 사회제도 분석
- 환경영향 최소화 기법 및 기술개발

3) 연차별 추진계획(Road Map)

❖ 지열 냉난방

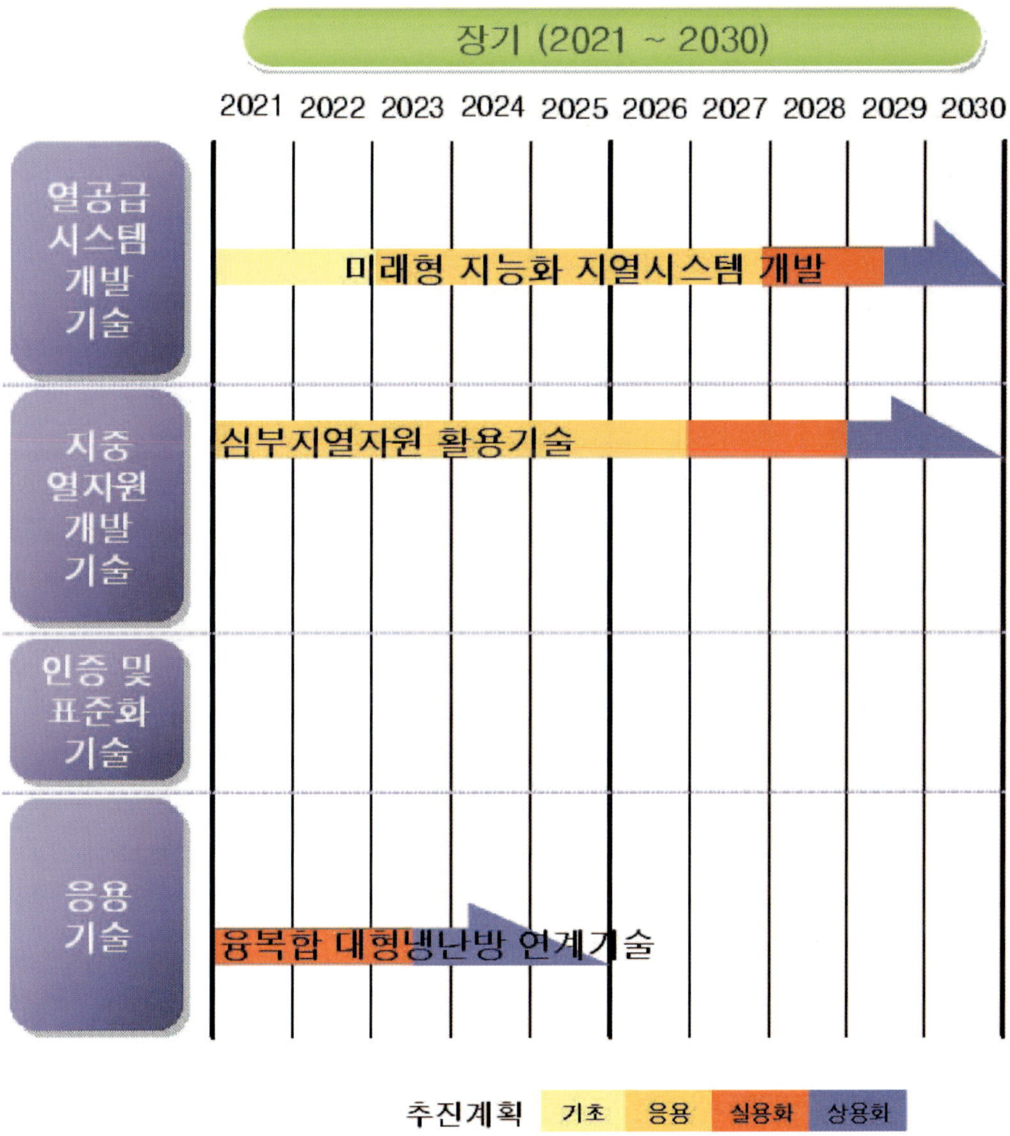

그림 5-6 지열 냉난방 분야 연차별 추진 계획 : 장기(2021～2030)

❖ 지열발전

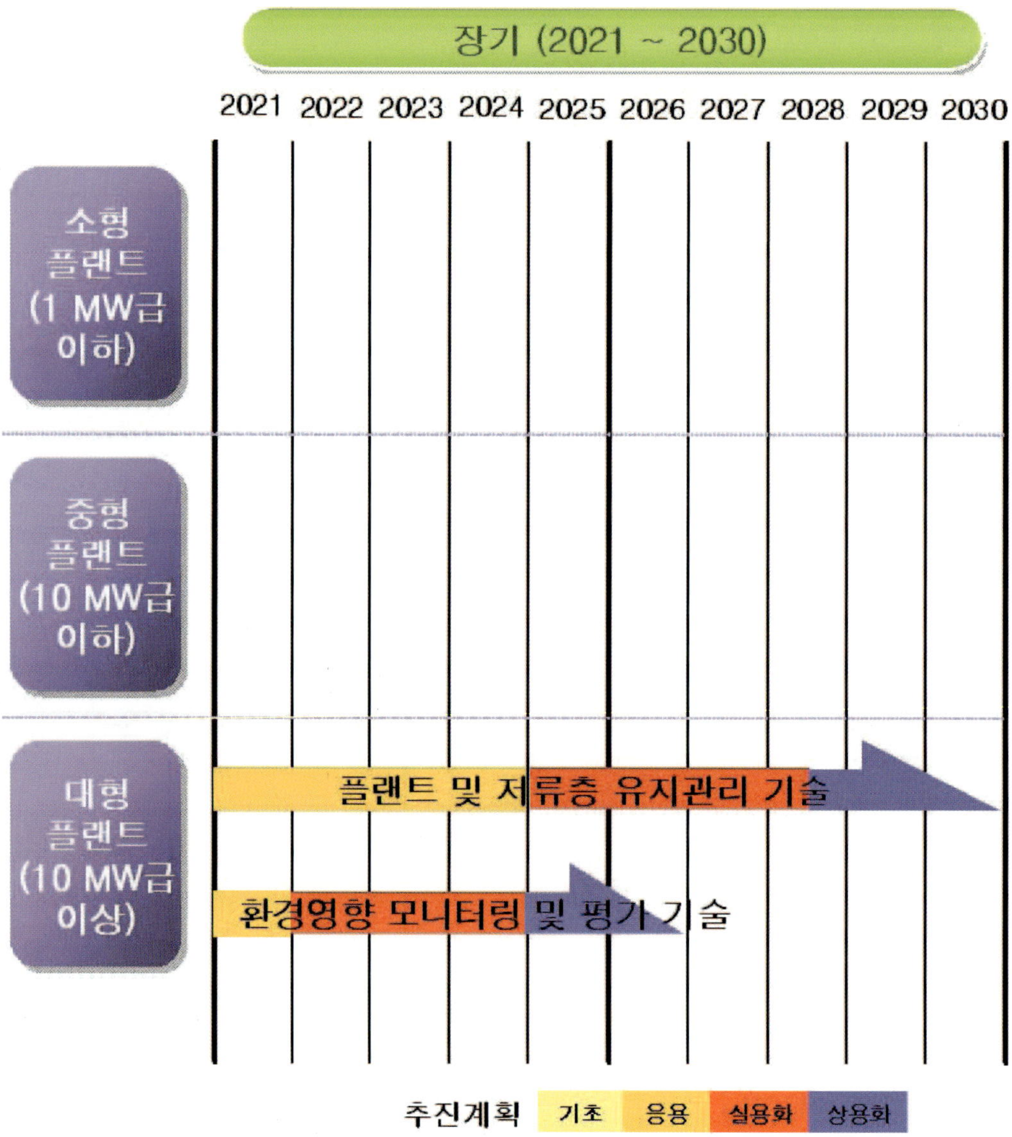

그림 5-7 지열발전 분야 연차별 추진 계획 : 장기(2021~2030)

표 5-5 지열 냉난방 분야 장기 기술개발 내용

대분류	중분류	소분류	세분류
지열 냉난방	열공급 시스템 개발 기술	미래형 지능화 지열 시스템 개발	- 저온구동 흡수식 냉동기 기술 - 스마트 열환경제어 지열히트펌프 - 연료전지 연계기술
	지중 열자원 개발 기술	심부지열 자원 활용 기술	- 심부 굴착기술 개발 - 심부지중열교환기 시공기술
	응용 기술	지열 융복합 대형 냉난방 연계 상용화 기술	- 지역난방/열병합 연계기술(상용화) - 1,000RT 이상 대용량 열펌프 기술 (상용화)

표 5-6 지열발전 분야 장기 기술개발 내용

대분류	중분류	소분류	세분류
지열 발전	대형 플랜트 개발기술 (10MW급 이상)	플랜트 및 저류층 유지관리 기술 개발	- 지열발전 보급화 연구 - 플랜트 유지 관리 기술 개발 - 지하 구조 유지관리 기술 개발 - 신개념 지열발전 시스템 및 건설기술 연구개발
		환경영향 모니터링 및 평가기술	- 환경영향 평가 및 계획기술 - 지열발전을 위한 사회제도 분석 - 환경영향 최소화 기법 및 기술개발

라. Road Map 총괄(2008~2030)

❖ 지열 냉난방

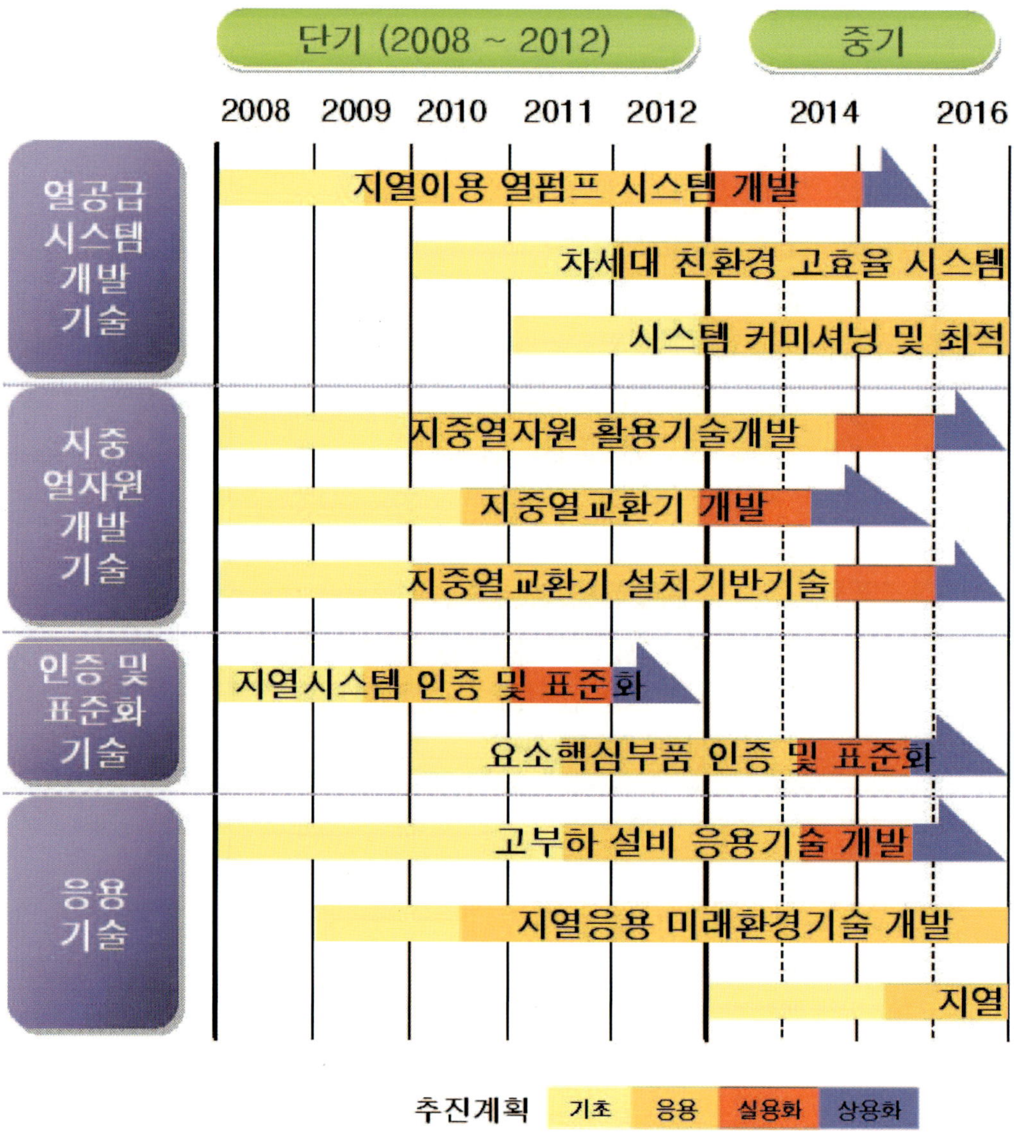

그림 5-8 지열 냉난방 분야 Road Map : 총괄(2008～2030)

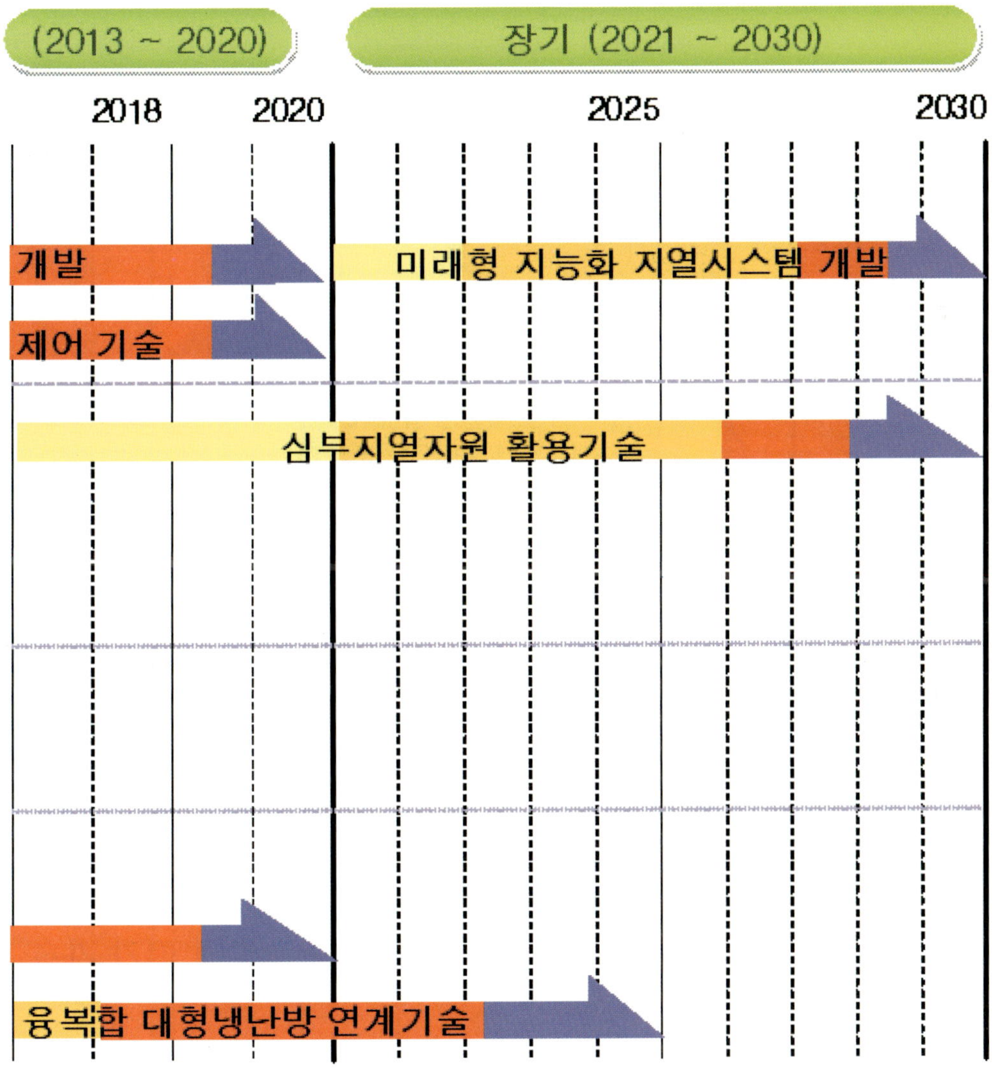

그림 5-8 지열 냉난방 분야 Road Map : 총괄(2008~2030)

❖ 지열발전

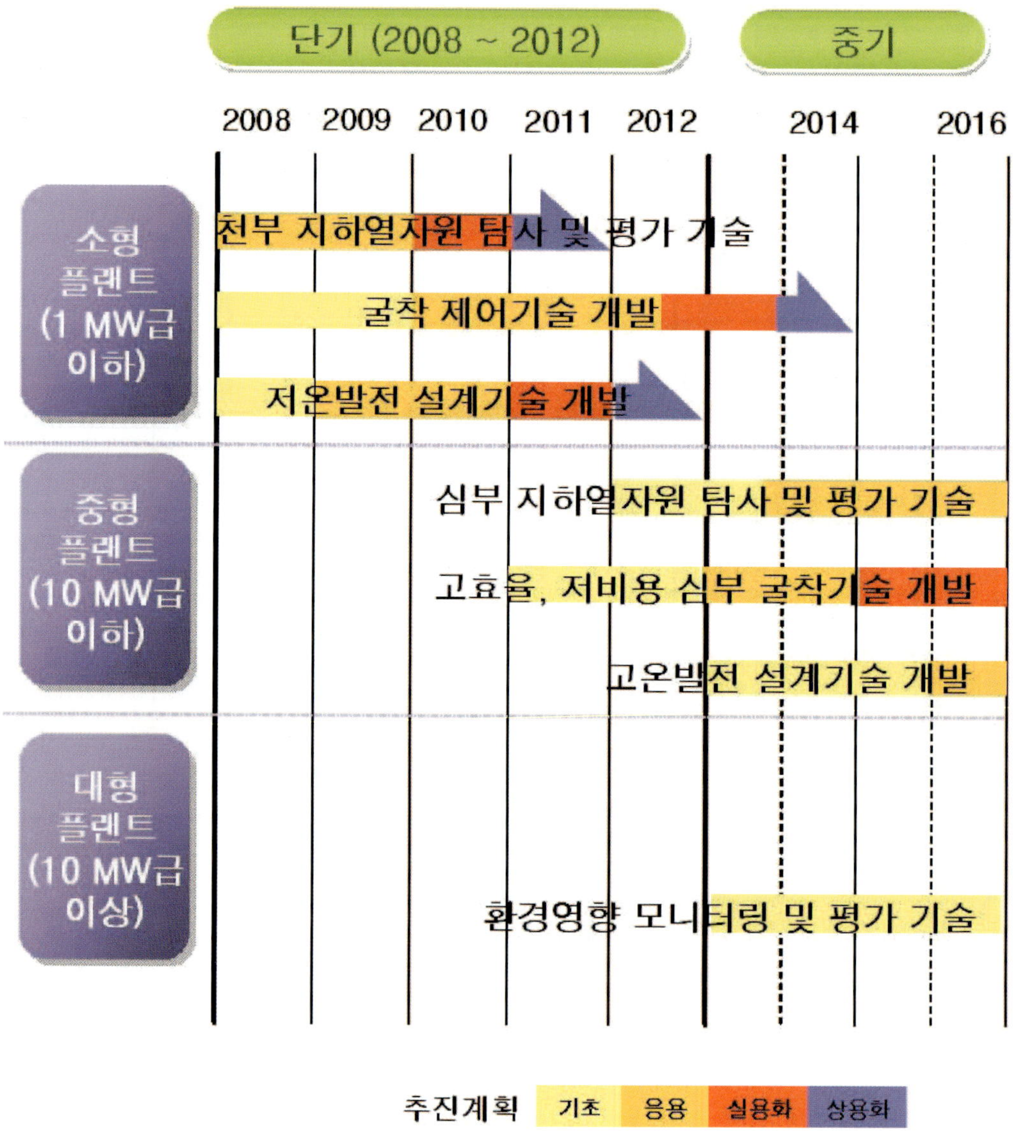

그림 5-9 지열발전 분야 Road Map : 총괄(2008~2030)

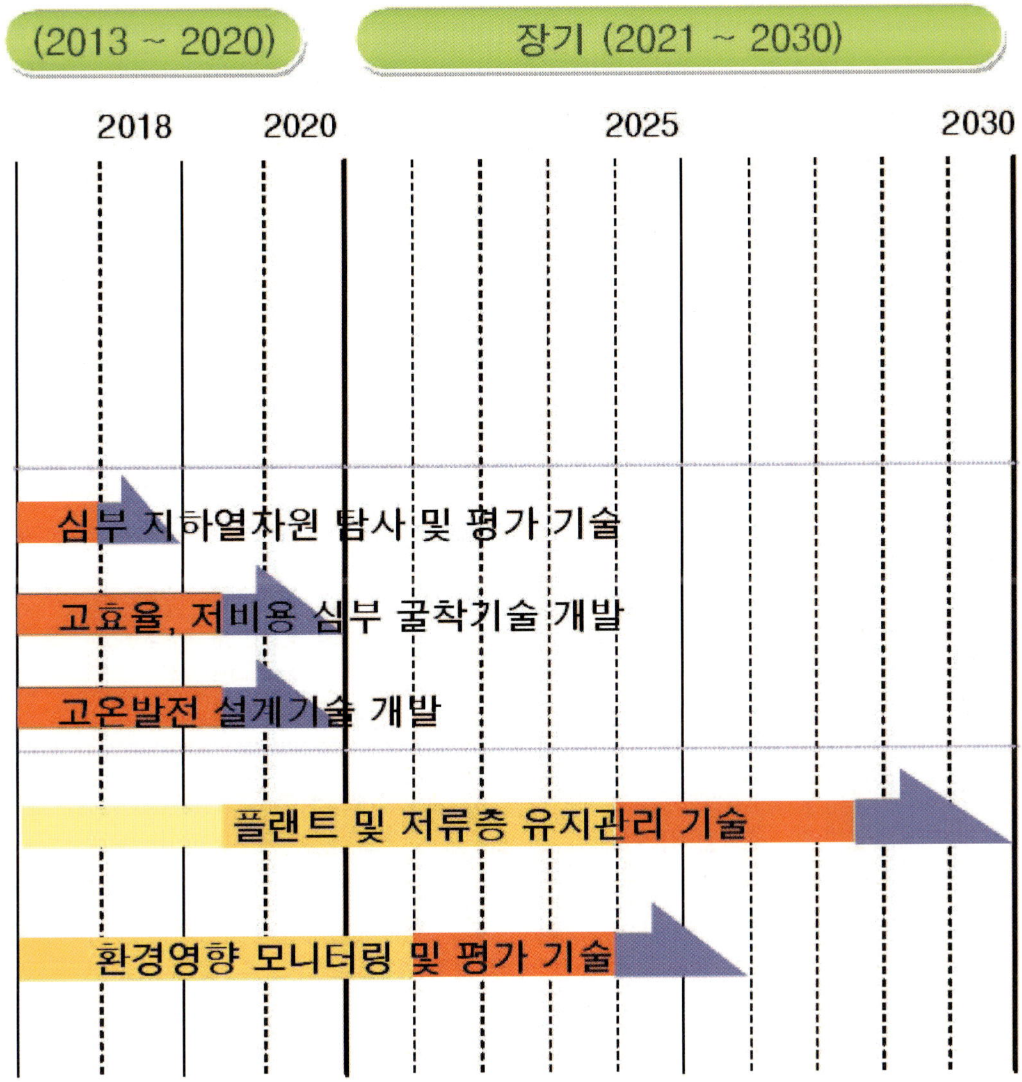

그림 5-9 지열발전 분야 Road Map : 총괄(2008~2030)

표 5-7 지열 냉난방 분야 중장기 기술개발 내용

대분류	중분류	소분류	세분류
지열 냉난방	열공급 시스템 개발 기술	지열이용 열펌프 시스템 개발	- 시스템 성능해석/설계 프로그램 기술 - 부하대응형 열펌프 시스템 기술 - 가정용 소형 열펌프 시스템 기술 - 하이브리드 시스템 기술
		차세대 친환경 고효율 시스템 개발	- 친환경 냉매 적용 기술 - 대온도차 이용 기술 - 캐스케이드 열펌프 시스템 기술 - 고온수 출력 열펌프 시스템 기술 - 지중온냉열 축열 기술
		시스템 커미셔닝 및 최적 제어기술	- 시스템 최적 운전제어 기술 - 시스템 내구성/신뢰성 향상 기술
		미래형 지능화 지열 시스템 개발	- 저온구동 흡수식 냉동기 기술 - 스마트 열환경제어 지열 시스템 - 연료전지 연계기술
	지중 열자원 개발 기술	지중 열자원 활용기술 개발	- 열물성 측정기술 - 지열자원 분포 DB 구축 - 토양/암반 열물성 DB 구축 - 지중 열거동 시뮬레이션
		지중열교환기 개발	- 지중 특성별 지중열교환기 설계기술 - 내식성 열교환기 기술 - 지하수 이용 열교환기 기술 - 지표수 이용 열교환 기술
		지중열교환기 설치기반기술	- 천공/굴착 기술 - 지열자원 개발 시공장비 기술 - 에너지 말뚝 이용 시공기술 - 그라우팅 및 혼합재 기술 - 지중 계측 및 모니터링 기술
		심부지열자원 활용기술	- 심부 열원 타당성 분석 - 심부 굴착기술 개발
	인증 및 표준화 기술	지열 시스템 인증 및 표준화	- 시스템 내구성 및 수명평가 도구 기술 개발 - 지열 시스템 성능평가기술 - 지중열교환기 설치표준화 및 성능평가기술
		요소핵심부품 인증 및 표준화	- 요소부품 내구성 및 수명 평가도구 기술 개발 - 고성능 핵심원천부품 인증기술
	응용 기술	고부하 설비 응용기술 개발	- 건물 냉난방 연계기술 - 양어, 건조 및 시설영농 지원기술
		지열응용 미래환경기술 개발	- 지하수/지중 환경영향 평가 기술 - 융설 및 도로 연계화 기술(Snow melting) - 터널 열 이용 기술 - 폐광, 폐정 활용기술
		지열융복합 대형 냉난방 연계기술	- 지역난방/열병합 연계기술 - 1,000RT 이상 대용량 열펌프 기술 - 지열 장거리수송 기술 개발

표 5-8 지열발전 분야 중장기 기술개발 내용

대분류	중분류	소분류	세분류
지열 발전	소형 플랜트 개발기술 (1MW급 이하)	천부 지하열자원 탐사 및 평가 기술	- 천부 지열자원 탐사 및 평가 기술
		굴착 제어기술 개발	- 굴착 중 정보를 반영한 굴착 제어기술 - 민원 저감형 굴착 기술 개발
		저온발전 설계기술 개발	- 바이너리 발전에 대한 열수력 및 사이클 해석 - 200kW급 소형 바이너리 발전 플랜트 도입 및 시운전 - 소형 시스템의 성능 평가 및 국산화
	중형 플랜트 개발기술 (10MW급 이하)	심부 지하열자원 탐사 및 평가 기술개발	- 천부 지하열자원 탐사기술의 기술확장 - 고정밀 탐사기술 개발 - 탐사자료 해석기술 개발 - 친환경 저류층 평가기술 개발
		고효율 저비용 심부굴착기술 개발	- 저비용 굴착기술 및 장비 개발 - 인공파쇄대 형성 및 설계 기술 개발 - 고온 고압용 소재 개발 - 굴착 모델링 및 설계 기법 개발 및 정립
		고온 발전 설계 기술	- 드라이 스팀 발전 기술 개발 - 플래시 스팀 발전 기술 개발 - 중형 플랜트 열수력 설계 기술 개발 - 발전 플랜트 성능 평가 기술 개발
	대형 플랜트 개발기술 (10MW급 이상)	플랜트 및 저류층 유지관리 기술 개발	- 지열발전 보급화 연구 - 열손실 방지기술 개발 - 플랜트 유지 관리 기술 개발 - 지하 구조 유지관리 기술 개발 - 신개념 지열발전 시스템 및 건설기술 연구개발
		환경영향 모니터링 및 평가기술	- 환경영향 평가 및 계획기술 - 지열발전을 위한 사회제도 분석 - 환경영향 최소화 기법 및 기술개발

4. 기술개발 소요예산 예측

동 보고서의 Road Map 관련 예산은 전문가들의 의견을 반영한 것으로서 정부의 예산계획은 아님을 알려드립니다.
1. Road Map 구성은 범 부처(국가 전체) 차원으로 작성되었음.
2. Road Map 예산은 총 사업비(정부+민간) 개념으로 작성되었음.
3. 중기 및 장기 예산계획은 추후 동 보고서의 Update 시(매 2 ~ 3년 단위) 수정할 계획임.

가. 단기(2008~2012)

❖ 지열 냉난방

표 5-9 지열 냉난방 분야 단기 기술개발 소요예산(단위 : 억 원)

대분류	중분류	소분류	연도별 소요예산					계
			2008	2009	2010	2011	2012	
지열 냉난방	열공급 시스템 개발 기술	지열이용 열펌프 시스템 개발	35	35	35	35	35	175
		차세대 친환경 고효율 시스템 개발	-	-	12	14	16	42
		시스템 커미셔닝 및 최적제어기술	-	-	-	8	8	16
	지중 열자원 개발 기술	지중열자원 활용기술 개발	3	5	5	5	5	23
		지중열교환기 개발	-	10	10	10	10	40
		지중열교환기 설치기반 기술	20	20	20	20	20	100
	인증 및 표준화 기술	지열 시스템 인증 및 표준화	5	5	5	5	5	25
		요소 및 핵심부품 인증 및 표준화	-	-	5	5	5	15
	응용 기술	고부하 설비 응용기술 개발	-	-	12	14	16	42
		지열응용 미래환경기술 개발	18	18	18	18	18	90
총계			81	93	122	134	138	568

❖ 지열발전

표 5-10 지열발전 분야 단기 기술개발 소요예산(단위 : 억 원)

대분류	중분류	소분류	연도별 소요예산					계
			2008	2009	2010	2011	2012	
지열 발전	소형 플랜트 개발기술 (1MW급 이하)	천부 지하열자원 탐사 및 평가 기술	5	10	10	5	-	30
		굴착 제어기술 개발	7	9	10	15	15	56
		저온발전 설계기술 개발	20	30	20	20	20	110
	중형 플랜트 개발기술 (10MW급 이하)	심부 지하열자원 탐사 및 평가 기술개발	-	-	-	-	8	8
		고효율 저비용 심부굴착기술 개발	-	-	-	8	10	18
		고온 발전 설계 기술	-	-	-	-	-	0
	대형 플랜트 개발기술 (10MW급 이상)	플랜트 및 저류층 유지관리 기술 개발	-	-	-	-	-	0
		환경영향 모니터링 및 평가기술	-	-	-	-	-	0
총계			32	49	40	48	53	222

나. 중기(2013~2020)

❖ 지열 냉난방

표 5-11 지열 냉난방 분야 중기 기술개발 소요예산(단위 : 억 원)

대분류	중분류	소분류	연도별 소요예산								계
			2013	2014	2015	2016	2017	2018	2019	2020	
지열 냉난방	열공급 시스템 개발 기술	지열이용 열펌프 시스템 개발	10	10	20	-	-	-	-	-	40
		차세대 친환경 고효율 시스템 개발	20	20	20	35	35	35	35	35	235
		시스템 커미셔닝 및 최적 제어기술	10	10	10	10	15	15	15	15	100
	지중 열자원 개발 기술	지중열자원 활용기술 개발	10	10	10	10	-	-	-	-	40
		지중열교환기 개발	10	15	15	-	-	-	-	-	40
		지중열교환기 설치기반기술	15	15	15	15	-	-	-	-	60
		심부지열자원 활용 기반기술	-	-	-	-	5	5	8	8	26
	인증 및 표준화 기술	요소핵심부품 인증 및 표준화	5	5	5	5	-	-	-	-	20
	응용 기술	고부하 설비 응용기술 개발	18	18	18	18	-	-	-	-	72
		지열응용 미래환경기술 개발	10	10	10	10	25	25	25	25	140
		지열융복합 대형 냉난방 연계기술	10	10	20	20	30	40	40	40	210
총계			118	123	143	123	110	120	123	123	983

❖ 지열발전

표 5-12 지열발전 분야 중기 기술개발 소요예산(단위 : 억 원)

대분류	중분류	소분류	연도별 소요예산								계
			2013	2014	2015	2016	2017	2018	2019	2020	
지열 발전	소형 플랜트 개발기술 (1MW급 이하)	천부 지하열자원 탐사 및 평가 기술	-	-	-	-	-	-	-	-	0
		굴착 제어 기술 개발	10	10	-	-	-	-	-	-	20
		저온발전 설계기술 개발	-	-	-	-	-	-	-	-	0
	중형 플랜트 개발기술 (10MW급 이하)	심부 지하열자원 탐사 및 평가 기술 개발	8	8	15	15	8	8	-	-	62
		고효율 저비용 심부굴착 기술 개발	15	15	20	20	15	15	10	10	120
		고온 발전 설계 기술	50	100	100	50	20	20	20	20	380
	대형 플랜트 개발기술 (10MW급 이상)	플랜트 및 저류층 유지관리 기술 개발	-	-	-	-	10	10	15	15	50
		환경영향 모니터링 및 평가 기술	5	5	5	5	10	10	10	5	55
총계			**88**	**138**	**140**	**90**	**63**	**63**	**55**	**50**	**687**

다. 장기(2021~2030)

❖ 지열 냉난방

표 5-13 지열 냉난방 분야 장기 기술개발 소요예산(단위 : 억 원)

대분류	중분류	소분류	연도별 소요예산										계
			2021	2022	2023	2024	2025	2026	2027	2028	2029	2030	
지열 냉난방	열공급 시스템 개발 기술	미래형 지능화 지열 시스템 개발	20	20	20	30	30	30	30	30	40	40	290
	지중 열자원 개발 기술	심부지열 자원 활용 기술	20	20	30	30	30	30	40	40	40	40	320
	응용 기술	지열융복합 대형냉난방 연계 상용화 기술	40	40	50	50	50	-	-	-	-	-	230
총계			80	80	100	110	110	60	70	70	80	80	840

❖ 지열발전

표 5-14 지열발전 분야 장기 기술개발 소요예산(단위 : 억 원)

대분류	중분류	소분류	연도별 소요예산										계
			2021	2022	2023	2024	2025	2026	2027	2028	2029	2030	
지열 발전	대형 플랜트 개발기술 (10MW급 이상)	플랜트 및 저류층 유지관리 기술 개발	15	15	15	15	15	10	10	10	10	10	125
		환경영향 모니터링 및 평가기술	5	5	5	5	5	5	-	-	-	-	30
총계			20	20	20	20	20	15	10	10	10	10	155

라. 소요예산 예측 총괄(2008~2030)

❖ 지열 냉난방

표 5-15 지열 냉난방 분야 중장기 기술개발 소요예산(단위 : 억 원)

대분류	중분류	소분류	단계별 소요예산			계
			단기 (2008～2012)	중기 (2013～2020)	장기 (2021～2030)	
지열 냉난방	열공급 시스템 개발 기술	지열이용 열펌프 시스템 개발	175	40	-	215
		친환경 고효율 시스템 개발	42	235	-	277
		시스템 커미셔닝 및 최적 제어기술	16	100	-	116
		미래형 지능화 지열 시스템 개발	-	-	290	290
	지중 열자원 개발 기술	지중열자원 활용기술 개발	23	40	-	63
		지중열교환기 개발	40	40	-	80
		지중열교환기 설치기반 기술	100	60	-	160
		심부지열자원 활용기술	-	26	320	346
	인증 및 표준화 기술	지열 시스템 인증 및 표준화	25	-	-	25
		요소핵심부품 인증 및 표준화	15	20	-	35
	응용 기술	고부하 설비 응용기술 개발	42	72	-	114
		지열응용 미래환경기술 개발	90	140	-	230
		지열융복합 대형 냉난방 연계기술	-	210	230	440
총계			568	983	840	2,391

❖ 지열발전

표 5-16 지열발전 분야 중장기 기술개발 소요예산(단위 : 억 원)

대분류	중분류	소분류	단계별 소요예산			계
			단기 (2008~2012)	중기 (2013~2020)	장기 (2021~2030)	
지열 발전	소형 플랜트 개발 기술 (1MW급 이하)	천부 지하열자원 탐사 및 평가 기술	30	-	-	30
		굴착 제어 기술 개발	56	20	-	76
		저온발전 설계기술 개발	110	-	-	110
	중형 플랜트 개발 기술 (10MW급 이하)	심부 지하열자원 탐사 및 평가 기술 개발	8	62	-	70
		고효율 저비용 심부굴착 기술 개발	18	120	-	138
		고온 발전 설계 기술	-	380	-	380
	대형 플랜트 개발 기술 (10MW급 이상)	플랜트 및 저류층 유지관리 기술 개발	-	50	125	175
		환경영향 모니터링 및 평가 기술	-	55	30	85
총계			222	687	155	1,064

참고문헌 및 부록

〈 참고문헌 〉

1. 지열이용기술연구회, 2004, 지열이용기술연구회 운영 보고서, 에너지관리공단/신·재생에너지 센터.
2. 지열이용기술연구회, 2005, 지열이용기술연구회 운영 보고서, 에너지관리공단/신·재생에너지 센터.
3. 지열이용기술연구회, 2006, 신·재생에너지 기술개발에 관한 기획조사 보고서 : 지열분야, 신·재생에너지 센터/지열이용기술연구회.
4. ABS Energy Research, 2007, *The Geothermal Energy Report, direct use and power generation*, ABS Energy Research, London. UK.
5. Allan, M. L. and Kavanaugh, S. P., 1999, Thermal conductivity of cementitious grouts and impact on heat exchanger length design for ground source heat pumps, Int. J. HVAC&R Research 5(2), pp. 87-98.
6. Angelino, G. and Colonna Di Paliano, P., 1998, Multicomponent working fluids for organic Rankine cycles(ORCs), Energy, Vol. 23, No. 6, pp. 449-463.
7. Asanuma, H., Niitsuma, H., Nakata, T., Niibori, Y., Moriya, H. and Komaniwa, Y., 2005, The Role of Geothermal Energy in the Locally Distributed Renewable Energy System (EIMY: Energy In My Yard), Proc. WGC 2005.
8. ASHRAE, 1995, *Commercial/institutional ground-source heat pump engineering manual*, ASHRAE, Atlanta.
9. Beier, R. A. and Smith, M. D., 2002, Borehole thermal resistance from line-source model of in-situ tests, ASHRAE Trans. Vol. 108, pp. 212-219.
10. Beier, R. A. and Smith, M. D., 2003, Minimum duration of in-situ tests on vertical boreholes, ASHRAE Trans., Vol. 109, pp. 475-486.
11. Benito, F. A., Ogena, M. S. and Stimac, J. A., 2005, Geothermal energy development in the Philippines : country update. Proc. WGC 2005.
12. Bertani, R., 2005, World geothermal power generation in the period 2001-2005, Geothermics, Vol. 34, pp. 651-690.
13. Bertani, R., Bertini, G., Cappetti, G., Fiordelisi, A., and Marocco, B. M., 2005, An update of the Larderello-Travale/Radicondoli deep geothermal system. Proc. WGC 2005.

14. Best, D., 1998, Ground-coupled heat pumps in a large residential installation, IEA Heat Pump Center Newsletter 16(1), pp. 16-18.

15. Bose, J. E., Parker, J. D. and McQuiston, F. C., 1985, *Design/data manual for closed-loop ground-coupled heat pump systems*, ASHRAE, Atlanta.

16. Bose, J. E., Smith, M. D. and Spitler, J. D., 2002, Advances in ground source heat pump systems ; an international overview, Proceedings of the 7th IEA Heat Pump Conference 1, pp. 313-324.

17. Burns, K. L. et al., 2000, Status of the geothermal industry in Australia, Proc. WGC 2000, pp. 99-108.

18. Cane, D., Clemes, P.E. and Morrison, A., 1996, Experiences with commercial ground source heat pumps, ASHRAE Journal, pp. 31-36.

19. Cappetti, G. and Ceppatelli, L., 2005, Geothermal power generation in Italy: 2000-2004 update report. Proc. WGC 2005.

20. Cappetti, G., Passaleva, G. and Sabatelli, F., 2000, Italy country update report: 1995-1999. In : Proceedings of the World Geothermal Congress 2000, Kyushu-Tohoku, Japan, pp. 109-116.

21. Carlslaw, H. S. and Jaeger, J. C., 1947, *Conduction of Heat in Solids*, Oxford, Claremore Press.

22. Carvalho, J. M., Monteiro Da Silva, J. M., Bicudo Da Ponte, C. A. and Cabecas, R. M., 2005, Portugal geothermal country update 2005, Proc. WGC 2005.

23. hopra, P. N., 2005, Status of the geothermal industry in Australia, 2000-2005. Proc. WGC 2005.

24. Curtis, R., Lund, J., Sanner, B., Rybach, L. and Hellstrom, G., 2005, Ground source heat pumps-geothermal energy for anyone, anywhere: current worldwide activity, Proc. WGC 2005.

25. Daniel, P. and Christoph, C., 1999, Heat-and fluid-flow at the Soultz Hot Dry Rock system in the Rhine Graben, European Geothermal Conference Basel 99.

26. Den Braven, K. R., 2000, Regulations on grouting for closed-loop ground-coupled heat pumps in the united states, ASHRAE Trans., Vol. 106, pp. 447-452.

27. Dickson, M. H. and Fanelli, M., 2006, *Geothermal Energy-Utilization and Technology*, Earthscan, London, UK.

28. DiPippo, R., 2005, *Geothermal Power Plants : Principles, Applications and Case Studies*, Elsevier Advanced Technology, London, UK.

29. DiPippo, R., 2007, Ideal thermal efficiency for geothermal binary plants, Geothermics, Vol. 36, pp. 276-285.

30. DOE, 2001, Ground-source heat pumps applied to federal facilities-second edition, Federal Energy Management Program DOE/EE-0245(PNN L-13534), US Department of Energy.

31. DOE, 2003, *Federal Geothermal Research Program Update Fiscal Year 2002*, US Department of Energy.

32. DOE, 2004, *Federal Geothermal Research Program Update Fiscal Year 2003*, US Department of Energy.

33. DOE, 2006, *EGS Program Review Report*, US Department of Energy.

34. Doherty, P. S., Al-Huthaili, S., Riffat, S. B. and Abodahab, N., 2004, Ground source heat pump-description and preliminary results of the Eco House system, Applied Thermal Engineering, Vol. 24, pp. 2627-2641.

35. Duchane, D. and Brown, D., 2002, Hot dry rock (HDR) geothermal energy research and development at Fenton Hill, New Mexico.

36. Dunstall, M. G., 2005, 2000-2005 New Zealand country update, Proc. WGC 2005.

37. EGS, 2000, Enhanced Geothermal Systems(EGS) R&D Program, EGS Report 2000-6.

38. EPA, 1993, Space Conditioning: The Next Frontier, Office of Air and Radiation, 430-R-93-0044(4/93), Energy Protection Agency, Washington D. C.

39. Eugster, W. J., and Rybach, L., 2000, Sustainable production from borehole heat exchanger systems, Proc. WGC 2000, pp. 825-830.

40. Fauzi, A. et al., 2000, Geothermal development in Indonesia; An overview of industry status and future growth, Proc. WGC 2000, pp. 1109-1114.

41. Fridleifsson, I. B., 2000, Geothermal training in Iceland 1979-1999, Proc. WGC2000, pp. 565-571.

42. GEA, 2007, An Assessment of Geothermal Resource Development Needs in the Western United States, GEA.

43. Geothermal-biz, 2004, Enhanced Geothermal Systems in the Geothermal Technologies Program, Geothermal-biz.

44. GHPC, 1997, Earth comfort update, Geothermal Heat Pump Consortium Inc., Washington D. C.

45. Goldbrunner, J., 2005, State, possible future developments in and barriers to the exploration and exploitation of geothermal energy in Austria-country update, Proc. WGC 2005.

46. GRC, 2002, An overview of industry-military cooperation in the development of power operations at the Coso geothermal field in southern California, GRC Bulletin.

47. Gutierrez-Negrin, L. C. A. and Quijano-Leon, J. L., 2005, Update of geothermics in Mexico, Proc. WGC 2005.

48. Harvey, C. et al., 2000, Co-existing volcanism and hydrothermal activity at Kelimutu, Flores Island, Eastern Indonesia, Proc. WGC 2000, pp. 1195-1200.

49. Hayashi, M., 2000, Alteration age and heat source rock in the Hohi geothermal area, Japan, Proc. WGC2000, pp. 1207-1210.

50. Healy, P. F. and Ugursal, V. I., 1997, Performance and economic feasibility of ground-source heat pumps in cold climate, Int. J. Energy Research, Vol. 21, pp. 857-870.

51. Hepbasli, A., Akdemir, O. and Hancioglu, E., 2003, Experimental study of a closed loop vertical ground source heat pump system, Energy Conversion and Management, Vol. 44, pp. 527-548.

52. Hoes, H., Reuss, M. and Staudacher, L., 2005, The TESSAS project in Mol : high temperature thermal energy sotrage in saturated sand layers with vertical heat exchangers, Proc. WGC 2005.

53. Hughes, P. J. and Shonder, J. A., 1998, *The evaluation of a 4000-home geothermal heat pump retrofit at Fort Polk, Louisiana: final report*, ORNL.

54. Huttrer, G. W., 1995, The status of world geothermal power production 1990-1994. In : Proceedings of the World Geothermal Congress '95, Florence, Italy, pp. 3-14.

55. Huttrer, G. W., 2000, The status of world geothermal power generation 1995-2000. In : Proceedings of the World Geothermal Congress 2000, Kyushu-Tohoku, Japan, pp. 23-37.

56. Huttrer, G. W., 2001, The status of world geothermal power generation 1995-2000, Geothermics, Vol. 30, pp. 1-27.

57. Ibrahim, R. F., Fauzi, A. and Suryadarma, 2005, The progress of geothermal energy resources activities in Indonesia, Proc. WGC 2005.

58. IEA Heat Pump Centre, 2002, Closed-loop ground-coupled heat pumps, IEA Heat Pump

Centre Informative Fact Sheet HPC-IFS2, Netherlands.

59. IEA Heat Pump Centre, 2006, IEA Heat Pump Centre Newsletter, Vol. 24, No. 2.
60. IGA, ____, Development of Hot Dry Rock Technology, International Geothermal Associations.
61. IGSHPA, 2000, *Grouting for Vertical Geothermal Heat Pump Systems: Engineering Design and Field Procedures Manual*, International Ground Source Heat Pump Association, Stillwater.
62. Ingersoll, L. R. and Plass, H. J., 1948, Theory of the ground pipe heat source for the heat pump, Heating, Piping & Air Conditioning, July 119-122.
63. ISO, 1998a, *ISO 13256-1 Water-source heat pumps-Testing and rating for performance - part 1 : Water-to-air and brine-to-air heat pumps*, 1st Ed., International Organization for Standardization.
64. ISO, 1998b, *ISO 13256-2 Water-source heat pumps-Testing and rating for performance - part 2 : Water-to-water and brine-to-water heat pumps*, 1st Ed., International Organization for Standardization.
65. Kabus, F. and Seibt, P., 2000, Aquifer thermal energy storage for the Berlin Reichstag building-new seat of the German Parliament, Proc. WGC 2000, pp. 3611-3615.
66. Kabus, F., Hoffmann, F. and Mollmann, G., 2005, Aquifer storage of waste heat arising from a gas and steam cogeneration plant-Concept and first operating experience, Proc. WGC 2005.
67. Kavanaugh, S. P. and Rafferty, K., 1997, Ground-Source Heat Pumps : Design of Geothermal Systems for Commercial and Institutional Buildings, ASHRAE, Atlanta.
68. Kusuda, T. and Achenbach, P. R., 1965, Earth temperature and thermal diffusivity at selected stations in the United States, ASHRAE Trans., Vol. 71, pp. 61-75.
69. Luis, C. A. and Luis, J., 2005, Update of Geothermics in Mexico, Proc. WGC 2005.
70. Luis, C. A. et al., 2000, Tectonic characteristics of the geothermal zone of Pathe, Mexico, Proc. WGC 2000, pp. 1189-1193.
71. Lund, J. W. and Freeston, D. H., 2001, World-wide direct use of geothermal energy 2000, Geothermics, Vol. 30, pp. 29-68.
72. Lund, J. W., Freeston, D. H., and Boyd, T. L., 2005, Direct application of geothermal energy : 2005 Worldwide review, Geothermics, Vol. 34, pp. 691-727.
73. Lund, J. W., Bloomquist, R. G., Boyd, T. L. and Renner, J., 2005, The United States of

America country update, Proc. WGC 2005.

74. Lynn Mclarty et al., 2000, Enhanced Geothermal Systems R&D in the United States, Proc. WGC 2000, pp. 3793-3796.
75. Meseret, T. et al., 2000, Geothermal development in Ethiopia, Proc. WGC 2000, pp. 475-480.
76. MIT, 2006, *The Future of Geothermal Energy*, Massachusetts Institute of Technology.
77. Niibori, Y., Iwata, Y., Ichinose, S. and Fukaya, G., 2005, Design of the BHP system considering the heat transport of groundwater flow, Proc. WGC 2005.
78. Niitsuma, H. and Nakata, T., 2003, EIMY(Energy In My Yard) - A concept for practical usage of renewable energy from local sources, Geothermics, Vol. 32, pp. 767-777.
79. Ofwona, C., 2000, Recent reservoir studies of the Olkaria geothermal field, Kenya, Proc. WGC 2000, pp. 2767-2772.
80. Okabe, T. et al., 2000, Analysis in preparation for Hijori long term circulation test, Proc. WGC 2000, pp. 3823-3828.
81. ORNL/DOE, 2001, Assessment of hybrid geothermal heat pump systems: geothermal heat pumps offer attractive choice for space conditioning and water heating.
82. Park, Y., Park, M. Y. and Kim, C. M., 2003, Economic analysis of heat pump system in educational building-focused on the high school or twenty four classes, Korean Journal of Air-Conditioning and Refrigeration Engineering, Vol. 15, No. 10, pp. 879-887.
83. Philippe, L. et al., 2000, The French geothermal experience review and perspectives, Proc. WGC 2000, pp. 283-295.
84. Rafferty, K. A., 1995, Capital cost comparison of commercial ground source heat pump systems, ASHRAE Trans. Vol. 101, pp. 1095-1100.
85. Remund, C. P., and Lund, J. T., 1993, Thermal enhancement of bentonite grouts for vertical GSHP systems, ASME Vol. 29 Heat Pump and Refrigeration systems Design, Analysis, and Applications, pp. 95-106.
86. Remund, C. P., Schafer, V. R., and Stetson, L. E., 1993, *Bentonite-based backfill mixtures for GSHPs*, Final Report(RER Project 91-18), National Rural Electric Cooperative Association.
87. Rohner, E., Rybach, L., and Scharli, U., 2005a, A new, small, wireless instrument to determine ground thermal conductivity in-situ for borehole heat exchanger design, Proc. WGC 2005.

88. Rohner, E., Bassetti, S., and Kohl, T., 2005b, New large geothermal storage project in Zurich/Switzerland for heating and cooling, Proc. WGC 2005.

89. Rybach, L., 2006, Status and prospects of geothermal energy in Europe.

90. Rybach, L. and Gorhan, H. L., 2006, 2005 country update for Switzerland, Proc. WGC 2005.

91. Rybach, L. and Mongillo, M., 2006, Geothermal sustainability-A Review with identified research needs, GRC Transaction, Vol. 30, pp. 1083-1090.

92. Salomone, L. A. and Marlowe, J. I., 1989, *Soil and Rock Classification for the Design of Ground-Coupled Heat Pump Systems: Field Manual*, Special Report(EPRI CU-6600), Electric Power Research Institute.

93. Sanner, B., 1990, Ground coupled heat pump systems, R&D and practical experiences in FRG, Proc. 3rd IEA Heat Pump Conf. Tokyo 1990, pp. 401-409.

94. Sanner, B., 2003, Current status of ground source heat pumps in Europe, GHC Bulletin.

95. Sanner, B., Hellstrom, G., Spitler, J. and Gehlin, S., 2005, Thermal response test: current status and world-wide application, Proc. WGC 2005.

96. Sanner, B., Kabus, F., Seibt, P. and Bartels, J., 2005, Underground thermal energy storage for the German Parliament in Berlin, System concept and operational experiences, Proc. WGC 2005.

97. Sanner, B., Karytsas, C., Mendrino, D. and Rybach, L., 2003, Current status of ground source heat pumps and underground thermal energy storage in Europe, Geothermics, Vol. 32, pp. 579-588.

98. Sasaki, S. and Kaieda, H., 2000, Determination of stress state at the Hijori HDR site from focal mechanisms, Proc. WGC 2000, pp. 3859-3862.

99. Shonder, J. A., 2000, Comparison of commercially available design software for closed-loop vertical ground heat exchangers, Proc. 4th International Heat Pumps in Cold Climates Conference, Aylmer, Quebec.

100. Shonder, J. A. and Beck, J. V., 2000, Field test of a new method for determining soil formation thermal conductivity and borehole resistance, ASHRAE Trans., Vol. 106, pp. 843-850.

101. Signorelli, S., Kohl, T. and Rybach, L., 2005, Sustainability of production from borehole heat exchanger field, Proc. WGC 2005.

102. Sohn, B. H., Cho, C. S., Shin, H. J. and An, H. J., 2005, Cooling and heating performance evaluation of a GSHP system. Korean Journal of Air-Conditioning and Refrigeration Engineering, Vol. 17, No. 1, pp. 71-81.

103. Sohn, B. H., Shin, H. J. and Park, S. K., 2004, Comparative analysis of life-cycle costs of ground source heat pump and conventional HVAC system, Proceedings of the SAREK 2004 Summer Annual Conference, pp. 1339-1344.

104. Spilker, E. H., 1998, Ground-coupled heat pump loop design using thermal conductivity testing and the effect of different backfill materials on vertical bore length, ASHRAE Trans., Vol. 104, pp. 775-779.

105. Suzuki, M. et al., 2000, Conceptual hydrogeological model of the Wasabizawa geothermal field, Akita Prefecture, Japan, Proc. WGC 2000, pp. 2241-2245.

106. Takahashi, K. and Kuragaki, M., 2000, Yanaizu-Nishiyama geothermal power station H2S abatement system, Proc. WGC 2000, pp. 719-724.

107. Takasugi, S., Akazawa, T., Ojumura, T. and Hanano, M., 2000, Feasibility study on the utilization of geothermal heat pump(GHP) systems in Japan, Proc. WGC 2000, pp. 3579-3584.

108. VDI 4640 : Thermal use of the underground, Guideline of the German Association of Engineers, 4 parts, 2000-2002, Beuth Verlag, Berlin.

109. Vuataz, F., Gorhan, H.L. and Geissmann, M., 2003, Promotion of geothermal energy in Switzerland: a recent programme for a long-term task, Geothermics, Vol. 32, pp. 789-797.

110. Yasukawa, K. and Takasugi, 2003, Present status of underground thermal utilization in Japan, Geothermics, Vol. 32, pp. 609-618.

111. Zhang, Q. and Murphy, W. E., 2000, Measurement of thermal conductivity for three borehole fill materials used for GSHP, ASHRAE Trans., Vol. 106, pp. 434-441.

112. Zhao, P. C., Zhao, L., Ding, G. L. and Zhang, C. L., 2002, Experimental research on geothermal heat pump system with non-azeotropic working fluids, Applied Thermal Engineering, Vol. 22, pp. 1749-1761.

113. Zhou, Z. et al., 2000, The analysis of geothermal field characteristics in Sichuan basin of China, Proc. WGC 2000, pp. 2013-2017.

부록 1. 용어정의

고온발전

180℃ 이상의 지열수를 이용한 발전으로 발전 효율이 높은 것이 특징.

기반암

퇴적물 아래의 단단한 암반.

기저부하

한정된 기간 동안에 계속적으로 걸리는 부하. 하루를 기준으로 한 경우, 24시간 지속적으로 걸리는 부하.

대수층

지하수가 있는 지층.

물 대 공기 열펌프

휀, 냉매 대 공기 열교환기, 필터, 압축기, 4방밸브(4-way valve 또는 reversing valve), 팽창장치, 물 대 냉매 열교환기 그리고 이들 요소기기를 연결하는 배관 등이 케이싱 안에서 조립된 일체형 기기, water-to-air heat pump unit.

물 대 물 열펌프

압축기, 4방밸브, 팽창장치, 2개의 냉매 대 물 열교환기 및 이들 요소기기를 연결하는 배관 등이 일체형으로 구성된 기기, water-to-water heat pump unit.

미소지진

매그니튜드 1이상 3미만인 작은 지진. 관측을 위해서는 고감도 지진계가 필요.

방향성 시추

시추 방향을 필요에 맞게 조절하는 시추방법, directional drilling.

보어홀

열정과 같은 의미이며 지상에서 지열에너지를 이용하기 위하여 시추한 구멍(well), borehole.

수압파쇄법

시추공 내에 수압을 작용시켜 공벽에 인장균열이 발생시키는 방법, hydraulic fracturing.

스케일링

금속 표면에 흡착된 이물질을 제거하는 일.

양수발전소

수력발전의 한 형태, 야간이나 전력이 풍부할 때 펌프를 가동하여 아래쪽 저수지의 물을 위쪽 저수지로 퍼 올렸다가 전력이 필요할 때 방수하여 발전함.

열수력설계

지열플랜트의 열수력 설계, Thermal Hydraulic Design.

인공파쇄대

인공적으로 지하에 형성된 파쇄대.

입지선정기법

지열발전 플랜트가 설치될 지역을 선정하는 기법.

저온발전

180℃ 이하의 지열수를 이용한 발전으로 발전 효율이 다소 낮은 것이 특징.

저류층

유체(물, 석유 등)를 함유하고 있는 지층.

재생에너지

계속 써도 무한에 가깝도록 다시 공급되는 에너지.

지열유체

지열에너지를 가진 유체

지열구배

심도에 따라 증가되는 온도(℃/m)

지열유량

지구 하부에서 상부로 이동하는 열량(cal/㎠)

지열유량

지구 하부에서 상부로 이동하는 열량(cal/㎠)

지열 열펌프 시스템

열펌프 유닛(heat pump unit), 지중열교환기(ground heat exchangers), 지중 열교환기 작동유체 순환펌프(circulating pumps), 실내 공기조화 설비(덕트 설비 또는 공기조화기) 등으로 구성되는 냉난방 겸용 설비.

지열정

지열에너지를 이용하기 위하여 시추된 정(well)

지중열교환기 순환수

지중열교환기와 열펌프의 물 대 냉매 열교환기를 순환하는 작동유체(working fluid). 지열 열펌프 시스템이 냉방모드로 작동할 경우, 지중열교환기 순환수는 실내의 열을 지중으로 방출하고, 반대로 난방모드로 작동할 때에는 지중에서 흡수한 열을 실내로 전달하는 목적으로 사용. 이때 열펌프의 물 대 냉매 열교환기(냉방모드인 경우 응축기, 난방모드인 경우 증발기)에서 지중열교환기 순환수와 냉매간의 열교환이 발생. 지중열교환기 순환수로 물을 사용할 수 있으며, 동파방지를 위해 일정 조건을 구비한 부동액(antifreeze solution) 사용.

지하수

넓은 의미로, 지표 밑에 있는 모든 물. 우리나라의 지하수법은 '지하의 지층이나 암석 사이의 빈틈을 채우고 있거나 흐르는 물'을 지하수로 정의하고 있음.

직접이용 지하수 열펌프 시스템

취수정의 지하수를 열펌프의 물 대 냉매 열교환기로 직접 순환시켜 지하수와 냉매간의 열전달이 이루어지도록 하는 시스템. 지하수가 열펌프의 열교환기 내를 직접 순환하기 때문에, 열교환기 금속재질의 부식(corrosion) 및 오염(scale 또는 fouling) 방지에 주의를 요함. 따라서 지하수 수질이 매우 우수할 경우에만 적용 가능. direct use groundwater heat pump system.

파쇄결정대

인공파쇄대와 같은 의미

판형 열교환기

전열판(또는 유로 판, plate), 고정 덮개(fixed frame)와 제거 가능한 덮개(pressure plate)로 구성되는 외판, 상 · 하부 안내봉(carrying bar), 체결 볼트 및 너트, 개스킷(gasket) 등으로 구성. 고온유체(냉방모드인 경우 건물 순환수, 난방모드인 경우 지하수)와 저온유체(냉방모드인 경우 지하수, 난방모드인 경우 건물 순환수)는 여러 장의 전열판에 의해 형성된 각각의 유로 내를 유동하면서 열을 교환.

Hot spring

높은 온도의 지열수가 용출되는 지역

MIT 보고서

EGS 기술을 활용한 21세기 미국 지열에너지 이용에 관한 보고서

Single flash

flash steam 발전방식의 하나

Double flash

flash steam 발전방식의 하나

Water-dominated

지열정으로부터 올라오는 지열수의 형태가 액체가 지배적인 경우

Working fluid

기화점이 낮은 유체로 열펌프에 의해 지열유체의 열을 흡수하여 증기화 되어 터빈을 회전시키는 유체

부록 2. 지열 특허 분석 요약

특허동향 비교 - 특허출원 현황

- 지열에너지 분야의 전세계 특허동향을 살펴보면, 전체적으로 한국과 일본은 증가 추세를 보이고 있으며, 미국과 유럽은 큰 변동 없이 유지되어지는 상태임
- 세계 최대 시장인 미국에서 한국인의 등록특허는 전무함

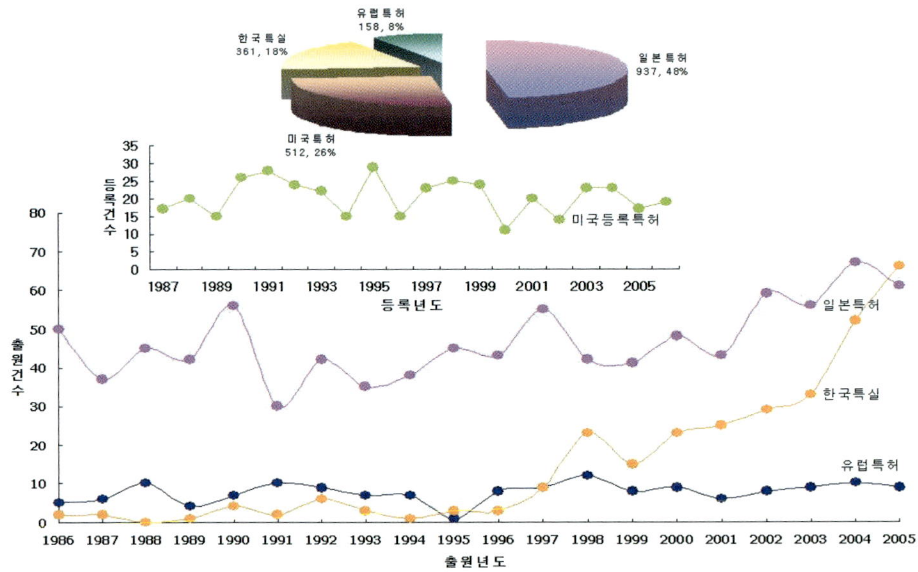

그림 1 특허 점유율 및 출원(등록) 추이

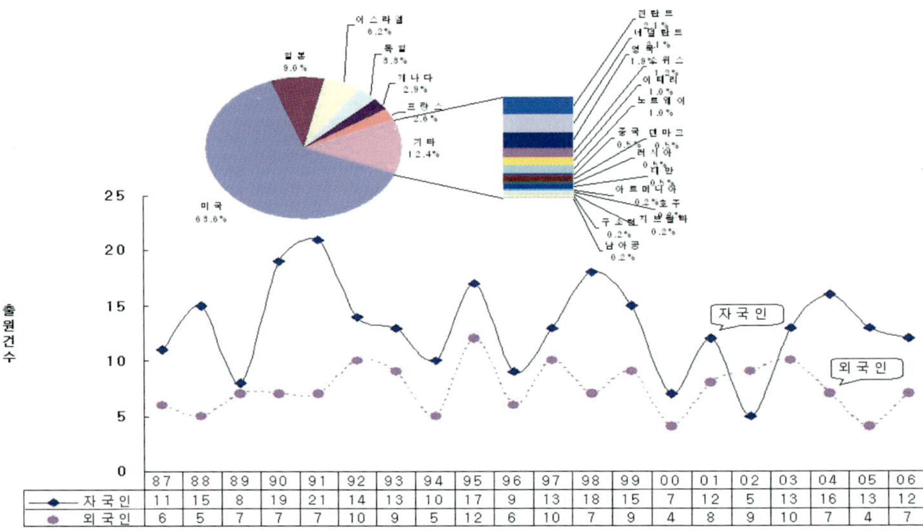

	87	88	89	90	91	92	93	94	95	96	97	98	99	00	01	02	03	04	05	06
자국인	11	15	8	19	21	14	13	10	17	9	13	18	15	7	12	5	13	16	13	12
외국인	6	5	7	7	7	10	9	5	12	6	10	7	9	4	8	9	10	7	4	7

그림 2 국적별 점유율 및 특허등록 추이(미국특허)

특허동향 비교 - 선택과 집중(주요국가)

- 한국은 플랜트 냉난방과 지질 조사 분야에 연구개발 역량을 집중하고 있음
  - 미국과 일본은 플랜트 발전과 지화학 탐사가 역점 분야임
- 최근 한국에서 플랜트 냉난방과 지구물리 탐사 분야의 특허출원이 활발하게 진행 중임

※ 기술분야별 특허건수와 특허활동지수(Activity Index, AI)를 이용하여 도출

그림 3 주요국의 역점기술분야

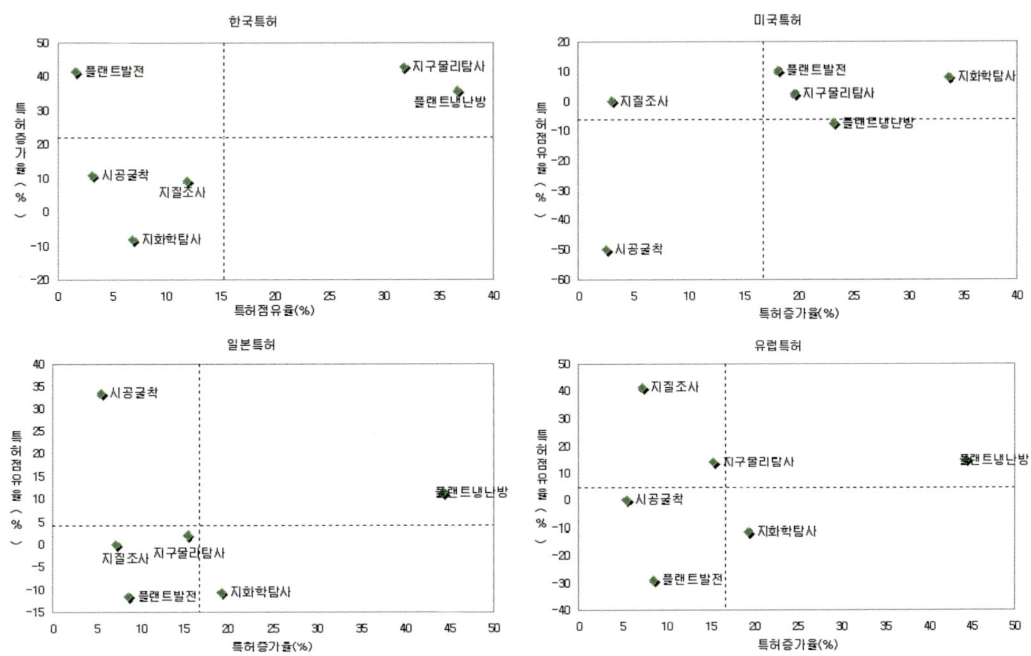

그림 4 포트폴리오

특허동향 비교 - 선택과 집중(주요기업)

- 미국에서 한국기업의 지열에너지 분야에 대한 특허활동은 전무함
  - Union Oil'사는 지질 조사와 플랜트 냉난방 분야가, Ormat Ind.'사는 지질 조사 분야가, US Energy Dept.는 지구물리 탐사 분야가 역점 기술 분야인 것으로 나타남
- 한국에서는 코오롱건설, 현대건설, 소일테크 등의 출원이 많은 것으로 나타남

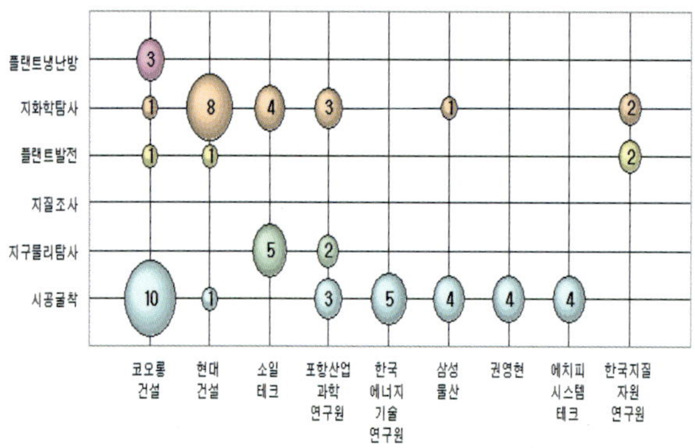

그림 5 역점기술분야(한국특허)

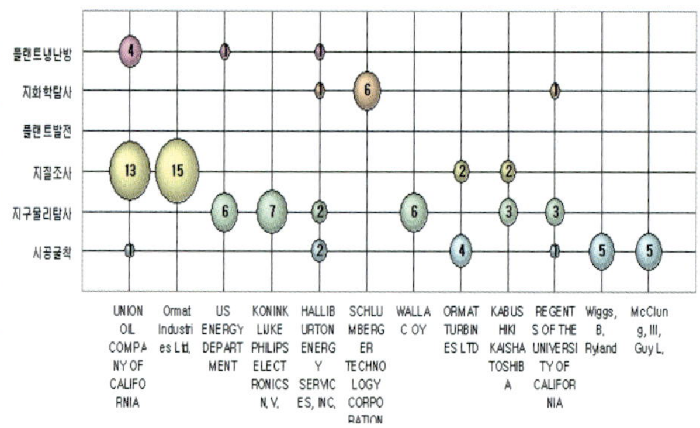

그림 6 역점기술분야(미국특허)

그림 7 클러스터링(지열최근 및 과거 5년)

특허경쟁력 비교 - 주요국가

- 미국, 이스라엘, 캐나다는 기술영향력과 시장성확보와의 관계가 평균을 다 상회하고 있으며 타국은 아직 미국에 미치지 못하고 있는 것으로 나타남
- 프랑스, 일본, 영국, 핀란드, 이스라엘은 기술발전 속도는 빠르나 기초과학에 대한 연구가 상대적으로 부족하며, 캐나다와 미국의 경우는 기초과학에 대한 연구가 활발하나 기술발전 속도가 더딘 편임

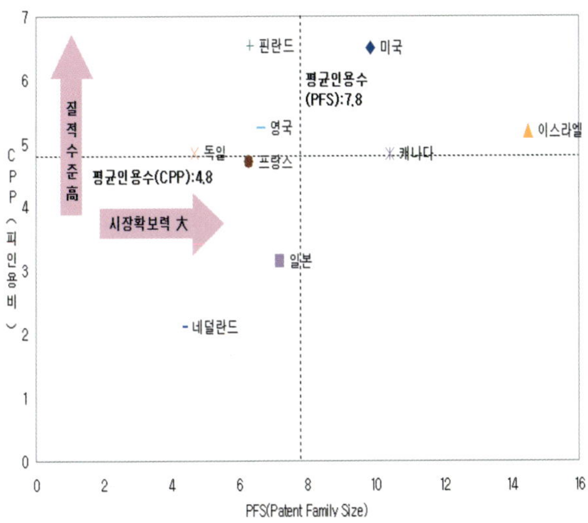

그림 8 피인용도 및 시장확보력

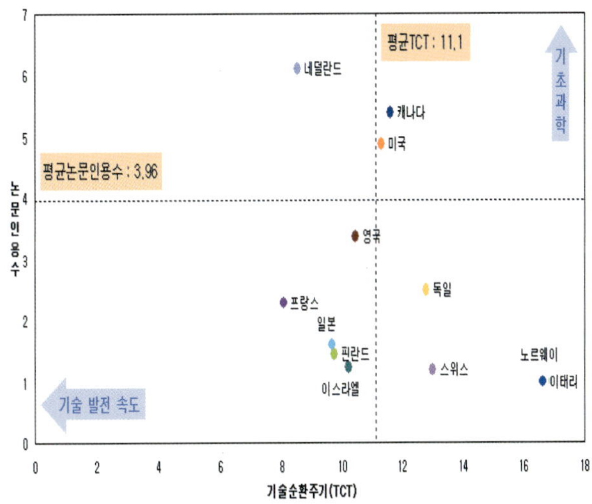

그림 9 연구개발방향 및 기술발전속도

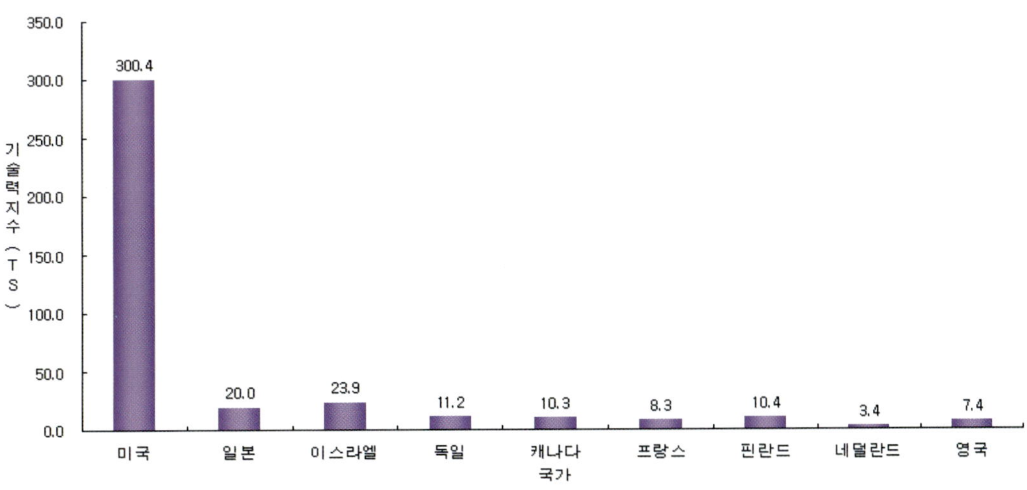

그림 10 주요국가의 기술력 지수

특허경쟁력 비교 - 주요기업

- Schlumberger'사는 기술영향력과 시장성확보와의 관계가 평균을 다 상회하고 있는 것으로 나타남
- Halliburton'사와 Wallac'사, Ormat Turbines'사의 경우는 기술발전 속도는 빠르나 기초과학에 대한 연구가 상대적으로 부족한 것으로 나타남

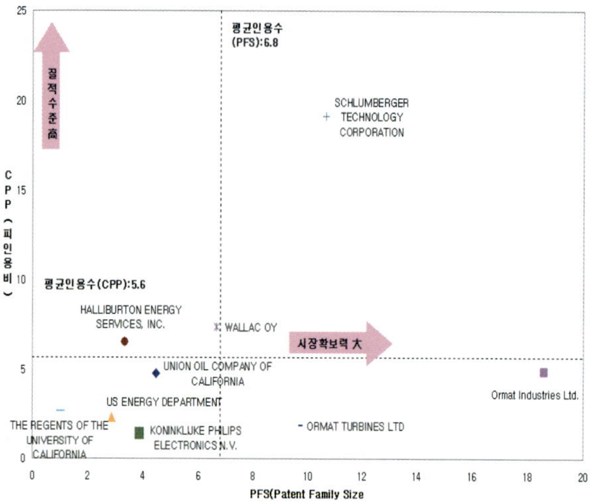

그림 11 인용도 및 시장확보력

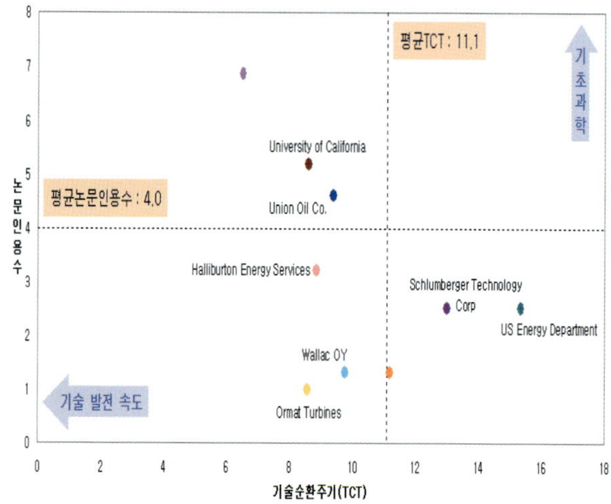

그림 12 연구개발방향 및 기술발전속도

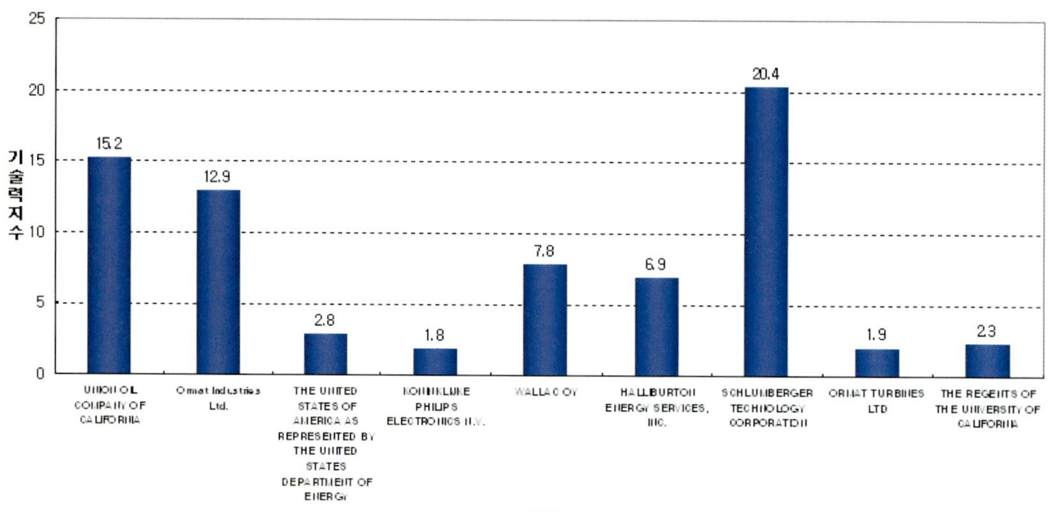

그림 13 주요기업의 기술력 지수

부록 3. 설문지

신·재생에너지 중장기(2030) R&D 계획 수립을 위한 설문 조사

본 설문조사는 에너지관리공단 신·재생에너지 센터에서 추진 중인 '신·재생에너지 중장기(2030) R&D 계획' 수립을 위한 설문조사입니다.
국내 기술수준을 좀 더 정확하게 파악하고 세부기술에 대한 의견을 모으기 위한 목적으로만 쓰이고 기타 용도로는 절대 사용되지 않을 것임을 약속드립니다. 감사합니다.

설문조사 대상 분야

신에너지 및 재생에너지 개발·이용·보급 촉진법 제2조에 의한 11개 신·재생에너지원

설문조사 목적

2003년 작성된 "제2차 신·재생에너지 기술개발 및 이용보급 기본계획(2003~2012)"이 수립된 지 4년이 경과함에 따라 계획 당시와 비교하여 현재의 기술 성숙도, 보급여건 및 시장 환경 등이 급변함. 이로 인해 "제3차 신·재생에너지 기본계획(2008~2017)" 수립을 추진 중이며 동 기본계획 수립 시, R&D 부문의 중장기 추진방향 및 개발목표를 설정하기 위하여 11개 신·재생에너지원에 대하여 중장기(단기 : 2008~2012, 중기 : 2013~2020, 장기 : 2021~2030) R&D 계획을 수립하고자 합니다.

설문조사 기간

2007. 8. ( ) ~ ( )

설문조사 제출처

e-mail :

공통 문항

1. 신·재생에너지 분야 중 귀하의 관심 분야를 선택하십시오. (최대 2순위까지 기입)

1. 태양광	2. 풍력	3. 수소연료전지	4. 석탄이용	5. 바이오
6. 폐기물	7. 태양열	8. 지열	9. 소수력	10. 해양

1순위 : (   ), 2순위 : (   )

2. 귀하가 소속되어 있는 기관의 성격에 표기바랍니다.

정부기관 ( )	산업체 ( )	대학 ( )
연구소 ( )	기타 ( )	

※ 기업부설 연구소는 산업체에 해당됨

3. 귀하가 소속된 기관의 신·재생에너지 개발 및 보급에 대한 관심도는 어느 정도입니까? (   )

①	②	③	④	⑤
매우 낮다	낮은 편이다	보통이다	높은 편이다	매우 높다

4. 귀하의 최종 학력에 표기 바랍니다.

대졸 이하 ( )	석사 ( )	박사 ( )

5. 해당분야(1번 문항의 1순위 분야)에서의 근무 기간(석·박사 기간 등을 제외한 실제 근무 기간)은 몇 년입니까? (   )

①	②	③	④
3년 미만	3년 이상~5년 미만	5년 이상~10년 미만	10년 이상

6. 산업자원부에서 지원 중인 신·재생에너지 기술개발사업에 참여한 경험이 있습니까? (주관, 참여, 위탁 모두 포함)

있다 ( )	없다 ( )

7. 기존의 '제2차 신·재생에너지 기본계획(2003.12)'과 '국가에너지자원기술개발 로드맵(2006.5)' 작성에 직·간접적으로 참여했습니까?

참여했다 ( )	참여하지 않았다 ( )

8. 기존의 '제2차 신·재생에너지 기본계획(2003.12)'과 '국가에너지자원기술개발 로드맵(2006.5)'의 내용을 알고 있습니까?

①	②	③	④	⑤
전혀 모른다	거의 모른다	보통이다	조금 안다	잘 안다

9. 8번 문항에서 '③~⑤'로 답한 경우, 기존의 기본계획과 로드맵이 신·재생에너지 기술이 현재의 수준에 이르는데 어느 정도 영향을 주었다고 생각하십니까?

①	②	③	④	⑤
전혀 영향이 없었다	거의 영향이 없었다	보통이다	어느 정도 영향을 주었다	많은 영향을 주었다

분야별 문항(지열 분야)

1. 다음 표의 평가 기준을 참고하여 국내 기술수준과 핵심기술의 국산화율에 대해 답변해주시기 바랍니다.

〈 기술 수준의 단계별 평가기준 〉

단계별 구분	특성	기술 수준(%)
기술 완숙기 및 시장 확대기	해외시장에서 경쟁력이 입증되며, 새로운 기술개발 요구에 독자적이고 능동적으로 대처할 수 있다.	81~100
기술 실증 및 상업화	개발된 기술이 상업화되어 현장에 적용되어 성능의 실증 연구가 이루어진다.	61~80
기술의 응용 연구	개발된 기술의 실증을 위하여 Pilot Plant 규모의 연구가 이루어진다.	41~60
기술 도입 및 기초기술 습득	도입기술을 통하여 운영기술을 습득하고 독자적인 기술개발을 위하여 실험적 규모의 기술을 개발한다.	21~40
개념 정립기	기술개발의 필요성이 인식되고 그에 필요한 요소기술을 파악한다.	0~20

1-1. 위의 평가기준 표와 핵심기술과 세부기술의 비중을 참고하고, 세부 기술의 국내 기술 수준을 %로 표기해 주시기 바랍니다.

분야	핵심기술	비중 (%)	국내수준 (%)	세부 기술		비중 (%)	국내수준 (%)
				No.	기술명		
지열 냉난방	열공급 시스템	30	-	1	시스템성능해석/설계 프로그램기술	13	
				2	시스템최적운전제어기술	13	
				3	대온도차이용열펌프기술	7	
				4	부하대응형열펌프기술	10	
				5	고온수출력열펌프기술	10	
				6	가정용소형열펌프기술	13	
				7	대용량열펌프기술	7	
				8	친환경냉매열펌프기술	13	
				9	하이브리드시스템기술	10	
				10	캐스케이드열펌프기술	4	

분야	핵심기술	비중 (%)	국내수준 (%)	세부 기술		비중 (%)	국내수준 (%)
				No.	기술명		
지열 냉난방	지중열 교환기	35		11	열물성측정기술	6	
				12	지열자원분포	6	
				13	지질특성별지중열 교환기설계기술	11	
				14	토양/암반열물성DB구축	6	
				15	지중열거동시뮬레이션	9	
				16	천공/굴착기술	9	
				17	그라우팅기술	11	
				18	지하수/지중환경 영향 평가기술	6	
				19	지중계측및모니터링기술	9	
				20	내식성열교환기기술	6	
				21	지하수이용열교환기술	6	
				22	밀폐형지표수이용 열교환기술	6	
				23	에너지말뚝형기술	6	
				24	폐광, 폐정활용기술	3	
	표준화 및 인증	15	-	25	시스템인증	27	
				26	친환경열펌프인증기술	13	
				27	대온도차이용열펌프 인증기술	13	
				28	고온수출력열펌프 인증 기술	7	
				29	부하대응형열펌프 인증 기술	20	
				30	요소부품인증기술	20	
	응용기술	20		31	건물냉난방	10	
				32	터널열이용	15	
				33	양어	10	
				34	시설영농	15	
				35	지역난방	10	
				36	융설 · 도로연계화기술	15	
				37	건조	10	
				38	저온구동흡수식냉동기	5	
				39	온천	5	
				40	연료전지 연계기술	5	
	계	100	-				

* 분야별 기술수준과 핵심기술의 기술수준은 '∑(비중/100×국내수준)'으로 계산됨

1-2. 위의 평가기준 표를 참고하여 각 핵심기술의 국산화율을 %로 표기하시기 바랍니다.

핵심기술	비중(%)	국산화율(%)	
		설계	제작/생산
열공급시스템	30		
지중열교환기	35		
표준화 및 인증	15		
응용기술	20		

※ 국산화율 : 핵심기술과 관계된 신재생에너지 설비 중 국내 기업이 설계, 생산, 제작이 가능한 비율을 의미함

2. 1-1 문항의 세부기술 중 가장 개발이 시급하다고 생각되는 기술을 2가지 선택하고 그 선정 이유를 표기 바랍니다.
(1-1 문항의 세부기술 번호와 아래 선정 이유의 번호를 참고하여 모두 숫자로 기입)

	기술 개발이 시급한 기술	선정 이유
1순위		
2순위		

No.	선정 이유
1	우리나라 실정에 적합하여 가장 큰 파급효과(보급률)가 기대된다.
2	국외 수준에 비하여 현저히 낮다.
3	해당 분야와 핵심기술의 개발을 위해서 가장 필요한 기술이다.
4	전 세계적으로 집중적인 개발을 추진하고 있는 기술이다.
5	해당 분야뿐 아니라 타 분야의 발전에도 영향을 줄 수 있다.
6	경제성이 뛰어나다.
7	단기간에 기술 확보가 가능하다.
8	기술 개발 시 국제적 위상에 미치는 영향이 크다
9	기술 개발 시 국내 경제에 미치는 파급효과가 가장 크다
10	인력양성 및 고용효과가 가장 우수하다
11	산업재산권 확보와 틈새시장 장악이 용이하다.
12	타 분야 기술을 응용할 경우, 세계시장에서의 기술 우위를 선점할 수 있다.

3. 장기(2030년)적인 관점에서 해당 분야의 다음 항목들이 현재 수준과 비교하여 어느 정도 성장할 것으로 예측됩니까?

항목		단위	2006년 말(추정)	2012년	2020년	2030년
업체 수(누적)		개	340			
관련 인력 (누적)	연구인력	인	50			
	생산인력	인	600			
국내 보급(누적)		RT	19000			
연간 매출액		억 원/년	500			
연간 수출액		억 원/년	0			

* 업체 수는 센터에 등록된 전문기업 수이며, 생산인력은 실 현장인력임.

4. 중장기(2030) R&D 계획이 수립된 후, 추진하는 데 있어서 가장 크게 예상되는 장애요인은 무엇이라고 생각하십니까? (최대 2개 선택 가능)

장애요인	선택
추진할 연구 인력이 부족하다.	
뒷받침해주는 정부의 정책이 미흡하다.	
정부의 경제적 지원(기술개발 예산)이 부족하다.	
우리나라 현실에 부적합하다.	
기업체의 참여 부족으로 상용화가 어렵다.	
우수인력의 해외 유출이 심각하다.	
우수기술의 해외 유출이 심각하다	
세계적인 우수기술, 선도기업과의 격차가 너무 크다	
자본력을 보유한 대기업의 참여가 저조하다	
기본계획의 목표가 이상적으로 수립될 것이다.	
국내 시장규모가 협소하며 성장에 한계가 있다.	
국제 유가에 따라 정부정책이 변화되어 추진이 어렵다.	

5. 중장기(2030) R&D 계획이 수립된 후, 효율적인 계획 추진을 위하여 보완 주기를 몇 년으로 정하는 것이 적절하다고 판단되십니까?

①	②	③	④	⑤
1년	2년	3년	5년	10년

6. 귀하가 생각하시는 지열에너지 분야의 기술개발 및 보급에 대하여 의견이나 건의 사항을 제시하여 주시기 바랍니다.

※ 소중한 시간을 내어 응답해 주셔서 진심으로 감사드립니다.

신 · 재생에너지 RD&D 전략 2030 8

지 열

2008년 7월 10일 제1판 1쇄 인쇄
2008년 7월 15일 제1판 1쇄 발행

저 자 ◎ **에너지관리공단 신 · 재생에너지 센터**
발행자 ◎ **조 승 식**
발행처 ◎ (주) 도서출판 **북스힐**
서울시 강북구 라일락길 36
등 록 ◎ 제 22-457 호

TEL (02) 994-0071(代)
FAX (02) 994-0073
E-MAIL bookswin@unitel.co.kr
www.bookshill.com

값 20,000원

ISBN 978-89-5526-484-5
ISBN 978-89-5526-476-0(세트)